山东省自主创新成果转化重大专项项目（2009ZHZX1C1102）

水力插板成套技术研究与应用

何富荣　程义吉　许国辉　著

黄河水利出版社
·郑州·

内 容 提 要

　　本书论述了黄河三角洲区域自然灾害、特点以及水力插板成套技术的形成背景,阐述了水力插板施工工艺、施工技术和施工设备机具的研制。本书通过对水力插板工程的试验研究,提出了水力插板工程建设的设计与施工规程,对获得国家发明和实用新型的 28 项专利做了介绍。根据水力插板建设工程成功应用实例,展望了水力插板技术推广应用的领域和前景。

　　本书可供从事水利工程、海洋工程、桩基工程和建筑工程等专业的施工、科研工作者阅读参考。

图书在版编目(CIP)数据

水力插板成套技术研究与应用/何富荣,程义吉,许国辉
著. —郑州:黄河水利出版社,2010.4
ISBN 978 - 7 - 80734 - 806 - 1

Ⅰ.①水…　Ⅱ.①何…　②程…　③许…　Ⅲ.①水力发电工程　Ⅳ.①TV7

中国版本图书馆 CIP 数据核字(2010)第 043098 号

组稿编辑:王琦　电话:0371 - 66028027　　E-mail:wq3563@163.com

出 版 社:黄河水利出版社
　　　　　地址:河南省郑州市顺河路黄委会综合楼 14 层　邮政编码:450003
发行单位:黄河水利出版社
　　　　　发行部电话:0371 - 66026940、66020550、66028024、66022620(传真)
　　　　　E-mail:hhslcbs@126.com
承印单位:河南省瑞光印务股份有限公司
开本:787 mm×1 092 mm　1/16
印张:19
字数:438 千字　　　　　　　　　　　　印数:1—1 000
版次:2010 年 4 月第 1 版　　　　　　　印次:2010 年 4 月第 1 次印刷
定价:60.00 元

项目研究机构与承担人员

项 目 名 称：水力插板成套技术研究与应用
完 成 单 位：山东河海水力插板工程有限责任公司
　　　　　　黄河水利委员会黄河河口研究院
　　　　　　中国海洋大学

项目负责人：何富荣　　程义吉　　许国辉
主要完成人：何富荣　　程义吉　　许国辉　　计万军　　邓国利
　　　　　　马俊德　　刘德辅　　史宏达　　蒋济同　　孙寿森
　　　　　　徐洪增　　杨俊杰　　杨晓阳　　刘红军　　付永林
　　　　　　刘文彬
主要参加者：徐金波　　燕峒胜　　顾学林　　荆少东　　刘小丽
　　　　　　窦春先　　孙　健　　孙东信　　陈友媛　　张亚胜
　　　　　　李凤军　　刘　维　　刘　涛　　毕立泉　　李凤涛
　　　　　　杨秋平　　李雪飞　　计慧锋　　郑建国　　王秀海
　　　　　　陈声建　　应华素　　潘振元　　徐喜林　　张秀兰
　　　　　　杨永春　　王爱群　　董　胜　　郭　静

序

古语说："工欲善其事，必先利其器"，先进的工具是防治水患灾害、治理大河、整修河道、建设城市、发展实业、优化和改造自然环境的重要手段。在胜利油田发展、黄河三角洲开发、东营市兴起的过程中，胜利石油管理局原副局长、教授级高级工程师何富荣同志创造发明的水力插板成套技术就是这样的先进工具和创新技术。

现在何富荣同志和黄河水利委员会黄河河口研究院院长、教授级高级工程师程义吉同志以及中国海洋大学环境科学与工程学院许国辉与项目组人员已把水力插板技术发展为水力插板成套技术开发，并通过国家鉴定，从而进入推广应用阶段。如果说胜利油田为黄河三角洲的开发、东营市的兴起注入了第一经济推动力，那么从胜利油田钻井核心技术转移、发展、再创造形成的水力插板成套技术则为黄河三角洲的开发、东营市的兴起注入了第二科技推动力。这样评价这项新技术对东营和国家的贡献，实不为过。

这一新技术是水工桩基工程技术的真正革命，是防治水患灾害，建设优化海岸线，建设冲积海岸的海港、河港的先进武器和刹手锏。这一先进技术使过去在涨落潮干扰下异常艰难的海堤建设变为工厂化、机械化作业，而且使工程造价大大降低、工期大大缩短、安全稳定性能大大提高。这种工程技术的设想产生于1992年黄河三角洲地区遭受第16号风暴潮孤东大堤被摧毁之后，1997年正式进入现场试用，至今已12年之久，目前已累计获得28项国家发明和实用新型专利，并已通过国家鉴定，表明该项技术已经成熟，进入实用推广期；几年来已在黄河河道整治、利津渔港、东营市中心渔港、胜利油田海底管线运输航道、吉林省松花江防洪堤坝等多项工程中应用，并取得预期成功。

这项自主创新的工程技术产生于东营市，应首先在东营市大力推广应用，为黄河三角洲的开发、东营市的兴起发挥应有的作用，为向全国的推广树立榜样，并在这个基础上创办组建水力插板高科技工程集团，为黄河三角洲的开发乃至全国海岸线优化、海域开发、京杭大运河恢复和发展作出大贡献。历史证明，科学技术的创新和发展推动着社会经济的变革，蒸汽机的发明引起一场世界范围内的工业革命，电、计算机、网络、基因技术等无不如此。相信《水力插板成套技术研究与应用》一书的出版，对水利工程、桩基工程、港口航道工程建设，防治水患，优化海岸线，进行海洋高效养殖开发都将发挥重要的作用，产生重大而深远的影响。我深信，水力插板成套技术研究与应用将为黄河三角洲带来新的面貌，给东营市人民带来巨大效益，由此及远，凡采用这种先进工程技术的地区均会如此。

李殿魁

2009年7月

前　言

　　水力插板技术是胜利石油管理局原副局长、教授级高级工程师何富荣带领项目组人员,在黄河三角洲地区与严重的风暴潮灾害进行长期斗争的过程中,经过十几年潜心研究和近百项工程的试验,发明创造出的一种新技术,目前已累计获得28项国家发明和实用新型专利。它是根据石油行业中喷射钻井、油田固井的原理与建筑行业中水利工程、海洋工程和桩基工程进行跨行业技术嫁接之后形成的一种工艺技术。其原理是用水力喷射切割地层,将具有导向定位功能的钢筋混凝土板插入地层,并且在地下连接成一个整体的施工技术。应用水力插板建设工程,可省去传统施工过程中修围堰、开挖基础坑、打降水、打基础等大量的工作,同时具有预制化程度高、施工速度快、工程造价低、根基深、整体连接好、抗水毁能力强、维修管理少等优势。这项技术已在河流、港口、水利、海岸等工程中得到成功应用并发挥了巨大的经济效益和社会效益。

　　全书主要内容如下:

　　第一章,水力插板技术的由来。论述了黄河三角洲区域自然灾害、特点,以及水力插板成套技术的形成背景。

　　第二章,水力插板施工工艺及技术。阐明了水力插板是根据石油喷射钻井和油田固井的原理与水利工程、海洋工程和桩基工程进行技术嫁接之后发明的一种新技术、新工艺,其核心技术是整体连接技术和快速进桩技术。

　　第三章,水力插板专用施工设备和机具的研制。重点介绍了水力插板起吊设备、喷射动力水泵设备和注浆固缝装置的研制过程及独特技术。

　　第四章,水力插板工程试验。从水力插板堤坝安全稳定性能、承载能力、控制泥沙自流回淤、防止泥沙淤积航道以及深水海域地层液化淤积航道等方面进行了试验。

　　第五章,水力插板工程设计与施工技术标准。在第四章试验的基础上,制定了水力插板工程设计规定、钢筋混凝土水力插板设计指南和水力插板工程施工技术规定。

　　第六章,应用水力插板建设工程实例。主要对应用水力插板建设黄河护岸工程和建设航道拦沙堤坝进行详述,同时对应用水力插板建设港口码头、道路交通桥、水中人工岛、污水处理池、地下涵洞、泵站、水闸、输水渠道等也作了典型介绍。

　　第七章,水力插板技术推广应用前景。分析对比了水力插板技术的优势,提出了该技术在水利工程、海洋工程、桩基工程和建筑工程等有广阔的推广应用前景。

　　附录,水力插板获国家专利情况。对获得的28项国家发明和实用新型专利作了介绍。

　　本书第一章、第二章、第三章、第六章由何富荣、程义吉编写;第四章由刘德辅、荆少东、窦春先编写;第五章由许国辉编写;第七章、附录由何富荣编写。全书由程义吉统稿。

　　在项目研究与实施过程中,胜利石油管理局生产部、供水公司,胜利油田勘察设计研究院,中国海洋大学工程学院,黄河水利委员会黄河河口研究院,山东省公路桥梁检测中心,东营市桩建水力插板技术有限公司,东营市科学技术局等单位领导和专家给予了多方面的关心和支持。在此,本项目组向所有为《水力插板成套技术研究与应用》一书付出辛勤劳动的同志们致以崇高的敬意和深切的感谢!

感谢山东省政协原副主席、教授级高级工程师李殿魁为本书作序。

项目在研究和实施过程中,得到了许多领导和专家的大力支持,在此表示衷心的感谢!

作 者
2009 年 8 月

目　录

第一章　水力插板技术的由来

第一节　黄河三角洲区域概况

一、地理位置

黄河三角洲位于渤海湾南岸和莱州湾西岸,地处东经 117°31′~119°18′、北纬 36°55′~38°16′,如图 1-1 所示,主要分布于山东省东营市和滨州市境内,是近代、现代三角洲叠加形成的复合体。近代三角洲是黄河 1855 年从河南省铜瓦厢决口夺大清河入海,以垦利县宁海为顶点,西起套尔河口、南抵支脉沟口的扇面,面积约为 6 000 km²;而现代三角洲是自 1934 年以来至今,以渔洼为顶点,西起挑河、南到宋春荣沟的扇面,面积约为 2 400 km²。

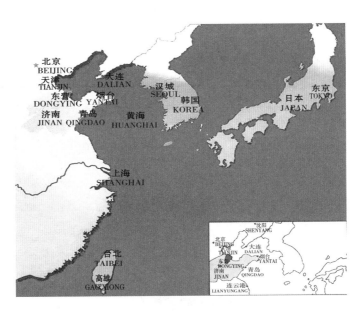

图 1-1　黄河三角洲位置图

二、演变情况

黄河自 1855 年在河南省铜瓦厢决口,夺大清河注入渤海至今已达 150 余年,期间因人为因素或自然因素的作用,入海流路在三角洲范围内决口、改道达 50 余次,其中较大的改道有 10 次,如表 1-1、图 1-2 所示。

表 1-1　1855 年以来黄河入海河道演变情况

次序	改道时间（年-月）	改道地点	入海位置	流路历时	流路实际行水历时	累计实际行水历时	说明
1	1855-07	铜瓦厢	利津铁门关以下肖神庙牡蛎嘴	33 年 9 个月	18 年 11 个月	19 年	铜瓦厢决口
2	1889-04	韩家垣	四段下毛丝坨（今建林以东）	8 年 2 个月	5 年 10 个月	25 年	凌汛漫决改道
3	1897-06	岭子庄	丝网口（今宋家坨子）	7 年 1 个月	5 年 9 个月	30.5 年	伏汛决口改道
4	1904-07	盐窝	老鸹嘴	22 年	17 年 8 个月	48 年	伏汛决口改道
5	1926-07	八里庄	经汀河由刁口河东北入海	3 年 2 个月	2 年 11 个月	51 年	伏汛决口改道
6	1929-09	纪家庄	南旺河、宋春荣沟、青坨子	5 年	3 年 4 个月	54.5 年	人工扒口改道
7	1934-09	李家呈子	老神仙沟、甜水沟、宋春荣沟	18 年 10 个月	9 年 2 个月	63.5 年	堵岔未成改道
8	1953-07	小口子	神仙沟	10 年 6 个月	10 年 6 个月	74 年	人工裁弯改道
9	1964-01	罗家屋子	刁口河河口与洼拉沟之间	12 年 4 个月	12 年 4 个月	86.5 年	人工爆堤改道
10	1976-05	西河口	经人工引河、清水沟入海	32 年	32 年	118.5 年	人工截流改道

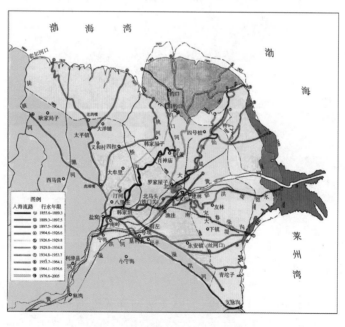

图 1-2　黄河三角洲入海流路演变图

三、地形特征

黄河三角洲平原地势低平,西南部海拔 11 m,最高处利津南宋乡河滩高地高程为 13.3 m,老董—垦利一带高程为 9~10 m,罗家屋子一带高程约为 7 m,东北部最低处高程小于1 m,自然比降为 1/8 000~1/12 000。区内以黄河河床为骨架,构成地面的主要分水岭。三角洲是由黄河多次改道和决口泛滥而形成的岗、坡、洼相间的微地貌形态,分布着砂土、黏土土体结构和盐化程度不一的各类盐渍土。这些微地貌控制着地表物质和能量的分配、地表径流和地下水的活动,形成了以洼地为中心的水、盐汇积区,是造成“岗旱、洼涝、二坡碱”的主要原因,如图 1-3 所示。

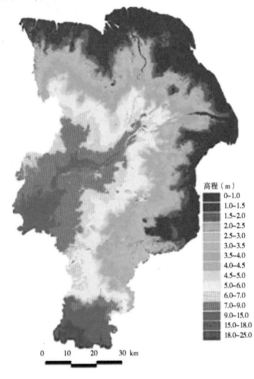

图 1-3　黄河三角洲地形特征

四、地貌类型

黄河三角洲是一典型扇形三角洲,属河流冲积物覆盖海相层的二元相结构。由于黄河三角洲新堆积体的形成以及老堆积体不断被反复淤淀,造成三角洲平原大平、小不平,微地貌形态复杂,主要的地貌类型有河滩地(河道)、河滩高地与河流故道、决口扇与淤泛地、平地、河间洼地与背河洼地、滨海低地与湿洼地以及蚀余冲积岛和贝壳堤(砂岛)等。其中,河滩高地是黄河尾闾故道摆荡泛淤而成的河流堆积地貌,地势比周围低地相对高 2~3 m,物质组成以黄河洪泛相粉砂为主;河流故道为历次尾闾迁徙后的河床遗迹,多构成河滩高地的中轴,并与之紧密连成一体;河间洼地指分布于河滩高地之间的低平洼地;背河洼地是黄河大堤背河侧沿堤呈带状分布的洼地,其形成既与人工筑堤取土有关,又与黄河地上河道因侧渗而积水有关;决口扇是黄河洪水决口破堤后,大股水流流向泛滥平原低处所形成的扇状堆积体,扇柄与河道相连;淤泛地指人为控制下黄河摆荡泛淤的堆积或者引黄放淤区的堆积,后者有的外形似决口扇;滨海低地指海陆交互作用带,即海岸带,呈带状展布;湿洼地泛指沼泽化的生长芦苇等植被的积水洼地;蚀余冲积岛是故道河口沙嘴或三角洲平原受海洋动力作用冲刷后退过程中的蚀余体,残留于潮滩之上;贝壳堤是由大量贝壳及其碎屑在波浪作用下成层堆积而成的,后经潮流冲刷破坏,成为断续分布的贝壳砂岛,代表古黄河三角洲的海岸线。

五、气象特征

黄河三角洲地处中纬度,位于暖温带,背陆面海,受欧亚大陆和太平洋的共同影响,属于暖温带半湿润大陆性季风气候。基本气候特征为冬寒夏热,四季分明。春季干旱多风,早春冷暖无常,常有倒春寒出现,晚春回暖迅速,常发生春旱;夏季炎热多雨,温高湿大,有时受台风侵袭;秋季气温下降,雨水骤减,天高气爽;冬季天气干冷,寒风频吹,雨雪稀少,主要为北风和西北风。

黄河三角洲四季温差明显,多年平均气温为 12.3 ℃,极端最高气温为 41 ℃,极端最低气温为 -22 ℃。年平均光照 2 724 h,日照率在 61% 以上。初霜期一般发生在 10 月中下旬,终霜期在 4 月上旬,年平均无霜期 210 d 左右。多年平均降水量为 561.6 mm,年内降雨多集中在 6 ~ 9 月,约占全年降雨量的 70%,且常常集中在几场降雨中,极易造成洪涝灾害,其他季节降雨较少,又易形成旱灾。多年平均水面蒸发量为 1 167.2 mm。

黄河三角洲地区的大风主要是东北风,8 级以上的大风中,东北风约占 1/2。四季中,春季(3 ~ 5 月)大风最多,约占全年发生大风日数的 1/2。西部海岸的大风日数又多于东南部海岸。因此,风暴潮也多发生在春季和西部海岸。百余年来,黄河三角洲发生特大风暴潮灾害有 8 次,即 1845 年、1890 年、1938 年、1964 年、1969 年、1992 年、1997 年及 2003 年,其中 1997 年 8 月发生的特大风暴潮在无棣县东风港出现了 3.26 m 的最高潮位,波高达到 4 m,造成的经济损失和人员伤亡最为严重。

六、河流水系

按照国家水资源利用分区,黄河三角洲以黄河为分界线,将全区划分为两个流域:黄河以北属海河流域,黄河以南属淮河流域。

流经黄河三角洲的客水河道有黄河、小清河和支脉河。后两者均位于黄河以南。

黄河:从东营市中心穿过,是黄河三角洲流经最长和影响最深刻、最广泛的河流。河道在东营市境内最长达 139 km(1996 年),直接控制影响的面积为 5 400 km²。

小清河:源于济南诸泉。东营市境内河道长 34 km,流域面积 594 km²,多年平均入境水量 5.823 亿 m³。小清河水质污染比较严重。其支流有淄河、阳河、泥河等。

支脉河:源于淄博市高青县前池沟。东营市境内河长 48.2 km,控制流域面积 1 129 km²。由于沿途地下水补给和引黄尾水排入,多年平均入境水量 2.862 亿 m³。近年来,由于上游纳污,水质趋于恶化。区内控制流域面积在 100 km² 以上的排涝河道有 11 条。黄河以北有马新河、沾利河、草桥沟、挑河、草桥沟东干流、褚官河、太平河,前 5 条独流入海,后2条汇入潮河;黄河以南有小岛河、永丰河、溢洪河、广利河,皆独流入海。

七、沉积模式

黄河三角洲的基底是现代沉积层,大致以1855年海岸线为界,北部为渤海浅海沉积层,该层广泛而稳定,厚4~8 m,由灰黑色黏土质粉砂组成,平均粒径为7 mm左右,含有大量浅海有孔虫及介形虫。有些地方,在渤海浅海沉积层的顶部可见一层厚10~20 cm的粗粉砂-极细砂层,含有大量贝壳碎片,是浅海沉积物经多次风暴潮改造形成的滞留沉积。南部为大清河等短源河流沉积层,沉积比较复杂,1128~1855年间,黄河经徐淮入海,短源河流在渤海西岸堆起复杂的河道沉积、河口沉积、三角洲沉积和滨海沉积,沉积层厚4~8 m,沉积物为黄色粉砂。

黄河三角洲是河流和海洋共同作用的堆积体,沉积过程复杂,由陆向海方向,包括3个相组合带:

(1)三角洲平原相。三角洲平原相在近代、现代黄河三角洲体系中发育最好,是多种亚环境的复合组。

(2)三角洲前缘相。三角洲前缘相是三角洲体系中沉积速度最快、沉积砂最纯、含重矿物最多的浅水环境,是水下三角洲的主要组成部分。强河流作用使海岸线不断向海推进,三角洲前缘砂逐渐超覆在前三角洲粉砂质淤泥相之上,形成沉积物自下而上变粗的海退序列。黄河三角洲前缘沉积物主要是粒径为0.125~0.025 mm的细砂至粗粉砂粒级,黏土和有机质以淤泥形式沉积在河口沙嘴外缘回流区、河间浅海湾和潮间带上部。

(3)前三角洲相。前三角洲地区位于三角洲前缘的向海方向,从三角洲前缘平缓地向外延展,其边缘在水深17~20 m处过渡到浅海陆架区。前三角洲相沉积物主要是粒径小于0.015 mm的厚层灰色、深灰色、棕灰色淤泥或粉砂质黏土层夹薄层细粉砂透镜体,有时见有淤积与粉质黏土的互层,有机质含量高,含有少量海生甲壳碎片和许多黑色的、极细的植物碎末,发育不太清晰的水平层理。

黄河三角洲的沉积模式主要与黄河来水来沙有关。据观测,黄河入海泥沙除一部分粒径小于0.015 mm的极细颗粒扩散到外海,大部分粒径为0.125~0.025 mm的极细砂和粗粉砂都沉积在三角洲前缘地带,以河口沙嘴、沙嘴形式造陆,使海岸线向前推进。沙嘴不断向外延伸,行水河道纵比降逐渐减小,当沙嘴延伸到一定长度,比降减小到一定临界值,在适当水流条件下尾闾河道就发生决口改道,至三角洲其他部位入海,以后又重复这一过程。由于黄河含沙量高、淤积快、决口改道频繁,因而难以形成伸长型的三角洲指状沙坝,主要发育为河口沙嘴和沙坝,使三角洲前缘朵状砂体及其外缘的席状砂体向前延伸,逐渐覆盖前三角洲泥相,形成沉积物向上变粗的层序,这就是黄河三角洲的沉积模式。

八、海域特性

(一)海域环境

渤海为半封闭式内海,仅有辽东半岛与山东半岛之间狭窄的渤海海峡(宽约106 km)与黄海相通,其余受陆地包围,洋流影响微弱,受温带季风气候影响较明显。渤海由渤海湾、莱州湾、辽东湾3个海湾和中央区组成,其岸线轮廓如图1-4所示,是东北西南向的浅海。海底地形从3个海湾向渤海中央及海峡方向倾斜,坡度平缓,平均水深18 m。有26%的海域水深小于10 m,中央海盆最深处水深约30 m,海峡老铁山水道附近局部水深80 m。

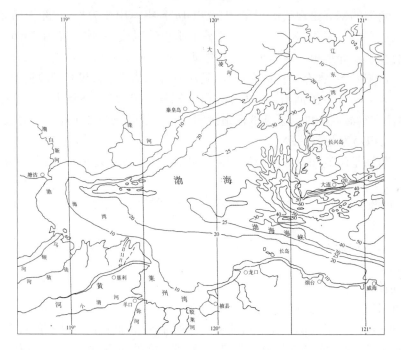

图1-4　渤海形势图

黄河入海口位于渤海西南岸,在渤海湾和莱州湾之间。黄河三角洲海域水深较浅,坡度较缓,但各个岸段有较大的差别,以中部神仙沟口外海域最深,5 m、10 m、15 m等深线分别距岸3.3 km、7.5 km、17 km,最大水深可达20 m;西部渤海湾次之;南部莱州湾最浅,10 m等深线距岸达34 km。

(二)海域水文、物理特性

1. 潮汐

黄河三角洲海域潮汐的固有振动很小,观测到的潮汐主要是大洋潮汐的胁迫振动。潮波进入渤海后,由于受渤海南部特定的海底地形形态和水深的影响,使入射潮波和反射潮波在神仙沟口附近(渤海湾和莱州湾两湾口交接处附近)形成驻波节点,从而出现 M2 分潮无潮点,无潮点位置受三角洲地形变化而有所变化,但变化不大,位于北纬38°、东经119°附近。因此,黄河三角洲沿岸潮差分布是以神仙沟口外的无潮点区最低,向两海湾里逐渐增高的“马鞍形”。平均潮差0.73～1.77 m,为弱潮河口。黄河口的潮区界较短,一般不足20 km;潮流界更短,枯水期约6 km,洪水期潮流界几乎为零。

潮汐类型除神仙沟口局部海区为不正规全日潮外,其余海域为不正规半日潮。日潮不等现象比较明显,而且渤海湾沿岸与莱州湾沿岸涨潮时差6 h,对于半日潮区来说,恰好是渤海湾涨潮,莱州湾落潮;反之,莱州湾涨潮,渤海湾落潮。此起彼伏。

2. 潮流

黄河三角洲沿岸潮流为半日潮流,潮流速以 M2 分潮“无潮点”区为最强,最大潮流速大于 120 cm/s,其分布形势恰与潮差分布相反,向两海湾里潮流速逐渐减小。黄河河口附近表层潮流椭圆短长轴之比小于 0.1,且椭圆长轴平行于岸线,显现为往复流,涨落潮方向基本与海岸平行。刁口河以西海域最大涨潮流向指向西稍偏北,落潮流向指向东南稍偏南,旋转方向为逆时针;神仙沟以南东部海域最大涨潮流向指向南,落潮流向指向北,旋转方向为顺时针。受海底摩擦影响,在海区西部,一般涨潮流历时短于落潮流历时,因而涨潮流速大于落潮流速。但黄河河口附近海区多数潮位站落潮流平均历时大于涨潮流平均历时,而落潮流平均流速却大于涨潮流平均流速,这主要是由于河流径流加入而引起的。沿海涨落潮流平均流速与流向有利于黄河入海泥沙向两侧输送。

清水沟流路河口潮流,1976 年前在甜水沟沟口前潮流流速最大为 90 cm/s,清水沟河口沙嘴突出于海中,超过甜水沟沙嘴之后,潮流流速不断增大,1984 年海岸调查测到最大潮流流速为 187 cm/s,比以前增大 1 倍,并在沙嘴前端右侧形成高流速中心。

黄河三角洲沿岸流速场的特点是构成了流速等值线封闭式高流速辐射区,最大流速值不紧靠岸边,一般发生在海岸坡角附近。海岸坡度大、等深线密集的海区(如沙嘴前缘),流速等值线分布密集,说明流速分布与地形变化关系密切。海岸坡度越陡,高流速位置距岸越近。在河道单一、水流集中、沙嘴突出、岸坡逐渐变陡的条件下,口门与口外高流速区的距离缩短,有利于把黄河泥沙输送到较远的海域。

3. 余流

在海洋中实际观测的流动总称海流。从海流中去掉周期性的潮流,剩余的非周期性流动,称余流。黄河口余流很复杂,按产生的主导因素不同,分为风生余流,在黄河口附近海区是主要的,分布范围广;潮汐余流,在海口强潮流区占主导地位;径流余流,主要发生在河口区,尤其发生在洪水期;另外还有环流、斜压流等。黄河河口表层余流都是风生余流,流向主要取决于优势风向。据国家海洋局北海分局观测资料,低层余流在 5 m 等深线以外主要流向东北,余流流速一般在 20 cm/s 左右。余流的数值虽不大,但由于在较长时间内流向不变,在波浪、潮流等海洋动力因素共同作用下,对黄河入海泥沙能起到长距离搬运的作用。

4. 波浪

根据五号桩沿岸水域观测资料,黄河河口附近海区的波浪主要是风浪,波浪的大小随风速大小而变化。强浪向为 NE,次强浪向为 NNW,常浪向为 S。该海区寒潮形成的波浪最大,1985 年 11 月 22～23 日测得最大波高为 5.7 m,周期为 9.0 s。该海区寒潮每年一般自 10 月开始,7～15 d 出现 1 次,波高在 3 m 以上。台风海浪出现频率较小,渤海平均3～4 年 1 次,最多一年 2 次,1986 年测得波高为 4.2 m。气旋每年出现 2～3 次,最大波高为 2.1 m。一般情况下波高不超过 1.5 m。波浪侵入浅水区,当水深为波高的 1.28 倍时,波浪便发生破碎。根据中国科学院海洋研究所 1987 年 3～11 月在东营海港北水深 5 m处的观测资料,波浪玫瑰图如图 1-5 所示。

5. 温度、盐度分布变化

黄河三角洲附近海区的温度、盐度变化受海区的地理纬度、海岸形状、海底地形、气象气候及径流等影响,具有季节性、径流性和年变幅大等三大特征。

春季(3～5 月),气温上升,海水处于吸热过程。表层水温日较差显著增大,一般为

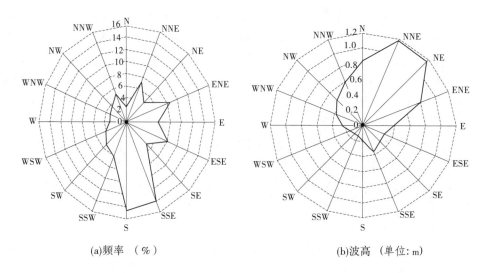

(a)频率 （%）　　　　　　　(b)波高 （单位: m）

图1-5　黄河河口波向分布玫瑰图

2 ℃,底层水温变化很小。5 月开始出现温度跃层。注入渤海的淡水量有所增多,海水的盐度开始减小。

夏季(6~8 月),气温上升至全年最高,径流量最大,表层水温变幅最大(日较差达3 ℃以上)。表层水温高,径流浮在上层,约 5 m 水深出现上均匀层。在上均匀层下端一般有较大的温度梯度、盐度梯度,也就是较强的温度跃层、盐度跃层,起到阻止风浪、海流等扰动掺混的作用,不能向下层发展,而下层海水比较稳定,垂向分布仍比较均匀。因此,渤海区夏季海水在垂向上形成典型的三层结构模式。温度极大值出现在 7 月和 8 月,表层最大水温为 25~26 ℃。随着海区水深的增大,下层极值出现时间逐渐错后,量值也逐渐减小。

盐度的垂向分布与温度相类似,跃层现象显著,年变化周期明显。由于 7 月和 8 月是黄河的伏汛期,入海径流量比较大,黄河口附近沿岸海域淡水堆积较多,因此盐度的日变化也比较明显,在离海岸约 10 km 的测站,盐度的日较差为 5‰,在离海岸约 20 km 的测站,盐度的日较差为 1‰~2‰,并且周期过程线为两高两低,与潮流的变化周期对应,表明这个海区盐度日较差主要受潮流的影响,同时在黄河口附近海域表层海水盐度还有趋向性变化,也表现了径流作用特征。

秋季(9~11 月),水温下降,垂向对流混合活跃起来。海水温度日较差变小,为 1~4 ℃,温度跃层消失,垂向趋于均匀。9 月是黄河的秋汛期,但洪水量比伏汛期小,黄河水量已经处于减小阶段,10 月入海径流量迅速减小。当渤海水与黄海水交换比较快时,渤海海区盐度应该开始增加,而实际上渤海水与黄海水交换得比较慢,一般情况下流出渤海的淡水量与径流水量并不相等,而是淡水在海区内有一定的堆积现象。因此,渤海海区盐度最小值一般出现在 9 月,比黄河径流峰值推迟 1~2 个月。此季节表层最小盐度为 16‰~29‰,其中三角洲岸边盐度为 16‰,距河口海岸一定距离增大到 29‰。在黄河丰水年份,29‰等盐度线可移动到渤海海峡附近。

冬季(12 月~翌年 2 月),2 月水温为全年最低,表层最低水温为 -1~0.5 ℃。其日较差最小,一般为 0.5 ℃左右。此季节大陆径流较少,黄海、渤海水量交换的结果使外海高盐水范围增大,冲淡水仅散布于较窄的沿岸带。因此,黄河三角洲海区盐度最高值(28‰~32‰)出现在 1 月和 2 月。同时,冬季气温低,季风强烈,陆地冷却较快,加上海区水深较浅,从而造成黄河三角洲沿岸每年都有结冰现象。

第二节　黄河三角洲风暴潮灾害及特点

一、风暴潮灾害

渤海是一个半封闭海区,三角洲地区恰位于渤海湾南岸与莱州湾西岸,该区滩涂广阔,坡度平缓,海区水深较小。因此,在持续较强的东北风作用下,风暴增水明显,尤其是东南大风后转东北大风,极易形成风暴潮。

黄河三角洲地区是风暴潮频发区之一。气象资料表明,本区风力大于 8 级的多为东北风,平均出现频率为 21 d/年,最多可达 32 d/年。一年四季中,春季大风最多,3~5 月出现大于 10 m/s 以上风速的大风约占全年大风日数的 1/2。黄河三角洲西部海岸的大风日数又多于东、南部海岸。风向的季节性也很明显,冬季多为西北风,夏季多为东南风,春、秋两季风向较复杂。强劲大风引起的增水不断使潮位异常升高并伴有巨大波浪,而且可以导致潮时紊乱,潮差变小,甚至无明显的涨落潮变化,使得风暴潮时淹没范围扩大。据地方志记载资料统计,自明代至 1949 年,黄河三角洲沿海地区曾出现较重或严重风暴潮多达 70 次,其中严重或特重风暴潮灾害达 20 余次。1949 年后黄河三角洲地区平均每年发生 1.5 次轻度以上风暴潮灾害,其中较重或严重风暴潮达 10 余次,平均 3~4 年便出现一次,如表 1-2 所示。

表 1-2　1949 年后风暴潮灾害年统计

年份	灾情
1949	广饶县志:7 月 3 日,海潮侵入 40 km 以上
1958	广饶县志:5 月 8 日,大海潮。参加修防潮堤的民工 11 人被淹死
1960	垦利县志:4 月下旬东北风 10 级,引起风暴潮,淹死多人
1964	东营市志:4 月 4 日东南风 4~5 级,持续至 5 日转东北大风,8 时许,风力增至 8 级以上,持续 30 h 19 min。4 月 5 日晨潮水起涨,6 日晨黄河三角洲出现高潮位。淹及范围距海岸线 22~27 km,浸淹至黄海高程 2.5~3.5 m 广饶县志:5 月,大海潮。广饶盐场 467 hm² 盐田损失 20 多万元;广北农场和马头公社北部也受海潮侵袭 垦利县志:4 月 5~6 日,大海潮持续两天一夜,人畜、财产损失严重
1969	东营市志:4 月 21 日,东南风 5~6 级,持续 1 d 多,23 日转东北大风 5~6 级,且降大雨,持续至中午雨停而风力增至 9 级以上,风速 35 m/s。23 日晨,潮水起涨,24 日 2 时黄河三角洲出现高潮位。羊角沟潮位达到 3.75 m,羊口镇内大部上水,街上海水至膝,深者齐腰

年份	灾情
1972	垦利县志:7 月 26 日,大海潮,在沿海割绵柳的数百人被围困
	利津县志:7 月 26 日,大海潮,大风 9 ~ 11 级,潮水持续 9 h,钓口海堡被淹,倒房 87 间,财产损失 27.3 万元,抢救及时,无人员伤亡
1978	垦利县志:3 月 27 日,在孤岛地区割苇子的人有伤亡
1980	广饶县志:4 月 5 日,大风 8 ~ 9 级,阵风 10 级,致使海水猛涨,持续达 20 h,防潮堤 12 处决口,盐场损失 128 万元,渔民损失 6.5 万元
1982	垦利县志:11 月 9 ~ 10 日,大潮持续一天一夜,渔民损失严重,但无人员伤亡
	利津县志:11 月 9 ~ 10 日,大风和暴雨、大海潮,持续 21 h,直接经济损失 31 万元,因抢救及时,无人员伤亡
1992	东营市志:9 月 1 日,东营沿海遭受特大风暴潮袭击,最高潮位 3.5 m,沿海阵风 10 级以上,海水入侵内陆 10 ~ 20 km,造成 13 人死亡、500 人被海水围困,很多生产、生活设施被毁,地方和油田直接经济损失 5 亿多元
1997	东营市水利局统计:8 月 19 日,9711 号台风风暴潮袭击东营市,沿海被海水淹没面积达 1 417 km²,河口区和利津县 61 个村庄 1.2 万农户进水,6 000 人被水围困,6 人死亡,冲坏防潮堤 60 km,损坏房屋 32 450 间,倒塌房屋 9 436 间;刮倒通信、供电线杆 3 575 根,冲坏公路 145 km,冲毁桥、涵闸 1 259 座;农作物受灾面积 10.9 万 hm²,直接经济损失高达 7 亿元,其中油田工业损失 5.2 亿元

二、风暴潮灾害的特点

(一)风暴潮灾害的区域特点

通过对新中国成立后风暴潮灾害的分析,黄河三角洲地区出现的风暴潮在区域分布上有显著特点。由于三角洲神仙沟口附近有一 M2 分潮无潮点,在无潮点处存在 5 h 的潮时差,以神仙沟口为界,神仙沟口西部湾湾沟一带处于高潮时,东部清水沟至小清河口一带则处于低潮时,反之亦然。故同一增水过程,黄河三角洲东西两边的风暴潮水位就会不同,由此引起的灾害也不同。另外,海岸的地形差异也会引起潮位明显不同。由于黄河自1855 年以来,70% 的时间由东北方向入海,造成黄河三角洲的东北部呈"铃形"突出海中,这一沿海地形使得北部沿海由东南风急转东北风,渤海西北部海水迁入时,正好是迎水面,故增水显著,而南部沿海是莱州湾北部,是背水面,不利于增水,从而产生了北部潮位明显高于南部的结果。这种区域特点在历次风暴潮中都表现得比较明显。

(二)风暴潮灾害的季节特点

风暴潮灾害的季节特点为:

(1)台风风暴潮均发生在 8、9 月的台风季节,新中国成立以来的黄河三角洲地区出现的台风风暴潮都发生在 8 月下旬至 9 月上旬,这时都伴有暴雨发生,往往是风暴潮增水与洪水叠加在一起,形成综合灾害。因此,一般来说夏季台风风暴潮引起的损失更为惨重。

（2）新中国成立后，在黄河三角洲地区共出现温带风暴潮4次，其中有3次发生在春季的4月，1次发生在秋末。从这4次风暴潮发生的情况看，黄河三角洲地区春季是温带风暴潮的多发季节。

第三节　水力插板技术的形成

人类与水患灾害作斗争积累了丰富的经验，在堤坝建设方面形成了多种多样的工艺技术和工程建设模式，为自己的生存和社会经济的发展发挥了重要的作用。由于客观环境的复杂性和自然灾害的特殊性，要建设长治久安的堤坝工程仍然面临很多困难，大江大河的防洪堤坝和沿海地区的防潮堤坝暴露出来的矛盾更加突出。

在黄河三角洲地区，胜利油田的发展从陆地延伸到海洋，滨海地区又是石油富集的区域。开发滨海油田的过程就是一个与风暴潮灾害作斗争的过程。黄河来水来沙数量减少造成地面蚀退，给建设安全稳定的防潮堤坝增加了困难。面对这一情况，一方面学习国内外的经验，另一方面结合实际情况进行了大量的研究和试验工作。但是，受传统堤坝建设模式的束缚，经过多年努力仍然没有成功。1992年9月发生的风暴潮灾害造成了人员的重大伤亡，经济损失超过9亿元。面对严重的自然灾害，建设安全稳定的防潮堤坝成为一个异常尖锐又十分紧迫的问题。胜利油田分管这项工作的副局长何富荣组织有关人员分析研究之后决定把工作重点转移到建设混凝土地下连续墙这项工作上来，结合工程重建，两年的时间里在孤东海堤上为了建设地下连续墙进行了多种多样的研究和试验，但效果都不理想。滨海油田的开发又要求尽快解决这一难题，在此情况下何富荣根据多年从事石油钻井、井下作业工作的经验，把喷射钻井、油田固井、井下冲砂、打水泥塞等多项石油专用技术的原理和堤坝工程建设的实际需要结合起来，提出了一种新方案，画出图纸，组织有关人员在现场进行试验，获得了初步成功，定名为水力插板。所以，水力插板技术是在特殊环境中开发出来的一种施工技术。

水力插板有两个核心技术，一个是快速进桩技术，发明人根据喷射钻井和油井冲砂的原理从合理分配水马力出发解决了快速进桩的问题，使不同形状、不同横断面积的桩板能够快速插入地层；另一个是整体连接技术，发明人根据油田固井和打水泥塞的原理在钢筋混凝土板两侧预留了特殊的连接件，通过注入水泥浆使地下桩板的结合部从下至上固结成一个整体。地面上1 000块混凝土板插入地层实际上是一块整板，石油钻井技术和固井技术通过这种跨行业的技术嫁接在水力插板技术中发挥了重要作用。

水力插板技术初步试验成功后，遇上了黄河长时间断流的特殊情况，1997年黄河利津站断流224 d，河口地区断流长达282 d，大小水库全部枯竭，整个油田面临停产的威胁。为了在国家组织调水的短时间内尽可能从黄河多抢到一些水，原有的引黄取水设施根本不能满足需要，依靠传统技术建设的泵站、水闸、涵洞、渡槽、渠道等水利工程设施又因为施工速度太慢无法解决这一紧迫问题，而刚刚试验成功的水力插板以它独特的施工方式在这时候发挥了重要作用，显示出了极大的优越性。应用水力插板技术在现场建成的第一项工程就是一座用于黄河抢水的打水船码头（1997年5月），如图1-6所示。按照传统技术建设这项工程至少需要3个月，而采用水力插板技术只用了10 d。紧接着的第二项

工程是在黄河主河槽边建成一座流量为 20 m³/s 的黄河引水闸（1997 年 5 月），如图 1-7
所示，采用传统的施工技术在黄河边建设这座引水闸需要半年时间，而采用水力插板现场
施工技术只用了 7 d。当时因为没有专门的设计规范和标准，建设这些抢水工程大部分是
由发明人参照相关设计规程组织技术人员现场边论证边施工建成的。从 1997 年夏天开
始，一年内应用水力插板建成了 70 多项工程，黄河断流和水力插板技术的优势是水力插
板技术迅速进入实际应用的主要原因。

图 1-6　黄河抢水的打水船码头　　　　　　图 1-7　黄河引水闸

　　为了解决海上堤坝的安全稳定问题，1998 年和 1999 年分别在桩西海域和孤东海域
建设 200 m 堤坝对水力插板的安全稳定性能进行试验。建设海上试验堤坝暴露出的一个
主要问题是海上施工没有专用的水上施工设备，所以从 1998 年开始了研究和试制水力插
板专用吊机和配套设备的工作。2000 年后，水力插板技术研究和试验工作又进一步加
强。截至 2008 年 5 月，已累计申报 29 项国家专利，总结水力插板技术发展情况的材料正
式排版印刷的有 55 种 3 万多册，工程设计和施工方面已经形成了企业标准，施工设备方
面先后研究试制成功了九代水力插板专用吊机和配套设备，进行了大量的试验工作，为该
项技术的广泛应用创造了必要的条件。

第二章　水力插板施工工艺及技术

第一节　进桩技术

应用水力插板建设工程,首先要解决的是混凝土板如何进入地层、以多快的速度进入地层的问题。传统桩基工程虽然已有多种进桩方式,但是都很难用于水力插板,其主要原因在于水力插板是完全按照工程建设的实际需要预制成型的钢筋混凝土板,具有结构形状复杂、横断面面积大的特点,现有的各种进桩技术都无法满足需要。例如,在已经施工的工程中,有的水力插板宽度达到 2.66 m,厚度只有 0.24 m;有的是一个直径为 3 m 的圆形套筒,厚度只有 0.2 m。要把这样一些形状各异的钢筋混凝土预制件快速地插入地层,采用传统进桩技术显然是一件很困难的事情,形成一种独特的进桩技术是水力插板必须解决的第一个难题。水力插板进桩技术的原理来源于油田喷射钻井技术,通过不断改进喷射管的制作方式和喷射孔的布孔方式来达到合理分配水马力、实现快速进桩的目的。影响进桩速度的因素很多,主要包括泵压,排量,地层性质,喷射孔的数量、直径、分布方式,喷射角度,喷射距离,压力在管道中的沿程损失等方面的因素。为了探索每项参数的影响情况和多项参数的最佳组合方式先后进行过几千次室内试验、现场试验以及在 80 多项工程实际施工中的应用试验,逐步形成了一套水力插板进桩技术,现将喷射管和喷射孔的研制过程以及进桩速度试验的部分记录资料作以下介绍。

一、改进喷射管制作方法试验

喷射管和喷射孔的研制过程如图 2-1~图 2-4 所示。

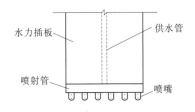

图 2-1　加工预制喷嘴焊接成型的喷射管　　图 2-2　钻孔之后整体预埋的喷射管

异型喷射管主要用于土质坚硬的地层,特别是插板施工过程中遇到地下存在块石、树干等障碍物的情况下,采用普通喷射管水力插板很难通过,而异型喷射管将水力喷射、重力挤推和刀片切割几种力量集中在一起使用,有效地解决了水力插板在遇到地下障碍物的特殊情况下不能正常施工的问题。2006 年 6 月在松花江建设 6.5 km 防洪堤坝的过程中,异型喷射管发挥了重要作用,在水力插板施工的线路上地下经常遇到块石、树干等障碍物,特别是很多河段地下埋藏有一种火山岩块石,严重阻碍了水力插板施工的正常进

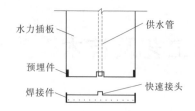

图2-3 分件预制、现场连接的喷射管

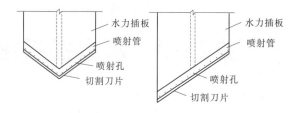

图2-4 异型喷射管(异型喷射管加焊切割刀片)

行,采用异型喷射管后障碍物有的被切碎,有的被挤推到侧面的地层中,有的直接被冲出地面,图2-5所示为一块截面为51 cm×37 cm、从地下6 m深度冲出来的火山岩块石。

二、改进喷射孔布局试验

在压力、排量、地层状况相同的情况下,喷射孔的布局直接影响到水力插板的进桩速度。探索、试验、改进喷射孔的分布成为水力插板进桩技术的一个关键环节。通过水力插板试验,主要改进喷射孔的布孔方式,重点解决快速进桩和专用施工设备。水力插板喷射孔的布孔方案主要经历了如图2-6所示的改进过程。第四代、第五代布孔喷射方式分别如图2-7、图2-8所示。

图2-5 从地下6 m深度冲出来的火山岩块石

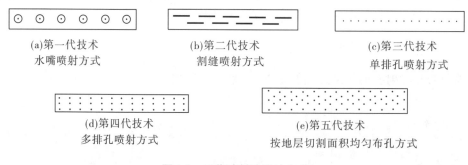

(a)第一代技术　　　　　　(b)第二代技术　　　　　　(c)第三代技术
水嘴喷射方式　　　　　　割缝喷射方式　　　　　　单排孔喷射方式

(d)第四代技术　　　　　　　　　　(e)第五代技术
多排孔喷射方式　　　　　　　　按地层切割面积均匀布孔方式

图2-6 五代喷射孔设计方式

水力插板进桩技术来源于石油行业的嘴喷钻井、油田钻井分配水马力的方式,就是依靠镶装在钻头上的喷嘴,所以在试验水力插板的初期我们也同样在喷射管上镶装了多个喷嘴,这种方法虽然能够使水力插板进入地层,但是进桩速度并不理想,加工制作也很困难,经过7年时间的不断改进和试验形成了上述五代技术。2004年确定了按被切割地层面积均匀布孔的方式,申报了"水力插板喷射管"这项专利技术。2006年11月24日,在申报的"水力插板及使用方法"这项发明专利权利的要求书的第一条的内容中正式写出了喷射孔直径为2~8 mm,每个喷射孔切割地层的面积为9~36 cm²,超过这一数值不算水力插板专利控制范围,超过这一数值也不可能将混凝土板正常地插入地层,提高进桩

图 2-7　第四代技术多排布孔喷射方式　　图 2-8　第五代技术按地层切割面积(混凝
土板横断面积)均匀布孔喷射方式

速度的过程实际上就是一个解决合理分配水压力的过程。

三、水力插板进桩速度试验

(一)水力插板进桩速度试验

水力插板进桩速度试验记录一,如表 2-1 所示。

表 2-1　水力插板进桩速度试验记录一

试验时间:2004 年 2 月　　　　　　试验地点:耿井水库　　　　　　试验温度:5~8 ℃

| 混凝土板尺寸(m) | 喷射管类型(盲板 8 mm、斜喷) | | | | 水泵压力(MPa) | 达到进桩长度所耗费的时间 | | | | | 平均进桩速度(m/min) | |
	喷射管规格(mm)	喷射孔数量(mm)	喷射孔直径(mm)	喷射孔间距(mm)		1.5 m	3 m	4.5 m	6 m	7.5 m	截至4.5 m	截至7.5 m
8×1.15×0.27	ϕ273	232(直喷)	3.2	35	1.8	2 min 35 s	5 min 52 s	11 min 59 s	18 min 14 s	27 min 38 s	0.375	0.272
					1.2	4 min 30 s	8 min 47 s	22 min 36 s			0.199	
	ϕ273	176(斜喷)		40	1.8	1 min 28 s	2 min 43 s	6 min 20 s	10 min 1 s	13 min 56 s	0.714	0.538
					1.2	2 min 5 s	4 min 44 s	9 min 44 s			0.464	
					0.8	2 min 28 s	5 min 38 s	12 min 33 s			0.359	
	ϕ114	232(直喷)		排距30孔距15	1.8	1 min 40 s	3 min 23 s	7 min 59 s	12 min 47 s	17 min 51 s	0.563	
					1.2	3 min 12 s	4 min 56 s	11 min 7 s			0.405	
					0.8	6 min 5 s	8 min 22 s	15 min 26 s			0.291	

试验数据分析如下:

(1)在混凝土板尺寸、喷射管类型相同的情况下,水泵压力对进桩速度影响明显,水泵压力大的进桩速度快;

(2)在混凝土板尺寸、喷射管直径、喷射孔直径、水泵压力相同的情况下,斜喷比直喷进桩速度基本上能快 1 倍;

(3)在混凝土板尺寸、喷射孔数量、喷射类型、水泵压力等相同的情况下,喷射孔的排列方式对进桩速度影响明显;

(4)大直径斜喷管斜喷比小直径斜喷管斜喷进桩速度快。

水力插板进桩速度试验记录二,如表2-2所示。

表2-2　水力插板进桩速度试验记录二

试验时间:2005年1月　　　　　　试验地点:节能设备厂　　　　　　试验温度:2～-5℃

| 混凝土板尺寸(m) | 喷射管类型(盲板8 mm、斜喷) | | | | 水泵压力(MPa) | 达到进桩长度所耗费的时间 | | | | | 平均进桩速度(m/min) | 试验日期(月-日) |
	喷射管规格(mm)	喷射孔数量	喷射孔直径(mm)	喷射孔间距(mm)		1 m	2 m	3 m	4 m	4.5 m		
6×0.6×0.3	φ159	170	3.2 3.5	6	2.0 1.8	1 min 30 s 1 min	5 min 2 min	7 min			2 min 13 s 1 min	01-18 01-20
	φ159	140	3.2	5	2.0	5 min					5 min	01-19
	φ89 双管	160	3.2	8	1.9	2 min 32 s	5 min 21 s	7 min 45 s	10 min 26 s		2 min 32 s	01-23
	φ89 三管	160	3.2	8	1.8	1 min 30 s	3 min 30 s	4 min 26 s	4 min 50 s	5 min 23 s	1 min 17 s	01-24

试验数据分析如下:

(1)在混凝土板尺寸、喷射管类型相同的情况下,水泵压力大的进桩速度明显加快;

(2)在混凝土板尺寸、喷射管规格、喷射孔直径、水泵压力相同的情况下,喷射孔数量少的进桩速度要慢很多;

(3)在其他情况都一样的情况下,喷射管组合管组合方式对进桩速度影响明显,三管比双管进桩速度快。

(二)单个喷射孔切割面积影响进桩速度的试验

用同一插板(长8 m、宽0.6 m、厚0.25 m)、相同直径的喷射管(φ3.2 mm),插入地层深度均为7.3 m,试验喷射孔数量和喷射压力变化对插入速度的影响,试验数据如表2-3所示。

表2-3　试验数据

喷射孔数量	平均单孔切割面积(cm²)	喷射压力(MPa)	插入时间
45	33	0.7	39 min
		1.0	30 min 30 s
		1.3	26 min 30 s
100	15	0.7	33 min
		1.0	19 min
		1.3	10 min 40 s
150	10	0.7	28 min
		1.0	17 min 30 s
		1.3	8 min

注:1.平均单孔切割面积=水力插板横断面面积/喷射孔数量;

　　2.喷射压力=泵出口压力-地面管线、水龙带、中心管损耗的压力。

试验数据分析如下:

(1)在喷射孔数量相同的情况下,插入同一深度,喷射压力大的进桩速度明显加快;

(2)在喷射压力相同的情况下,插入同一深度,喷射孔数量多的进桩速度明显加快。

(三)水力插板施工不同管线影响压力损耗的试验

试验方法:用一条直径114 mm的水龙带连接30 m不同直径的钢管,水流从孔数、孔径相同的喷射管向外喷射,测取不同压力状况下水流通过各种管道时产生损耗的数值,试验数据如表2-4所示。

表2-4 试验数据

钢管直径 （mm）	泵出口压力 （MPa）	喷射管压力 （MPa）	压力损耗值 （MPa）	损耗百分比 （%）	开泵台数
76	0.5	0.25	0.25	50	1
	1.0	0.50	0.50	50	1
	1.5	0.75	0.75	50	2
89	0.5	0.32	0.18	36	1
	1.0	0.64	0.36	36	2
	1.5	0.96	0.54	36	2
114	0.5	0.39	0.11	22	1
	1.0	0.82	0.18	18	2
	1.5	1.22	0.28	18	3
159	0.5	0.44	0.06	12	1
	1.0	0.85	0.15	15	2
	1.5	1.28	0.22	15	3

注：1. 水泵的功率为55 kW，排量为80 m³/h；

2. 喷射管管径为89 mm，喷射孔直径为φ3.2 mm，喷射孔数量300个。

试验数据分析如下：

钢管直径比较小时，压力损耗百分比都比较大。在钢管直径比较大时，压力损耗百分比会明显减小，水力插板施工所用的管线直径一般应大于114 mm。

（四）喷射孔数量与所需水泵排量关系的试验

喷射孔数量与所需水泵排量关系的试验数据如表2-5所示。

表2-5 试验数据

（水泵参数：$Q = 155$ m³/h、$P = 1.75$ MPa）

管径（mm）	孔径（mm）	孔距（mm）	排距（mm）	孔数	水泵压力 （MPa）	平均每孔需要 水量（m³/孔）	平均1 m³排 量需钻孔数量
273	3.2	40	40	176	1.7	0.88	1.14
		35	35	232	1.2	0.67	1.5
114	3.2	15	30	232	1.0	0.67	1.5

注：设定混凝土板断面为1 400 mm×450 mm时，按孔径3.2 mm、孔距40 mm布孔，需钻385孔，排量257 m³/h；按孔距35 mm需布486孔，排量313 m³/h。

第二节 水力插板整体连接技术

水力插板有一套独创的整体连接技术，能够将分散的、单块的水力插板插入地层之后形成一块整板，板间结合部的连接强度和密封程度能够达到和超过钢筋混凝土板本体的性能，这是水力插板的核心专利技术之一。在10年时间里，水力插板的整体连接方式通过不断发展和改进形成了六代技术，涉及到6项专利。

一、水力插板整体连接技术的研制过程

10年时间内,水力插板整体连接技术经历6次重大改进形成六代技术的情况,如图2-9所示。

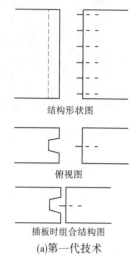

(a)第一代技术

(一块混凝土板的侧面预制成凹型槽,另一块混凝土板侧面自上而下预埋一排外露的钢筋头,两块混凝土板插入地层后中间用水泥浆封固)

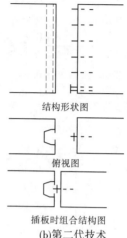

(b)第二代技术

(凹形槽内预埋焊接件,采用两块30 mm×30 mm的角钢同预埋件一起焊接成滑道,另一块混凝土板上的钢筋头底部焊一块钢板,作为引导钢筋头进入凹型槽的滑板)

1.专利号:ZL 97216202.X(实用新型"水力插板墙")
  申请日期:1997年5月30日
2.专利号:ZL 97104494.5(发明专利"水力插板墙及其工艺")
  申请日期:1997年6月23日

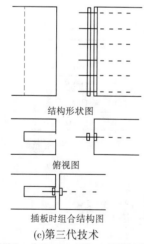

(c)第三代技术

(滑道由一块200 mm×100 mm的长方形空心方钢制作,滑板为外露的钢筋头穿焊两条矩形空心方钢)
专利号:ZL 98210633.5(实用新型"一种水力插板滑道、滑板偶件")
申请日期:1998年1月23日

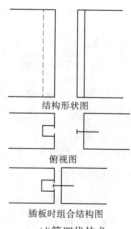

(d)第四代技术

(滑道为一侧开口的空心方钢、滑板外露部分由钢筋头改变为T形钢结构)
专利号:ZL 200420040430.8(实用新型"水力插板滑道、滑板")
申请日期:2004年5月12日

图2-9　10年时间内经历6次重大改进形成六代技术的研制过程

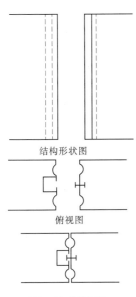

结构形状图

俯视图

插板时组合结构图

(e)第五代技术

(滑道为一侧开口的空心方钢,滑板为T形钢或工字钢,滑板滑道两侧增加了隔水道。它属于第四代技术的专利范围,同时涉及到第五代技术另外3项专利的内容)

1.专利号:ZL 03271476.9(实用新型"插板航道")
　申请日期:2003年8月18日
2.专利号:ZL 03253702.6(实用新型"插板码头")
　申请日期:2003年9月20日
3.专利号:ZL 200610070402.4(发明专利"水力插板及使用方法")
　申请日期:2006年11月24日

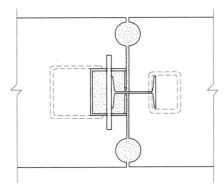

插板结构组合俯视图

(f)第六代技术

(滑道顶部开口段设置一段限位滑道,严格限制混凝土板插入地层后在平行线上左右错位,滑板顶部加焊一块限位钢板,严格控制混凝土板插入地层后出现高低不平的问题。滑板与滑道后侧等距离设置拉结钢筋增加固结强度)

专利号:ZL 200720022755.7(实用新型"水力插板限位滑道与限位滑板")

申请日期:2007年5月31日

续图 2-9

二、水力插板整体连接强度试验

水力插板插入地层后,混凝土板一侧外露的 T 形钢进入另一块混凝土板一侧开缝的空心方钢内,然后注入水泥浆,固结成为一个整体。为了测试两板结合部位的固结强度,我们首先按照水力插板实际的结构形状和尺寸制作成试验模块,在滑道滑板内按照现场实际施工的条件注入水泥浆使其固结,然后送到胜利油田油建一公司技术检测中心进行连接强度试验。试验结果证明,厚度为 250 mm 的水力插板滑道、滑板固定之后的抗剪切强度达到630 kN/m,完全能够满足工程建设的实际需要。预制成型的试验模块组合固结前如图 2-10 所示。

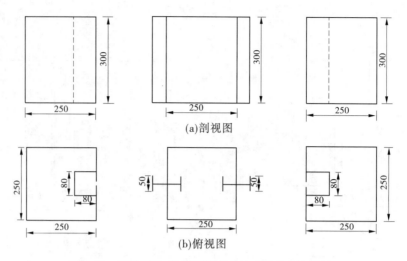

(a)剖视图

(b)俯视图

图2-10 用于滑道、滑板固结强度试验的混凝土模块

第三节 水力插板进桩技术与整体连接技术

一、水力插板的结构形状

水力插板的结构形状,如图2-11所示。

二、水力插板插入地层的结构形状

水力插板插入地层的结构形状如图2-12所示。

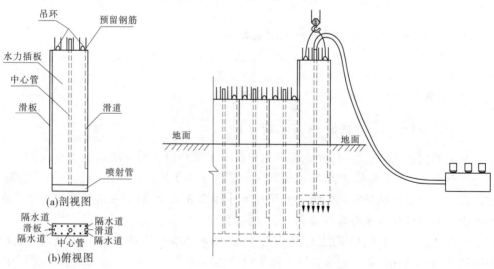

图2-11 水力插板的结构形状

图2-12 水力插板插入地层的结构形状

三、注浆固缝

在水力插板滑道、滑板内注入泥浆使其固结,如图 2-13 所示。注浆固缝程序如图 2-14所示。

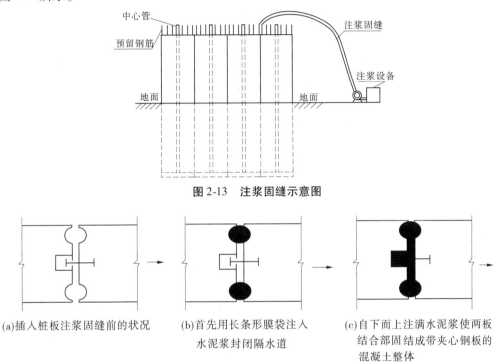

图 2-13　注浆固缝示意图

(a)插入桩板注浆固缝前的状况　　(b)首先用长条形膜袋注入　　(c)自下而上注满水泥浆使两板
　　　　　　　　　　　　　　　　水泥浆封闭隔水道　　　　　　结合部固结成带夹心钢板的
　　　　　　　　　　　　　　　　　　　　　　　　　　　　　　混凝土整体

图 2-14　注浆固缝程序

四、绑扎钢筋、现浇帽梁

绑扎钢筋、现浇帽梁示意图,如图 2-15 所示。

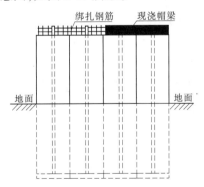

图 2-15　绑扎钢筋、现浇帽梁示意图

第三章 水力插板专用施工设备和机具的研制

第一节 水力插板起吊设备

水力插板工程建设的位置有的在陆上,有的在海上,有的在沿海滩涂潮间带地区。在陆上施工的大部分可以采用汽车吊、履带吊等现有的设备,而在海上和沿海滩涂地区的施工矛盾非常突出,陆上的设备进不来,海上的浮吊出不去,就算是进到了插板的位置,一方面由于受风浪的影响难以进行水力插板施工,另一方面海上浮吊的台班费用也很高,会增大施工成本,因此必须研制专用的施工设备和机具。水力插板施工专用设备和机具也是水力插板技术的一个重要组成部分。

一、第一代水力插板专用吊机

1998 年试验成功第一代水力插板专用吊机(见图 3-1),提升高度 10 m,工作负荷80 kN。

第一代水力插板专用吊机的主要特点是整个吊机底盘由工作平台连接 8 个圆形浮筒组成,行走时 8 个浮筒在 4 个方位分为 4 组浮箱使吊机平稳地漂浮在水面上,插板施工前通过钢丝绳滑轮组加压 4 个桩腿,把其中 4 个圆形浮筒压到水底地面上作为吊机的承压座板,整个吊机离开水面升到空中,插入插销之后吊机进入插板施工状态。这种水力插板专用吊机的主要技术特点是分别吸收了陆上汽车吊、海上浮吊和海上石油钻井平台的技术特点,行走时像浮吊一样能够在海上自由移动,工作时像汽车吊一样 4 个千斤座板压在地面上使整个吊机升到空中,起吊作业时可以不受风浪冲击的干扰,升降桩腿的方式类似石油钻井平台,但又具有非常突出的技术创新特点,既不采用液压升降的方式,也不采用齿轮咬合齿条的升降方式,而是采用了一种单绞车加压技术。通过绞车对钢丝绳滑轮组进行加压来完成吊机的升降任务,这一独特的创新技术具有操作方便、安全可靠、造价低廉的鲜明特点。

第一代水力插板专用吊机在广南水库中进行试验使用,主要缺点是提升负荷小,吊杆只能前后移动,不能左右旋转。

二、第二代水力插板专用吊机

1999 年第二代水力插板专用吊机在第一代水力插板专用吊机的基础上有了较大的改进,如图 3-2 所示。起重负荷 120 kN,吊杆高度 14 m,用于 1999 年在孤东海域建设 200 m 水力插板试验堤。存在的主要问题仍然是吊杆不能左右旋转,吊杆高度和起吊负荷仍然较小。

图 3-1　第一代水力插板专用吊机　　　　图 3-2　第二代水力插板专用吊机

三、第四代水力插板专用吊机

第四代水力插板专用吊机是在前三代水力插板专用吊机的基础上通过改进之后形成的一代产品,如图3-3所示。其主要特点是吊机底部安装了转盘,吊杆能够全方位旋转。操作使用灵活,拆装运输方便,缺点是起吊负荷较小、平衡能力较差。

四、第五代水力插板专用吊机

第五代水力插板专用吊机是一台在陆上进行插板施工的吊机,具有全方位旋转的功能,能够自动行走。单杆高度 15 m,起重负荷 130 kN,主要特点是在同一个转盘上有两根吊杆,起吊重物时具有互相平衡重量的作用。两根吊杆对提高施工作业速度也有帮助。2003 年使用该吊机完成了建设利津刁口码头的任务。图 3-4 为正在施工的情况。

图 3-3　第四代水力插板专用吊机　　　　图 3-4　第五代水力插板专用吊机

五、第八代水力插板专用吊机

第八代水力插板专用吊机是一种经过多次试验改进之后形成的水上双杆平衡吊机,如图3-5所示。吊杆长度 15 m,起吊负荷 150 kN,可在 5 m 水深海域进行工作,如图3-5所示为2007 年 9 月在 5 号桩外海水域建设航道拦沙堤坝的情况。

六、第九代水力插板专用吊机

第九代水力插板专用吊机于2008年7月试制成功,如图3-6、图3-7所示。吊杆高度19 m,起吊负荷200 kN,可在6 m水深海域正常工作,主要技术特点是在同一个吊机平台上安装了两部吊机独立工作,起吊重物时具有互相平衡的作用。最大的优势在于可以大幅度提高施工作业的速度。其工作原理是两部吊机同时参与插板施工,第一部吊机正在插板时,第二部吊机已经把将要插入的混凝土板提到空中,第一部吊机爬杆移位后第二部吊机起吊的插板立即进行插入。在一些地质条件适合的地区还可以使用一部吊机起吊工具板切割地层之后拔出地面,另一部吊机将没有安装喷射管和中心管的工程板插入地层进行工程建设。在提高施工速度的同时也降低了工程造价。

图3-5　第八代水力插板专用吊机

图3-6　2008年7月试制成功的第九代水力插板专用吊机

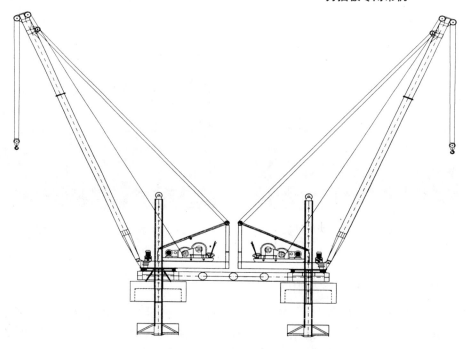

图3-7　第九代水力插板专用吊机结构示意图

七、第十代水力插板专用吊机

前面九代吊机解决了陆上和水上施工作业的问题,但是对于工程建设位置处于潮间带、淤泥滩等复杂地理位置的施工仍然存在困难。2010 年 3 月试制成功了第十代水力插板专用吊机,如图 3-8 所示。主要技术特点在于吊机底部增设了一个安装铁轨的持力箱,吊机插完一部分混凝土板需要移动位置时,吊机下部的 8 个轮子压到铁轨上滚动前进,转弯时吊机座在持力箱上专门设置的旋转平台采用类似火车头调头的方式来解决。第十代吊机主要解决了在各种复杂地形条件下水力插板工程能够正常进行的问题。

图 3-8　第十代水力插板专用吊机

第二节　喷射动力水泵设备

水力插板进入地层依靠水力喷射,在试验中选择合适的水泵组合对水力插板施工是一件十分关键的工作。选择水力插板动力水泵组除了压力、排量能够满足施工需要外,安装、使用、维修和节能效果也是重要的选择条件。动力水泵工作压力一般选用 1.5～3 MPa,排量选用150～400 m³/h。目前,用于水力插板的动力水泵主要有以下几种泵型及组合方式。

一、高压潜水泵

高压潜水泵的优点是安装简单,不需要配置低压供水系统;缺点是维修不方便,对于频繁启动的工作环境不太适应。

二、多级离心泵

经常选用的多级离心泵中的锅炉给水泵是陆上进行水力插板施工的主要设备,其优点是价格较低,安装维修方便,可以单泵使用,也可以多泵组合使用;缺点是需要单独配置低压供水系统。

三、水面漂浮泵

水面漂浮泵是为水力插板施工专门研制的一种动力水泵组,如图3-9所示,适用于江河、湖泊和其他临近水面的施工场地。其特点是水泵、管汇和配电系统形成一个整体,安装使用和维修都很方便,不需要配置低压供水系统,可满足频繁启动的需要。

四、柴油机直联泵

水力插板施工现场很多地方没有高压电源,工作时需要柴油机发电。由于水泵功率大,则需要大功率的发电机组,能量转换过程中通过柴油机带动发电机发电,通过输配电装置传给电动机再带动水泵工作,这样一个传输过程无功损耗很大,经济上不合理,不仅占用设备多,而且增加了工作量。为了满足水力插板施工作业的需要,2007年我们研究

图3-9 松花江防洪堤坝施工时所用的水面漂浮泵

试制成功了柴油机直联泵,柴油发动机经过一个离合器直接与多级离心泵连接成动力水泵组,可降低能耗40%以上,使用效果良好,减少了设备数量,操作维修方便,是今后水力插板施工动力水泵的主要组合方式。海上施工形成了水力插板动力水泵工作船,如图3-10所示。

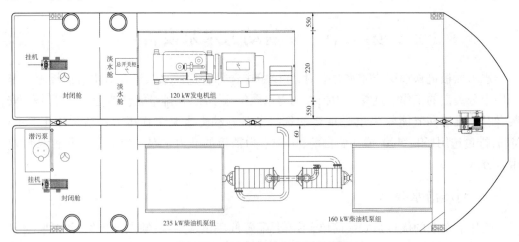

图3-10 水力插板动力水泵工作船

第三节　注浆固缝装置

水力插板插入地层之后需要一种专用的注浆固缝装置来完成整体连接的任务,在这套装置上必须具备向外供水冲洗桩板结合部沉积泥沙的功能和搅拌配制水泥浆、输送顶替水泥浆的功能。根据施工需要,我们研究试制成功了一种水力插板注浆固缝的专用施工设备,如图3-11所示。海上施工形成了注浆固缝工作船。

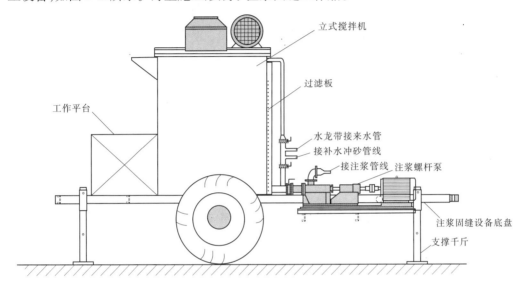

图 3-11　水力插板注浆固缝专用施工设备

第四节　专用运载设备及其他辅助设备

专用运载设备具有分件运输、现场组合的特点,适用于不同水深及不同环境状态的运载设备。辅助设备是满足供水、发电、牵引、锚碇、桩板定位扶正、吹填泥沙、施工操作及控制泥沙自流回淤等功能的配套设备。

一、海上水力插板定位扶正导流填沙操作平台

利用海上水力插板定位扶正导流填沙操作平台(见图3-12)下部形成的钢板围裙,使混凝土板切割地层返出地面的高含沙水在已插完的水力插板两侧流,从而使混凝土板与地层之间的缝隙全部充填满"铁板沙",增强了海上堤坝的安全稳定性能。

二、铺设土工布防止海底地面冲刷装置

在海上建设水力插板工程,由于水力插板堤坝的形成改变了海水原来的流动方向,在水力插板两侧会很快形成冲刷沟,冲刷深度一般为 2 ~ 2.5 m,会严重影响到水力插板堤坝安全和建筑材料的消耗数量,目前的改进措施是在海上水力插板定位扶正导流填沙操

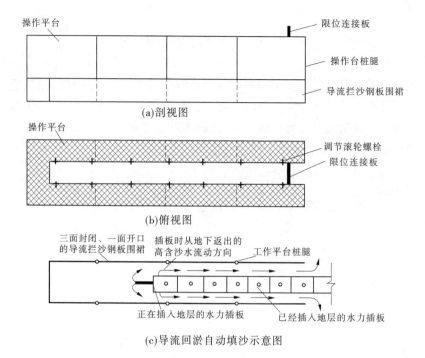

(a)剖视图

(b)俯视图

(c)导流回淤自动填沙示意图

图3-12　海上水力插板定位扶正导流填沙操作平台

作平台上增设两个土工布滚筒,随着水力插板向前进,两侧的土工布同时被放出来,使其在最短的时间内对水力插板堤坝两侧的地面进行保护,然后按设计标准在堤坝两侧形成护坡。铺设土工布防止海底地面冲刷装置如图3-13所示。

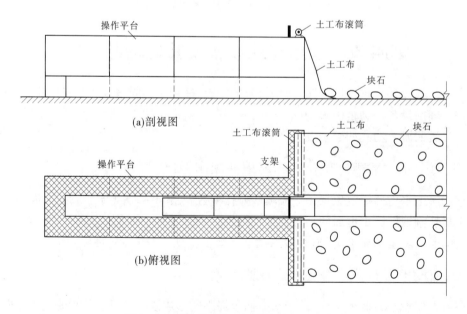

(a)剖视图

(b)俯视图

图3-13　铺设土工布防止海底地面冲刷装置

三、海上水力插板施工脚手架

水力插板工程注浆固缝和绑扎钢筋、现浇帽梁等工作需要安装脚手架。众所周知,在陆上施工脚手架的应用十分广泛,但是在海上施工脚手架安装和拆卸都十分困难,而且经常被风浪打坏,很不安全。为此,在水力插板施工中形成了海上施工专用脚手架,其做法是在预制水力插板时在混凝土板上部预留一个孔洞,插入一段钢管,钢管两侧分别用脚手架卡扣将专用的脚踏板固定在钢管上形成海上施工安全稳定的脚手架(见图3-14)。这种结构安全稳定性能好,拆卸安装非常方便,节省了大量安装脚手架的钢管材料。

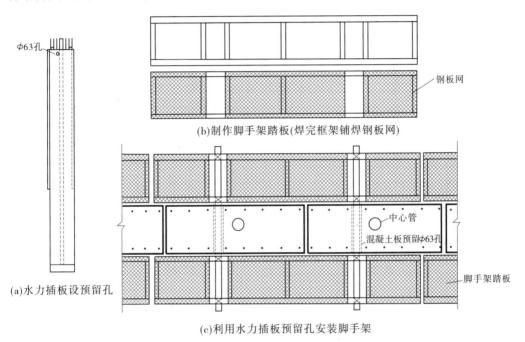

图 3-14　海上水力插板施工专用脚手架　（单位:mm）

第四章 水力插板工程试验

针对水力插板的应用环境,10 年时间进行过多方面的试验,包括水力插板堤坝安全稳定性能试验、水力插板作为桩基使用承载能力试验、海上水力插板堤坝两侧地面冲刷及抛石防护效果试验、海上水力插板堤坝安全稳定性能试验、控制泥沙自流回淤提高水力插板安全稳定性能试验、应用水力插板建设航道拦沙堤改变泥沙淤积状况试验、深海水域地层液化淤积航道及水力插板应用前景试验。

第一节 水力插板堤坝安全稳定性能试验

1998 年由中国海洋大学工程学院对水力插板用于水库围堤工程的安全稳定性能进行了系统试验。

一、概述

水力插板作为一种工程实用构造形式,自提出后即得到广泛应用。这种插板在黄河口地区的特殊地质条件下有其独特的优势,施工方便、施工设备简单、不需要大量开挖土方、便于在狭小场地内施工,可用于多种混凝土结构,如污水处理池、水利工程护岸等。随着对水力插板应用的进一步研究,必将使这一结构形式更加完善、更趋合理,从而大大降低建造费用,使其应用范围更加广泛。

本试验对实际工程中采用过的两种不同构造形式的插板进行了现场测定,对板的内力及变形进行了分析。

二、试验目的及内容

在耿井水库 2 号沉沙池工程中采用了水力插板墙。水力插板墙总长度达 4 000 m。水力插板结构形式的选择对工程的安全起着决定性的作用,同时也直接影响着工程造价。该工程在建造工程中试用过几种不同结构形式的水力插板,经筛选后保留如下两种结构:一种为全部采用 A 型板构造而成,这种形式结构简单,造价相对较低;另一种采用每 3 块 A 型板间插一块 C 型板的形式,在这种形式中,C 型板起支撑、加强作用,单价相应增加。A 型板与 C 型板的结构图见耿井水库施工资料。

本试验就是要测定以上两种不同结构形式中的 A 型板在各种工作荷载下其内部产生的弯矩,以检验其强度,并且测定两种结构形式的插板墙在工作荷载下的整体变形,判断其稳定性,以便对整个工程的安全性有一可靠评价。同时,对比两种结构形式的实测结果,为以后的工程中选择合理的结构形式提供依据。

三、试验段的布置及试验前的准备工作

(一)试验用板的制作

内力测定试验用板与现场使用的 A 型板在结构上是相同的。为测定板横断面上的弯矩,在板的受拉侧和受压侧选择相对的两根配筋布置感应器。浇筑混凝土前,每根测试钢筋沿长度方向等间距地布置 10 个传感器,以测定钢筋的拉、压应变分布。传感器上的信号通过导线引到板外。试验用板与通常的 A 型板完全相同。这种装有感应器的 A 型板(称做试验板)将布置在试验水力插板墙的指定位置上,根据传感器测定的钢筋拉、压应变值,可推算出作用在传感器所在横断面上的弯矩。

(二)试验段的现场布置

试验段建造在耿井水库 2 号沉沙池工程现场,试验水力插板墙距原工程水力插板墙 8 m,两种形式的水力插板墙各建约 20 m 长,中间相连。试验段两端用水力插板封堵,以备向内填充泥浆,形成所需的加载工况。试验段的平面布置,如图 4-1 所示。完全由 A 型板组成的水力插板墙由 14 块 A 型板构成,其中的第 6 块板与第 9 块板为内埋传感器的试验用板。由 A 型板与 C 型板组合而成(称做三纵一横形式)的水力插板墙,由 4 个标准段构成,中间两段的每段各有 2 块 A 型板作为装有传感器的试验用板。整个试验段的安插工艺与实际工程中采用的工艺、方法完全一致。

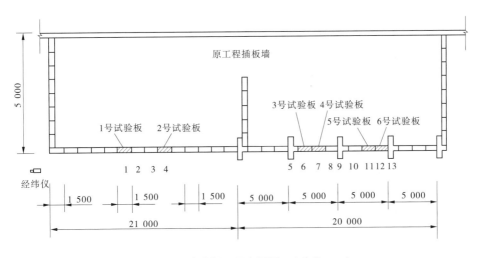

图 4-1 试验段平面布置图 (单位:mm)

(三)内力测点及变形测点的分布

试验段安插完成后,对应 6 块试验用板一起编号为 1~6 号试验板,每块试验板从距顶部 20 cm 起,每隔 50 cm 布置有一对传感器,分别测定受拉侧钢筋的压应变。每块试验板内共布置 10 对传感器,通过这些传感器可测定出每块试验板在外荷载作用下横截面弯矩沿板长的变化情况。

在测定水力插板内力的同时,从完全由 A 型板构成的试验段内,选 1~2 号试验板的 4 块水力插板,以它们的位移来代表这种类型的水力插板墙在外荷载作用下的变形。从三纵一横形式的试验段内,选 3~6 号试验板所处的完整两段,共 9 块 A、C 型板,以它们

的位移来代表 A、C 型板组合而成的水力插板墙在外荷载作用下的变形。上述两种类型的水力插板墙中的 13 块水力插板所处的位置依次定为 1～13 号变形测位,图 4-1 显示了这 13 个变形测位的平面位置。对于每一测位处的水力插板,以板中顶部起每隔 50 cm 选定一个测点,每一测位共有 4 个测点,自上而下依次定位 Ⅰ～Ⅳ号测点。13 个变形测位的 52 个测点在外荷载作用下的位移值表征了整个水力插板墙在外荷载作用下的变形。

(四)试验工况的确定

水力插板在实际使用中所承受的荷载主要是板的一侧由泥浆产生的静压,最大荷载是泥浆高度达到水力插板顶部时的荷载。为保证试验所测结果的可靠性,本次试验中,在泥浆达到最大高度前,测取了 2 次数据,在泥浆达到最大高度后,又在板的另一侧下挖,以减小板的插深,直到水力插板不能正常使用为止。

本次试验的整个过程中形成了五种工况,分别测取了不同工况下水力插板的内力及变形,这五种工况分别为:第一种工况,插深 2.5 m、泥浆高度 1.5 m;第二种工况,插深 2.5 m、泥浆高度 1.85 m;第三种工况,插深 2.5 m、泥浆高度 2.4 m;第四种工况,插深减为 2.3 m、泥浆高度维持不变;第五种工况,插深减为 2.0 m、泥浆高度维持不变。其中,第三种工况为标准荷载,第五种工况为极限荷载。在试验第五种工况时,水力插板已严重倾斜,试验板传感器所测最大拉应变已超过 700 $\mu\varepsilon$。

(五)测试仪器

YJ – 26 型静态应变仪:测量范围为 0～±19 999 $\mu\varepsilon$。

P10R – 18 型预调平衡箱:可接 10 个传感器。

BLR – 5 型拉应传感器:测量范围为 0～±50 kN。

经纬仪:由施工单位提供。

直尺:刻度为毫米(mm)。

(六)标定板的布置

为了确定试验板内传感器测得的应变值与所处截面的作用弯矩之间的对应关系,特将一标定试验板单独安插。在该板顶部布置一水平加力构件与拉压传感器相连,传感器另一侧连接一张力器,如图 4-2 所示。水平荷载由张力器产生,并由拉压传感器读出。

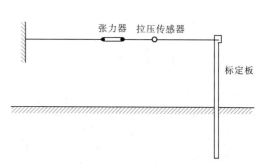

图 4-2　标定板安插、连接示意图

四、试验过程和资料分析

(一)试验板内截面弯矩的率定

在安插好的标定板顶部,用张力器加横向荷载,加载值由拉压传感器读出。由加载值和板内传感器(地面以上部分)的相应位置可知,板内各传感器所在横截面的作用弯矩,读出此时各传感器指示的应变。不断改变荷载,可得一系列弯矩—应变关系值,据此可画出试验板弯矩—应变关系曲线,如图4-3所示。

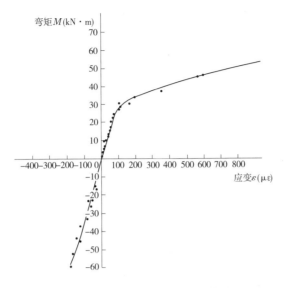

图 4-3　试验板弯矩—应变关系曲线

(二)水力插板内力测定

在向试验段内充填泥浆之前,首先将试验板内的所有传感器连接到测试仪器上,以此时板的受力状态为基准,所有传感器的指示读数为零。基准状态确定后,向试验段内充填泥浆,依次形成前面所述的五种工况。测取每种工况下传感器的读数,根据传感器读数和图 4-3 所示的关系曲线,可分析得到六块试验板内各传感器所在截面的作用弯矩,并可绘出各种工况下试验板内弯矩沿高度的变化图。

表 4-1 为各试验板在各种工况下的最大拉应变值,表 4-2 ~ 表 4-6 为五种工况各试验板内横断面弯矩值,图 4-4 ~ 图 4-9 为各试验板在各种工况下的弯矩图。

表 4-1　各试验板在各种工况下的最大拉应变值　　　　　　　　　　　　(单位:με)

试验板编号	第一种工况	第二种工况	第三种工况	第四种工况	第五种工况
1 号	44	105	346	388	646
2 号	42	186	380	263	776
3 号	32	56	96	98	114
4 号	44	130	340	346	513
5 号	30	59	98	111	202
6 号	34	62	101	142	462

表 4-2　第一种工况试验板内横断面弯矩值　　　　　　　　　　　　(单位:kN·m)

距板顶距离(m)	1 号试验板	2 号试验板	3 号试验板	4 号试验板	5 号试验板	6 号试验板
0.7						
1.2	1.3	2.1	0.9	1.3	2.0	0.3
1.7	2.7	3.0	2.3	3.5	4.8	2.7
2.2	4.4	5.4	4.3	7.5	7.2	5.2
2.7	8.4	10.6	8.9	16.5	9.1	11.5
3.2	16.5	15.5	12.0	15.5	11.5	12.5
3.7	14.8	13.1	8.9	9.5	10.2	8.2
4.2	8.0	7.9	2.7	7.5	6.9	3.5
4.7	3.8	3.0	0.9	0.9	2.0	0.3

表 4-3　第二种工况试验板内横断面弯矩值　　　　　　　　　　　　　（单位:kN・m）

距板顶距离（m）	1 号试验板	2 号试验板	3 号试验板	4 号试验板	5 号试验板	6 号试验板
0.7	2.0	3.6	1.9	4.4	1.3	1.9
1.2	6.0	6.7	3.1	11.3	3.5	6.1
1.7	12.8	21.5	5.3	21.6	6.6	9.6
2.2	19.0	26.2	8.9	27.8	11.0	13.6
2.7	27.0	33.5	16.8	34.0	23.1	20.1
3.2	29.0	28.8	19.0	32.0	19.8	23.0
3.7	19.2	20.0	8.9	24.2	11.4	17.0
4.2	6.6	12.9	1.4	16.2	6.2	12.1
4.7	1.3	1.0	0.3	1.9	1.0	3.1

表 4-4　第三种工况试验板内横断面弯矩值　　　　　　　　　　　　　（单位:kN・m）

距板顶距离（m）	1 号试验板	2 号试验板	3 号试验板	4 号试验板	5 号试验板	6 号试验板
0.7	3.5	6.8	2.4	4.2	2.6	4.8
1.2	6.5	15.6	6.8	11.6	4.8	8.2
1.7	18.2	27.8	11.9	20.5	8.9	11.0
2.2	28.1	36.0	19.2	26.1	14.8	19.7
2.7	36.1	42.0	27.5	36.2	24.3	26.5
3.2	38.5	40.5	26.4	38.5	28.0	28.5
3.7	31.9	31.0	24.3	34.0	24.0	30.5
4.2	12.2	19.2	18.1	26.9	6.6	23.5
4.7	3.5	2.3	2.6	3.5	2.0	2.7

表 4-5　第四种工况试验板内横断面弯矩值　　　　　　　　　　　　　（单位:kN・m）

距板顶距离（m）	1 号试验板	2 号试验板	3 号试验板	4 号试验板	5 号试验板	6 号试验板
0.7	3.4	5.7	2.1	2.1	2.7	1.9
1.2	7.5	12.1	6.3	6.5	6.1	3.0
1.7	16.8	23.2	10.5	14.1	9.9	6.1
2.2	26.9	31.0	17.4	21.2	18.1	10.2
2.7	35.2	35.0	27.1	32.3	27.2	18.2
3.2	39.0	36.5	28	38.5	33	24.2
3.7	31.6	34.1	23.4	34.9	25.6	28.5
4.2	7.9	20.1	10.9	27.1	11.5	12.1
4.7	1.0	1.4	2.6	3.6	3.4	1.3

表 4-6　第五种工况试验板内横断面弯矩值　　　　　　（单位:kN・m）

距板顶距离（m）	1号试验板	2号试验板	3号试验板	4号试验板	5号试验板	6号试验板
0.7	3.8	3.5	2.9	2.2	4.2	8.8
1.2	7.8	6.2	5.8	4.9	7.9	16.5
1.7	15.1	14.0	9.6	10.3	11.4	22.3
2.2	23.8	20.8	14.3	19.8	17.1	29.0
2.7	31.5	26.0	19.4	35.4	20.5	33.2
3.2	45.5	45.2	30.5	40.6	34.5	40.1
3.7	45.0	46.5	29.4	41.5	30.0	40.5
4.2	26.0	32.9	22.4	24.0	23.2	30.4
4.7	5.9	2.2	3.4	3.2	2.6	4.2

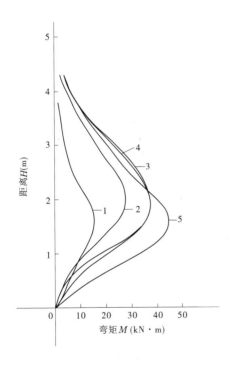

图 4-4　1号试验板在各种工况下的弯矩图

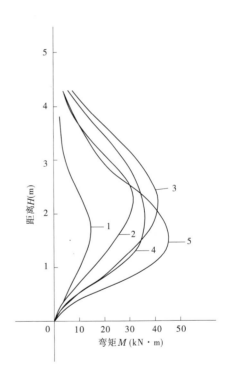

图 4-5　2号试验板在各种工况下的弯矩图

（三）水力插板变形测定

在建好的试验段水力插板墙前,安放一经纬仪,如图 4-1 所示。充填泥浆前,测定52

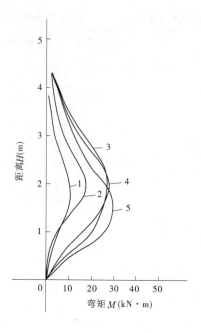

图 4-6　3 号试验板在各种工况下的弯矩图

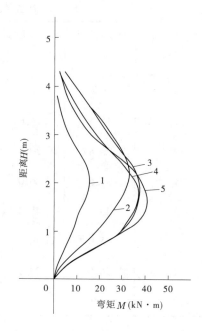

图 4-7　4 号试验板在各种工况下的弯矩图

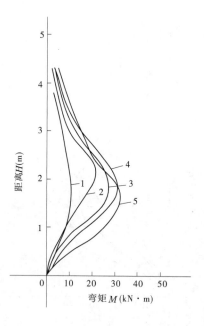

图 4-8　5 号试验板在各种工况下的弯矩图

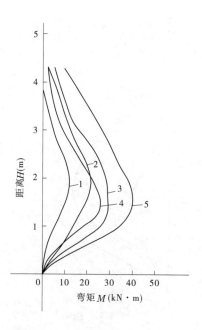

图 4-9　6 号试验板在各种工况下的弯矩图

个变形测点的位置,以这时的位置作为基准位置,然后在每种工况形成后,测定 52 个变形测点的位移量。表 4-7 ~ 表 4-11 为各种工况下各变形测点的新增的位移量和总位移量。

表 4-7 第一种工况水力插板变形测定 （单位：mm）

测位	各测点新增位移量				各测点总位移量			
	I	II	III	IV	I	II	III	IV
1	15	13	11	10	15	13	11	10
2	17	14	12	9	17	14	12	9
3	18	15	12	10	18	15	12	10
4	16	15	13	9	16	15	13	9
5	15	13	11	10	15	13	11	10
6	15	12	11	10	15	12	11	10
7	15	12	10	9	15	12	10	9
8	16	14	12	9	16	14	12	9
9	15	14	12	10	15	14	12	10
10	16	14	12	9	16	14	12	9
11	15	13	12	10	15	13	12	10
12	14	12	11	9	14	12	11	9
13	14	14	13	12	14	14	13	12

表 4-8 第二种工况水力插板变形测定 （单位：mm）

测位	各测点新增位移量				各测点总位移量			
	I	II	III	IV	I	II	III	IV
1	11	7	8	5	26	20	19	15
2	12	9	7	6	29	23	19	15
3	11	8	8	5	29	23	20	15
4	13	9	7	7	29	24	20	16
5	9	9	8	5	24	22	19	15
6	8	8	6	5	23	20	17	15
7	7	8	7	6	22	20	17	15
8	9	8	7	7	25	22	19	16
9	11	9	9	8	26	23	21	18
10	10	9	5	6	26	23	17	15
11	9	9	8	7	24	22	20	17
12	10	9	7	7	24	21	18	16
13	10	8	8	8	24	22	21	20

表 4-9　第三种工况水力插板变形测定 （单位：mm）

测位	各测点新增位移量				各测点总位移量			
	I	II	III	IV	I	II	III	IV
1	29	27	24	18	55	47	43	33
2	28	23	20	16	57	46	39	31
3	30	26	21	17	59	49	41	32
4	30	26	22	16	59	50	42	32
5	24	20	17	17	48	42	36	32
6	23	21	19	15	46	41	36	30
7	24	23	18	13	46	43	35	28
8	26	21	16	13	51	43	35	29
9	23	19	15	15	49	42	36	33
10	23	20	19	15	49	43	36	30
11	23	21	19	15	47	43	39	32
12	22	22	20	15	46	43	38	31
13	24	21	17	12	48	43	38	32

表 4-10　第四种工况水力插板变形测定 （单位：mm）

测位	各测点新增位移量				各测点总位移量			
	I	II	III	IV	I	II	III	IV
1	18	12	10	10	73	59	53	43
2	19	18	17	11	76	64	56	42
3	16	15	14	12	75	64	55	44
4	20	17	14	12	79	67	56	44
5	9	8	7	5	57	50	43	37
6	10	8	6	5	56	49	42	35
7	11	6	6	6	57	49	41	34
8	6	6	7	6	57	49	42	35
9	6	7	7	2	55	49	43	35
10	7	6	6	5	56	49	42	35
11	8	5	1	3	55	48	40	35
12	7	5	3	7	53	48	41	38
13	6	4	3	5	54	47	41	37

表 4-11　第五种工况水力插板变形测定　　　　　　　　　（单位:mm）

测位	各测点新增位移量				各测点总位移量			
	I	II	III	IV	I	II	III	IV
1	250	222	185	152	323	281	238	195
2	258	227	195	162	334	291	251	204
3	269	231	198	155	344	295	253	209
4	269	233	201	166	348	300	257	210
5	235	208	182	150	293	260	227	189
6	236	206	176	148	292	255	218	183
7	232	200	170	143	289	249	212	177
8	228	198	171	142	285	247	213	177
9	222	196	169	145	278	247	214	181
10	220	193	162	138	276	242	204	173
11	213	186	161	133	268	234	201	168
12	203	179	153	125	258	227	194	163
13	194	175	150	125	249	223	192	163

五、主要结论

试验得出的主要结论如下:

(1)比较两种形式的水力插板,有横向支撑板的水力插板内力要小,尤其是在极限荷载作用下,效果更明显。

(2)在标准荷载下(第三种工况),无横向支撑的水力插板,传感器测得的最大弯矩为42.0 kN·m,最大拉应变为380 $\mu\varepsilon$;有横向支撑的水力插板,传感器测得的最大弯矩为38.5 kN·m,最大拉应变为340 $\mu\varepsilon$。

(3)在极限荷载(第五种工况)下,两种形式的水力插板中传感器测得的最大拉应变分别达到了776 $\mu\varepsilon$ 和513 $\mu\varepsilon$,这表明两种形式的水力插板受拉侧均出现开裂。

(4)当外荷载较小时,两种形式的水力插板的位移量基本相当。随着外荷载的增大,无横向支撑板的水力插板墙位移量相对较大。

(5)两种形式的水力插板墙在前四种工况时,位移增加比较缓慢。当变为第五种工况时,两种形式的水力插板的位移量均剧烈增大。无横向支撑的水力插板墙,板顶最大位移由 79 mm 猛增到 348 mm;有横向支撑的水力插板墙,板顶最大位移由 57 mm 猛增到293 mm。此时,两种形式的水力插板墙均已严重倾斜。

第二节　水力插板承载能力试验

水力插板技术是一种新的桩基工程技术,多方面试验表明,由于进桩方式的特殊性,在用于道路交通桥、港口码头等工程的桩基时比传统的桩基工程更安全。

一、水力插板交通桥安全检测

（一）孤东水力插板桥

第一座水力插板道路交通桥位于孤东采油厂生产区内，如图4-10所示，该桥长7.6 m，宽4.8 m，共两跨。基础为水力插板桩，长4.8 m，宽0.3 m，高9.0 m，埋置深度6.0 m，水力插板桩基与桥面呈刚性连接。各构件采用现场预制、现场组装，施工速度快。为了对其承载力和稳定性作进一步验证，山东省公路桥梁检测中心进行了承载力试验。

图4-10　孤东水力插板桥

试验分水力插板在垂直荷载下下沉量和水平荷载下顺桥向变形两部分进行。

（1）在桥面上放置水箱，用水量控制分级加载。在不同的荷载等级下，观察水力插板桩基的下沉变化。荷载为50 kN时，沉降量为0；荷载为100 kN时，沉降量为0.005 mm；荷载为200 kN时，沉降量为0.008 mm；荷载为300 kN时，沉降量为0.019 mm，桩基反力为182 kN；荷载为350 kN时，沉降量为0.026 mm，桩基反力为212 kN。汽–20荷载作用下，沉降量为0.022 mm，桩基反力为196 kN。

（2）在桥头放置大水箱，一次性加满载300 kN，产生水平推力 $H=845$ kN。水力插板桩在顺桥方向产生的水平位移为0.4 mm，汽–20荷载产生的水平推力 $H=864$ kN，试验效率 $\eta=97.8\%$。

试验结果表明，水力插板桩基下沉量很小，在规定范围（0~2 mm）内，满足汽–20荷载的承载要求。顺桥方向产生的位移较大，为减小位移，建议其桥头在宽40 m、深2.0 m范围内用石灰土进行回填夯实；对桩基进行连接，使桥呈刚性框架结构，以减小汽车荷载的水平推力和提高抗水平荷载的能力。

对于水力冲沉板桩的竖向承载力计算，现行公路桥涵设计规范没有相应的计算规定。考虑水力插板沉入后，灌缝时水泥浆外泄，与水力插板桩周围土体结合后，提高了板周土体的固结程度，虽然水力冲沉造成了一定的土体切割破坏，但可按沉入桩的计算方法进行计算。

地质资料取相近勘察资料，土体大多为粉砂土或亚粉土类，水力插板桩周围土的极限摩阻力为 30 kN,据冲刷计算,墩台局部冲刷深度为 1.5 m。

基本荷载组合如下:

(1)恒载。中水力插板桩 529 kN,边水力插板桩 403 kN。

(2)活载。汽 - 20 级荷载控制设计,经影响线加载,求得中水力插板桩在汽 - 20 活载作用下最大竖向力为 226.5 kN。不考虑桩尖土承载力,设水力冲沉对桩周摩阻力的影响系数为 0.7,参照沉入桩的竖向承载力计算方法,总承载力为

$$T = u \sum \alpha_i l_i \tau_i$$
$$= 2 \times (4.8 + 0.3) \times 0.7 \times 4.5 \times 30$$
$$= 963.9 (kN)$$

水力插板承受外荷载能力为

$$963.9 - 529 = 434.9 (kN)$$

水力插板承载安全系数为

$$k = \frac{963.9}{529 + 226.5} = 1.28$$

试验结果与理论计算基本一致,证明水力插板桩可做桥涵的基础,具有相当的承受竖向荷载的能力。其承载力计算可参照沉入桩的竖向承载力计算方法。

(二)丁字路桥承载力试验

1. 桥梁概况

丁字路桥位于孤东采油厂生产区内,该桥桥长 $2 \times 3.8 = 7.6 (m)$,宽 4.8 m。基础为水力插板桩基,长 4.8 m,宽 0.3 m,高 9.0 m,埋置深度 6.0 m,水力插板桩基与桥面呈刚性连接,共同抵抗垂直力与水平推力的作用。桥涵的各构件都采用场地预制、现场组装,这样就大大缩短了桥涵的施工工期,能够快速、便捷地解决交通运输问题,宜于油田作业。为验证其承载力和稳定性适应油田重型车辆的通行,1998 年 8 月 23 日山东省公路桥梁检测中心对此桥的承载力进行了鉴定试验。

2. 试验依据

本次荷载试验的主要技术依据为《公路桥涵设计规范》(合订本)(交通部公路规划设计院,1989 年),《公路旧桥承载能力鉴定方法》(试行)(交通部第二公路勘察设计院,1988 年)。

3. 试验结果分析

1)水力插板桩基下沉试验

在桥面上放置水箱,用水量控制分级加载。在不同的荷载等级作用下,观察桩基的下沉变化,并与达到汽 - 20 荷载作用下的沉降量进行比较,如表 4-12 所示。

2)水力插板桩基顺桥向的变形试验

该试验在桥头放置大水箱,一次性加满载 300 kN,产生水平推力 $H = 845$ kN。水力插板桩在顺桥方向产生的水平位移为 0.4 mm,汽 - 20 产生的水平推力 $H = 864$ kN,试验效率 $\eta = 97.8\%$。

4. 结论及建议

试验表明,水力插板桩基在竖向的下沉量很小,在规定范围(0 ~ 2 mm)之内,满足汽 - 20 荷载的承载要求。顺桥水平方向虽然由三排桩基共同抵抗水平推力,但试验产生

的位移较大,建议在该桥地面线以下,用钢筋混凝土将三排桩基进行连接,使桥呈刚性框架结构,提高桩基抵抗顺桥方向水平推力的能力,并进一步提高桩基承载力;同时在桥头长4.0 m、深2.0 m范围内用12%的石灰土进行回填夯实,以减小汽车荷载作用在桥头对桩基顺桥水平方向产生的推力,提高桥的通行能力。

表 4-12　试验沉降量比较

荷载(kN)	桩基反力(kN)	沉降量(mm)
50	—	0
100	—	0.005
150	—	0.006
175	—	0.006
200	—	0.008
250	—	0.013
300	182	0.019
325	197	0.023
350	212	0.026
汽-20	196	0.022
五十铃车荷载	—	0.020

二、水力插板桩基承载能力检测

水力插板桩基承载能力试验场地位于广南水库新建道桥堤坝处,交通便利。根据现场水力插板情况,在试验场地布置了6个勘探点,用以查明场地工程地质条件,并初步观察插板对周围土层产生的影响;布置两组静力载荷试验,检验其成桩后的单桩承载力。胜利油田勘察设计研究院进行检测的水力插板试验桥,如图4-11所示。

图 4-11　胜利油田勘察设计院进行检测的水力插板试验桥

(一)静载荷试验

静载荷试验桩入土长度为9.00 m,测试结果如表4-13所示。

表 4-13　静载荷试验测试结果

桩号	累计沉降量（mm）	残余变形（mm）	回弹量（mm）	单桩极限承载力（kN）
试 1T 形	78.26	74.025	4.235	500
试 2T 形	28.525	25.935	2.59	750

静载荷试验结果表明,试 2T 形加大桩较试 1T 形桩极限承载力增加 250 kN,二者承载力达到极限值时,试 2T 形的沉降量明显小于试 1T 形的沉降量。

（二）水力插板桩工程地质勘察资料

水力插板桩工程地质勘察资料统计,如表 4-14 所示。

表 4-14　水力插板桩工程地质勘察资料统计

胜利油田勘察 设计研究院 综合类甲级:150004—KJ 地质		资料图纸目录		档案号:地—2002250/目		
		广南水库水力插板桩试验勘察、 岩土工程勘察资料		共 1 页　第 1 页		
				日期:2002 年 11 月 5 日		
				阶段		
顺序号	档案号	名称	文字资料页数	图纸		备注
				自然张数	折合 1 号图数	
1	地—2002250/明	说明书	4			
2	地—2002250/堪表	勘探点一览表	1			
3	地—2002250/土表	土分析结果报告表	1			
4	地—2002250/01	构筑物与勘探点平面位置图		1	0.125	
5	地—2002250/02	工程地质柱状图		2	0.250	
6	地—2002250/03	静力触探曲线		2	0.250	
7	地—2002250/04	动力触探曲线		3	0.375	
8	地—2002250/目	资料图纸目录	1			
小计			7	8	1.000	
编制	校对	项目负责人		审核	审定	

1. 工程简介

水力插板桩工程试验场地位于广南水库新建道桥堤坝处,交通便利。根据试验场插板情况,与胜利油田勘察设计研究院滩海所、施工单位共同协商确定,在试验场地布置了

2个钻孔(孔深11.80 m、12.30 m)、2个静力触探孔(孔深11.63 m、11.81 m),3个动力探孔(孔深5.50 m/个)。水力插板桩工程外业工作于2002年8月7、8日完成。

2.勘察任务和要求

水力插板桩工程地质勘察任务是查明拟建场地地基土的分布情况,并提供各层土的物理力学性质指标。

3.勘察依据

水力插板桩工程地质勘察主要依照的规范及标准为:《岩土工程勘察规范》(GB 50021—2001),《建筑地基基础设计规范》(GBJ 7—89),《土工试验方法标准》(GB/T 50123—1999)。

4.完成工作量

水力插板桩工程地质勘察根据《岩土工程勘察规范》(GB 50021—2001),结合试验场地实际情况,共完成钻孔2个,累计进尺24.10 m;静力触探孔2个,累计进尺23.44 m;动力触探孔3个,累计进尺16.50 m。

钻探采用DPP100-3B型车载钻机,静力触探采用JTY-3型静探车,动力触探为N10轻型(DPL)触探仪,室内土工试验完成工作量如表4-15所示。

表4-15 完成工作量一览表

项目	工作内容	单位	工作量
现场勘察	钻探	m/孔	24.10/2
	静力触探试验(双桥)		23.44/2
	动力触探试验		16.50/3
	原状土样	件	16
	勘探点测放	个	6
室内试验	常规试验	件	16
	压缩		1
	直剪		6

5.工程地质条件

1)地形、地貌

试验场地地平面位于水面下1.20 m,桩顶高出地平面3.60 m。假定试验场地水力插板桩桩顶高程为3.60 m,各勘探孔孔口的相对标高为0。场地地貌单元属于黄河三角洲冲积平原。

2)地层

根据钻探揭露和静力触探测试,场地地层均由黄河三角洲第四纪新近堆积的黏性土、粉土构成。地层特征自上而下分述如下。

1层:粉质黏土,黄褐色,岩性不均,局部粉粒含量较多,软塑。厚度1.90~2.00 m,层底标高-2.00~-1.90 m。

2层:粉质黏土,黄褐色,土质较均,软塑。厚度1.60~2.20 m,层底标高 -4.10 ~ -3.60 m。

3层:粉土,灰色,土质不太均匀,夹粉质黏土薄层,湿,中密。厚度2.80~3.40 m,层底标高 -7.00 ~ -6.90 m。

4层:粉质黏土,灰色,土质较均匀,软塑。厚度1.20~1.30 m,层底标高 -8.20 m。

5层:淤泥质粉质黏土,灰色,土质较均匀,夹粉土小薄层,含有机质,流塑。厚度2.20~2.30 m,层底标高 -10.50 ~ -10.40 m。

6层:粉土,灰色,土质较均,含云母碎片,火粉质黏土小薄层,湿,稍密。该层末穿透,初见深度 -10.50 ~ -10.40 m。

6. 岩土工程评价

1)地基土物理性质

根据室内土工试验报告,各层土的物理性质指标如表4-16所示。

表4-16　土的物理性质指标

层号	土层名称	体积质量（kg/m³）	天然含水量 ω（%）	天然重度（kN/m³）	孔隙比 e	饱和度 S_r（%）	液限 w_L（%）	塑限 w_P（%）	塑性指数 I_P	液性指数 I_L
1	粉质黏土	2.68	24.9	19.8	0.697	96	25.5	15.1	10.5	0.95
2	粉质黏土	5.68	23.7	19.8	0.678	94	23.9	13.2	10.7	0.98
3	粉土	2.67	24.8	19.9	0.676	98	27.6	19	8.6	0.67
4	粉质黏土	2.68	25.4	19.7	0.713	96	25.7	14.5	11.2	0.96
5	淤泥质粉质黏土	2.70	38.3	18	1.075	96	34.6	20.4	14.2	1.26
6	粉土	2.67	24.7	20.1	0.656	100	28.3	19.7	8.6	0.57

2)地基土力学性质

根据室内土工试验指标及静力触探测试结果,提供各层土的力学性质指标如表4-17所示。

表4-17　土的力学性质指标

层号	土层名称	承载力标准值 f_k（kPa）	压缩系数 a_{1-2}（MPa⁻¹）	压缩模量 E_{s1-2}（MPa）	直剪 黏聚力 C_q（kPa）	直剪 内摩擦角 ϕ_q（°）	静探指标 静探锥尖阻力 q_c（MPa）	静探指标 侧壁阻力 f_s（kPa）
1	粉质黏土	75	0.15	4.0			0.4	8.0
2	粉质黏土	80	0.14	4.5	10	16	0.9	16
3	粉土	120	0.09	7.0	5	20	2.6	24
4	粉质黏土	80	0.20	4.0	10	15	0.5	12

层号	土层名称	承载力标准值 f_k(kPa)	压缩系数 a_{1-2} (MPa^{-1})	压缩模量 E_{s1-2} (MPa)	直剪		静探指标	
					黏聚力 C_q(kPa)	内摩擦角 ϕ_q(°)	静探锥尖阻力 q_c(MPa)	侧壁阻力 f_s(kPa)
5	淤泥质粉质黏土	70	0.62	3.0	8	1	0.3	6.0
6	粉土	110	0.09	6.5	5	18	2.2	24

3)原位测试结果对比

由于试验水力插板桩入土深度为 3.40 m,我们将桩侧 15 cm 位置的勘探点测试结果与桩侧 300 cm 位置的勘探点测试结果进行数值比较,结果如表 4-18 所示。

表 4-18　原位测试结果对比

孔号	桩侧位置(cm)	深度(m)	层号	静探锥尖阻力 q_c(MPa)	侧壁阻力 f_s(kPa)	击数(击)
CT1	300	2.00	1	0.38	9.2	
		3.40	2	1.1	17	
CT2	15	1.90	1	0.3	5.4	
		3.40	2	0.6	10	
DT1	300	1.80	1			5.5
		3.40	2			14
DT2	15	1.90	1			3.5
		3.40	2			15
DT3	15	1.00	1			3.5
		2.00	1			15
		3.00	2			16
		3.40	2			35

试验桩完桩日期为 2002 年 5 月 8 日,原位测试日期为 2002 年 8 月 8 日,由表 4-18 中 CT1 与 CT2 指标对比,可知该桩北侧 15 cm 位置的静探锥尖阻力 q_c 与侧壁阻力 f_s 均低于桩北侧 300 cm 位置的静探指标,说明该处土体强度未完全恢复。由 DT1 与 DT2 击数相比较可知:该桩北侧 15 cm 位置的动探击数与桩北侧 300 cm 位置的动探击数在第 1 层内(深度 1.80～1.90 m)略低,在第 2 层内(深度 1.80(1.90)～3.40 m)动探击数基本一致,说明该侧第 2 层土体强度已基本恢复;该桩南侧 15 cm 位置的动探击数,在深度 1.00 m 内略低,但在深度 1.00～2.00 m 及深度 3.00～3.40 m 动探击数又略有增加,推测其原因为两侧返浆程度不同。土分析结果报告如表 4-19 所示。

表 4-19

胜利油田勘察设计研究院　综合类甲级:150004-KJ

土分析结果报告表

工程名称:广南水库水力插板桩试验勘察

试验土样编号	野外土样编号	取土深度(m)	颗粒组成百分比(%) 砂粒 粉粒 黏粒	体积质量(kg/m³)	含水量 ω(%)	天然重度 γ(kN/m³)	干 γd(kN/m³)	孔隙比 e	饱和度 Sr(%)	液限 ωL(%)	塑限 ω/P(%)	塑性指数 IP(%)	液性指数 IL	剪力方法	黏聚力 Cq(kPa)	内摩擦角 φq(°)	压缩系数 a1-2(MPa⁻¹)	压缩模量 Es(MPa)	地基土依规范分类
9	CK201-1	1.20~1.45		2.68	22.9	20.2	16.4	0.631	97	25.2	14.7	10.5	0.78				0.11	14.82	粉质黏土
10	CK201-2	2.60~2.85		2.68	24.8	19.4	15.5	0.724	92	24.3	13.4	10.9	1.05				0.15	11.49	粉质黏土
10'	CK201-2	2.60~2.85		2.68	24.8	20.1	16.1	0.664	100	24.3	13.4	10.9	1.05	q	10.0	31.7			粉质黏土
11	CK201-3	4.00~4.25		2.67	25.7	19.7	15.7	0.704	98	28.4	20.4	8.0	0.66				0.12	14.20	粉土
12	CK201-4	5.40~5.65		2.67	25.3	19.6	15.6	0.707	96	28.3	20.1	8.2	0.63				0.07	24.38	粉土
12'	CK201-4	5.40~5.65		2.67	25.3	19.7	15.7	0.698	97	28.3	20.1	8.2	0.63	q	5.0	37.8			粉土
13	CK201-5	6.80~7.05		2.68	26.4	20.0	15.8	0.694	100	29.2	19.2	10.0	0.72				0.09	18.82	粉土
14	CK201-6	8.20~8.45		2.69	29.7	19.2	14.8	0.817	98	26.8	14.3	12.5	1.23				0.29	6.27	粉质黏土
15	CK201-7	9.60~9.85		2.73	39.1	18.5	13.3	1.053	100	38.7	19.8	18.9	1.02				0.60	3.42	淤泥质黏土
16	CK201-8	11.50~11.75		2.67	25.1	20.1	16.1	0.662	100	29.1	20.5	8.6	0.53				0.10	16.62	粉土
16'	CK201-8	11.50~11.75		2.67	25.1	20.0	16.0	0.670	100	29.1	20.5	8.6	0.53	q	5.0	35.0			粉土
1	CK202-1	1.20~1.45		2.68	26.9	19.3	15.2	0.762	95	25.8	15.4	10.4	1.11				0.19	9.27	粉质黏土
2	CK202-2	2.60~2.85		2.68	21.6	19.8	16.3	0.646	90	23.2	12.8	10.4	0.85				0.12	13.72	粉质黏土
3	CK202-3	4.00~4.25		2.67	22.2	20.3	16.6	0.607	98	24.7	16.5	8.2	0.70				0.10	16.07	粉土
4	CK202-4	5.40~5.65		2.67	23.9	19.6	15.8	0.688	93	28.9	20.9	8.0	0.38				0.09	18.75	粉土

续表 4-19

胜利油田勘察 设计研究院　综合类甲级:150004-KJ

土分析结果报告表

档案号:地-2002250/土表　共 1 页 第 1 页　日期:2002 年 11 月 5 日　阶段

工程名称:广南水库水力插板桩试验勘察

试验土样编号	野外土样编号	取土深度(m)	砂粒 粗 2~0.5	砂粒 中 0.5~0.25	砂粒 细 0.25~0.075	粉粒 粗 0.075~0.05	粉粒 细 0.05~0.01	黏粒 0.01~0.005	0.005	体积质量 (kg/m^3)	含水量 ω (%)	重度 天然 γ (kN/m^3)	重度 干 γ_d (kN/m^3)	孔隙比 e	饱和度 S_r (%)	液限 ω_L (%)	塑限 ω/P (%)	塑性指数 I_P (%)	液性指数 I_L	剪力方法	黏聚力 C_q (kPa)	内摩擦角 ϕ_q (°)	压缩系数 a_{1-2} (MPa^{-1})	压缩模量 E_s (MPa)	地基土依规范分类
5	CK202-5	6.80~7.05								2.67	24.9	20.3	16.3	0.643	100	26.4	17.4	9.0	0.83				0.09	18.25	粉土
5′	CK202-5	6.80~7.05								2.67	24.9	20.0	16.0	0.667	100	26.4	17.4	9.0	0.83	q	5.0	35.6			粉土
6	CK202-6	8.20~8.45								2.68	23.3	19.9	16.1	0.661	95	25.1	14.6	10.5	0.83				0.11	15.10	粉质黏土
6′	CK202-6	8.20~8.45								2.68	23.3	19.9	16.1	0.661	95	25.1	14.6	10.5	0.83	q	10.0	34.0			粉质黏土
7	CK202-7	9.60~9.85								2.70	38.3	18.0	13.0	1.075	96	34.6	20.4	14.2	1.26				0.62	3.35	淤泥质粉质黏土
7′	CK202-7	9.60~9.85								2.70	38.3	18.0	13.0	1.075	96	34.6	20.4	14.2	1.26	q	13.0	1.3			淤泥质粉质黏土
8	CK202-8	11.00~11.25								2.67	23.8	20.2	16.3	0.636	100	26.7	18.2	8.5	0.66				0.07	23.38	粉土

编制:　　校对:　　实验室负责人(审核):　　项目负责人:

第三节 海上水力插板工程安全稳定性能试验

1998年、1999年、2007年在桩西、孤东海域和5号桩海域分别采用长度为9 m、12 m、16 m的水力插板,总计建成530 m试验堤坝进行海上水力插板工程安全稳定性能试验,如图4-12所示。

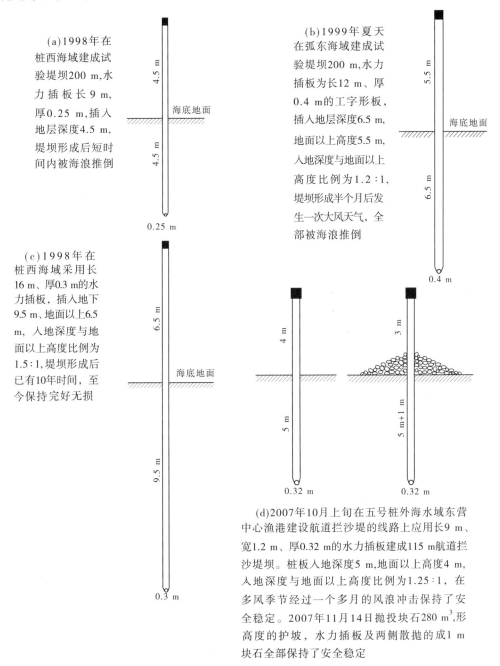

(a)1998年在桩西海域建成试验堤坝200 m,水力插板长9 m,厚0.25 m,插入地层深度4.5 m,堤坝形成后短时间内被海浪推倒

(b)1999年夏天在孤东海域建成试验堤坝200 m,水力插板为长12 m、厚0.4 m的工字形板,插入地层深度6.5 m,地面以上高度5.5 m,入地深度与地面以上高度比例为1.2:1,堤坝形成半个月后发生一次大风天气,全部被海浪推倒

(c)1998年在桩西海域采用长16 m、厚0.3 m的水力插板,插入地下9.5 m、地面以上6.5 m,入地深度与地面以上高度比例为1.5:1,堤坝形成后已有10年时间,至今保持完好无损

(d)2007年10月上旬在五号桩外海水域东营中心渔港建设航道拦沙堤的线路上应用长9 m、宽1.2 m、厚0.32 m的水力插板建成115 m航道拦沙堤坝。桩板入地深度5 m,地面以上高度4 m,入地深度与地面以上高度比例为1.25:1,在多风季节经过一个多月的风浪冲击保持了安全稳定。2007年11月14日抛投块石280 m³,形高度的护坡,水力插板及两侧散抛的成1 m块石全部保持了安全稳定

图4-12 插板桩试验堤防的情况

第四节　控制泥沙自流回淤提高水力插板稳定性试验

水力插板依靠水力冲刺切割地层插入混凝土板，水力插板进入地层后两侧存在一个切割之后留下的缝穴，影响到堤坝安全稳定。经过现场施工试验形成了一种自流填沙技术，有效地解决了这一难题，如图4-13所示。2003年，在利津码头施工中这项技术发挥了重要作用。具体的实施办法是控制和引导水力插板施工时从地下返出地面高含泥沙浑水的流动路线，使返出地面的浑水不能自动地向四周流动，必须先从已经插板的两侧流过，将水中挟带的粗沙先沉积到两侧切割之后留下的缝穴中形成铁板沙，经过这种自流填沙之后的混凝土板从根本上改变了桩板的稳定状况，使人们担心的问题得到了有效的解决。在海上施工时，通过海上特制的工作台架，底部用钢板焊接的围裙以同样的方式控制桩板插入地层时返出浑水的流动路线，使所有插入地层的混凝土板两侧切割缝穴被泥沙填满，这种沉积方式形成的铁板沙强度超过了原状土，对增加混凝土板的安全稳定性能发挥了重要作用。

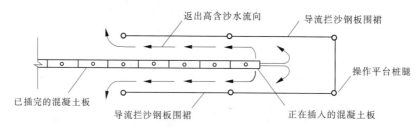

图4-13　海上施工自流沉沙加固混凝土板平面示意图

第五节　水力插板堤坝防止泥沙淤积航道试验

在胜利油田海底管线预制场，必须要有一段稳定的航道才能满足海底管线正常下海的需要。多年来，采用传统的清淤挖泥方式疏通航道吃尽了苦头，经常是刚挖通的航道很快又被重新淤死。2004年采用长9 m、厚0.3 m的水力插板建成700 m拦沙堤坝形成航道，如图4-14所示，水力插板入地深4.5 m，地面以上高4.5 m，两排拦沙堤自2004年建成至今没有清淤过一次，而航道却始终保持畅通无阻。

图4-14　应用两排水力插板建设的航道防泥沙淤积

第六节 深水海域地层液化淤积航道试验

沙泥质海滩易液化的现象对深水航道堤坝的影响还没有引起人们的足够重视。但2006年9月在东营港海域进行的一次试验和中国海洋大学工程学院测取的试验数据引起了高度重视,促使在认识这一自然规律的同时提出相应的解决方案。

一、东营港开挖的试验航道

航道长200 m,宽60 m,深3 m,试验航道所在海域水深12.5 m。2006年9月29日航道挖成,交由中国海洋大学工程学院进行观测试验,如图4-15所示。

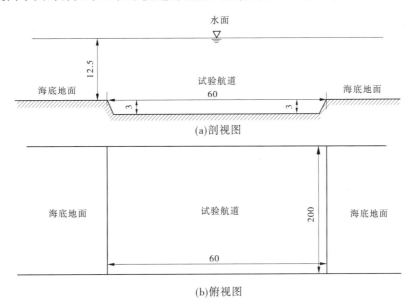

图4-15 试验航道示意图 (单位:m)

二、观测试验结果及情况分析

从2006年9月29日到12月12日经过74 d,3 m深的航道全部淤平,其中10月27日和11月29日两次大风分别淤积1.17 m和1.33 m。众所周知,在水深12.5 m的海域,水中泥沙含量受风浪的影响已经很小,所以用水中泥沙含量大小来解释航道淤积显然行不通,大风天气出现快速淤积的原因主要是大风引起的波浪高差变化在海底地面形成交变荷载,使地层产生了液化,造成航道淤积。波浪高差引起地层液化的深度一般在4 m以内。地层液化现象不仅是深水航道淤积的主要原因而且给传统施工技术在深海水域建设堤坝造成了很大的困难,解决的方法主要是依靠加宽堤坝基础对地层的覆盖面积,这种方法又会使工程造价大幅度升高。水力插板堤坝基础的入地深度已经远远超过了地层液化的深度,因此能够有效地避免这种影响。1998年插入海中的一排水力插板堤坝至今保持安全稳定,也充分证明了这一情况,这部分水力插板长16 m,厚0.3 m,插入海底地层9.5

m,地面以上高 6.5 m,1998 年夏天插入地层,至今仍能保持安全稳定,这与混凝土板插入地层深度超过了地层液化深度有密切关系。水力插板的这一特点为深水海域建设航道拦沙堤坝解决了一大难题。

第五章　水力插板工程设计与施工技术标准

第一节　水力插板桩工程设计规定

一、范围

《水力插板设计与施工技术标准》(以下简称《标准》)规定了水力插板桩工程设计应遵循的各类规定、结构构造及设计计算方法。

《标准》适用于新建、改扩建的水利、交通、堤坝工程的护坡基础防护、基坑支挡或围护墙、墩台无锚及单锚等水力插板桩工程的规划与设计。

二、规范性引用文件

规范性引用文件有下列标准包含的条文、通过《标准》中引用而构成《标准》的条文。凡是注有日期的引用文件,其随后所有的修改单(不包括勘误的内容)或修订版均不适用于本《标准》,然而,鼓励根据《标准》达成协议的各方,研究是否可使用下列标准的最新版本。凡是不注明日期的引用文件,其最新版本适用于本《标准》。

(1)《碾压式土石坝设计规范》(SDJ 218—84);

(2)《公路桥涵地基与基础设计规范》(JTJ 024—85);

(3)《水工混凝土结构设计规范》(SL/T 191—96);

(4)《港口工程荷载规范》(JTJ 215—98);

(5)《水运工程抗震设计规范》(JTJ 225—98);

(6)《港口工程地基规范》(JTJ 250—98);

(7)《板桩码头设计与施工规范》(JTJ 292—98);

(8)《防波堤设计与施工规范》(JTJ 298—98);

(9)《水力插板桩工程施工技术规定》(Q/SL 1540—2002)。

三、定义

《标准》采用下列定义:

水力插板桩。用水力喷射切割地基,将具有导向定位功能的钢筋混凝土插板桩沉入地基中的一种桩体。

护坡基础防护。采用水力插板桩作为护坡基础防冲刷的一种结构措施。

基坑支挡。为基坑开挖而设置的水力插板桩挡土结构。

围护墙。为挡土、挡水而设置的水力插板桩连续墙。

无锚无撑水力插板桩。在板桩的前后均未设置锚碇结构与支撑的水力插板桩。

单锚水力插板桩。在板桩顶端设置一道锚系拉杆,使其顶部位移受到约束的水力插板桩。

四、水力插板桩应用规定

水力插板桩应用规定如下:

(1)水力插板桩的选用应根据自然条件、使用功能要求、施工条件和工期等因素,通过技术经济比较后确定。

(2)处于软塑状态或由于水力插板桩射水沉桩时土体结构被破坏又难以置换的土层,不宜采用水力插板桩。

(3)水力插板施工过程中,在伴有反复荷载(如波浪、潮涌、水流等)作用又无法避免的环境中,不宜选用水力插板桩作为挡水结构。

(4)对于防渗漏要求严格的各类蓄水(清水、污水)池工程,采用水力插板桩时应采取防渗措施。

(5)水力插板桩混凝土强度等级不宜低于C20,冰冻地区应考虑混凝土的抗冻要求;受力钢筋宜采用Ⅱ级钢筋,其直径不宜小于16 mm;构造钢筋应采用Ⅰ级钢筋,其直径对于板式地下墙不宜小于12 mm;其余结构的构造钢筋直径不宜小于8 mm。

(6)水力插板桩工程的规划与设计,除应执行《标准》外,尚应遵循国家及行业现行有关标准的规定。

五、材料

(一)混凝土

混凝土应满足强度要求,并应根据水力插板桩工程的工作条件、地区气候等具体情况,满足国家及行业现行有关标准中抗渗、抗冻、抗侵蚀、抗冲刷等耐久性的要求。

混凝土强度标准值应按表5-1采用。

表5-1　混凝土强度标准值　　　　　　　　　　　(单位:N/mm²)

强度种类	混凝土强度等级			
	C20	C25	C30	C35
轴心抗压	13.5	17.0	20.0	23.5
轴心抗拉	1.50	1.75	2.00	2.25

构件设计时,混凝土强度设计值应按表5-2采用。

表5-2　混凝土强度设计值　　　　　　　　　　　(单位:N/mm²)

强度种类	混凝土强度等级			
	C20	C25	C30	C35
轴心抗压	10.0	12.5	15.0	17.5
轴心抗拉	1.10	1.30	1.50	1.65

混凝土的重力密度（重度）应由试验确定。当无试验资料时，素混凝土可按 24 kN/m³ 采用，钢筋混凝土可按 25 kN/m³ 采用。

28 d 龄期混凝土受压或受拉弹性模量 E_c 可按表 5-3 采用。混凝土的泊松比 ν_c 取 0.167。混凝土受剪时弹性模量 E_c 可按表 5-3 中数值的 0.4 倍采用。

表 5-3　混凝土弹性模量 E_c （单位:N/mm²）

混凝土等级	弹性模量	混凝土等级	弹性模量
C20	2.55×10^4	C30	3.00×10^4
C25	2.80×10^4	C35	3.15×10^4

（二）钢筋

钢筋混凝土结构普通钢筋宜采用 I 级、II 级及 III 级钢筋。

普通钢筋的强度标准值应按表 5-4 采用。

表 5-4　钢筋强度标准值 （单位:N/mm²）

种类			强度标准值
热轧钢筋	I 级（Q235）		235
	II 级［20MnSi、20MnNb(b)］		335
	III 级（20MnSiV、20MnTi、K20MnSi）		400
冷拉钢筋	I 级（$d \leqslant 12$）		280
	II 级	（$d \leqslant 25$）	450
		（$d = 28 \sim 40$）	430
	III 级		500

钢筋抗拉强度设计值及钢筋抗压强度设计值应按表 5-5 采用。

表 5-5　钢筋强度设计值 （单位:N/mm²）

种类			抗拉强度	抗压强度
热轧钢筋	I 级（Q235）		210	210
	II 级［20MnSi、20MnNb(b)］		310	310
	III 级（20MnSiV、20MnTi、K20MnSi）		360	360
冷拉钢筋	I 级（$d \leqslant 12$）		250	210
	II 级	（$d \leqslant 25$）	380	310
		（$d = 28 \sim 40$）	360	310
	III 级		420	360

钢筋弹性模量应按表 5-6 采用。

表 5-6　钢筋弹性模量　　　　　　　　　　（单位：N/mm²）

种类	弹性模量
Ⅰ级钢筋、冷拉Ⅰ级钢筋	2.1×10^5
Ⅱ级钢筋、Ⅲ级钢筋	2.0×10^5
冷拉Ⅱ级钢筋、冷拉Ⅲ级钢筋	1.8×10^5

六、构造设计

（1）水力插板桩通常采用矩形或 T 形截面，也可根据工程需要采用工字形、环形或双 T 形等截面。

（2）水力插板桩的常用厚度为 200～400 mm。宽度一般采用 1 000～1 500 mm，当施工条件允许时，可根据水力插板桩的具体形式适当增大其宽度，但不宜超过 3 000 mm。

（3）水力插板桩受力钢筋的混凝土保护层最小厚度应根据工作环境条件依照相应标准确定。

（4）水力插板桩桩顶受力钢筋的外伸长度及其在支座锚固处的锚固长度应根据受力情况计算确定，且不宜小于 35 倍受力钢筋直径。

（5）水力插板桩受力钢筋接头以及埋件之间的连接应采用焊接，受力钢筋与构造钢筋之间宜绑扎连接。

（6）水力插板桩受力钢筋的配筋率不应小于 0.15%。水力插板桩钢筋骨架的钢筋配置除考虑强度要求外，尚应满足吊装要求。

（7）水力插板桩桩顶预埋吊环按下列规定设计：①吊环应采用Ⅰ级钢筋制作，不得使用冷加工钢筋制作，吊环钢筋直径不宜大于 30 mm；②单个吊环钢筋截面面积可按式（5-1）计算，即

$$A_s = \frac{3F}{2nf_y} \tag{5-1}$$

式中：A_s 为吊环钢筋截面面积，mm²；F 为构件的总重力设计值，N；f_y 为钢筋的抗拉强度设计值，MPa；n 为吊环数，当一个构件上设有 4 个吊环时，设计时按 3 个吊环同时发挥作用考虑。

（8）水力插板桩中心管采用钢管，其管径应根据板桩沉插时所用水泵机组性能经计算确定，且管径不宜小于 89 mm。

（9）水力插板桩喷射管应采用钢管，其管径应与中心管匹配，且管径不宜小于 76 mm。喷射管下部设喷射孔，喷射孔孔径为 3.2～3.5 mm，排沙孔孔径宜为 10 mm。喷射孔数量应根据水力插板桩横截面积、所切割土层的特性及施工动力机组性能等因素确定。排沙孔于喷射管下部两端各设一个。

（10）水力插板桩应设置具有导向定位功能的滑道与滑板。滑道宜用空腹方钢制作，并锚固在板桩钢筋骨架的一侧。滑板由 T 形钢板制成，锚固在板桩钢筋骨架的另一侧。

（11）板桩墙纵向长度较长时应设变形缝，变形缝间距应根据工程所在地的气温变化及地基地质情况等因素确定，一般可采用 15～20 m。变形缝宽度一般为 20～30 mm，缝

间以弹性止水材料填充。

（12）水力插板桩桩间接缝应采用密度不小于1.80 g/cm³的普通水泥或膨胀水泥浆注浆固缝。

（13）拉杆选用材料、设计计算、制作及安装要求应遵照《板桩码头设计与施工规范》（JTJ 292—98）的规定。

（14）锚碇结构类型选择、材料、截面几何尺寸、构造要求、强度及稳定计算应遵照《板桩码头设计与施工规范》（JTJ 292—98）的规定。

（15）盖梁、导梁及胸墙构造要求按下列规定设计：①无锚水力插板桩桩顶应设盖梁，有锚水力插板桩桩顶除设盖梁外还应设导梁，导梁可单独设置或与盖梁合一，做成胸墙形式；②盖梁、导梁及胸墙材料、制作、构造形式及设计计算应遵照《板桩码头设计与施工规范》（JTJ 292—98）的规定。

七、设计计算

（一）水力插板桩工程设计依据

水力插板桩工程上的作用、设计状况及作用效应组合应遵照《水工混凝土结构设计规范》（SL/T 191—96）及《水运工程抗震设计规范》（JTJ 225—98）的规定。

（二）水力插板桩工程设计计算中土的强度指标的选择

（1）对于护坡基础防护、临时性或允许有较大变形的水力插板桩基坑支挡及围护墙工程设计，土的强度指标可选用工程地质勘察报告中的建议值。

（2）对于永久性工程（如河海护岸、板桩码头、蓄水池、提水泵站进出水池等）设计，当有地区经验时，对工程地质勘察报告中土的强度指标推荐值予以折减，亦可针对水力插板桩工程的实际进行原型试验或原位试验取得土的强度指标的设计值。

（三）水力插板桩桩前地基冲刷深度的计算

斜坡式护坡基础防护板桩桩前地基冲刷深度 Z_m 及直立式护岸或其他可能受到冲刷的直立式板桩工程桩前的冲刷深度按式（5-2）计算，即

$$Z_m = \frac{0.4H_s}{\text{Sh}(2\pi d/L)^{1.35}} \tag{5-2}$$

式中：H_s 为计算波高，m；d 为桩前水深，m；L 为波长，m；Z_m 为直立式板桩桩前冲刷深度，m。

（四）水力插板桩入土深度的确定

（1）无锚水力插板桩最小入土深度，若板桩为悬臂式结构，其最小入土深度应以满足不同作用效应组合下抗倾覆稳定要求入土深度的最大值。

一般情况下，无锚板桩最小入土深度按板桩两侧土压力对底端取力矩等于零通过试算求得，也可按图解法求得。

（2）单锚水力插板桩最小入土深度视板桩底端为嵌固支撑（入土深度较大）及底端为自由支撑（入土深度较小）两种不同情况分别计算。

① 底端为嵌固支撑时，板桩最小入土深度按等值梁法计算，板桩两侧主动土压力系数（K_a）和被动土压力系数（K_b）分别按式（5-3）式（5-4）确定，即

$$K_a = \tan^2(45° - \phi/2) \tag{5-3}$$

$$K_b = \tan^2(45° + \phi/2) \tag{5-4}$$

式中:ϕ 为经过折减后土的内摩擦角(°)。

②底端为自由支撑时,板桩最小入土深度按板桩两侧主动土压力与被动土压力对锚着点的力矩相等的条件,通过试算求得满足该条件的板桩最小入土深度。

(3)无锚板桩及底端为嵌固支撑的单锚板桩的安全系数为1.2,底端为自由支撑的板桩的安全系数为1.4。

(4)水力插板桩作为墩台或支架时入土深度可按式(5-5)估算,即

$$t = k\frac{P}{S\tau} \tag{5-5}$$

式中:P 为垂直荷载总和,kN;S 为板桩墩台或支架截面的周长,m;τ 为板桩壁与土壤的极限摩阻力,kN/m^2;k 为安全系数,取值为 2.5~3.0;t 为板桩入土深度,m。

(五)水力插板桩工程稳定性分析

对水力插板桩工程进行稳定性分析,得出如下结论:

(1)水力插板桩工程整体稳定性验算采用《港口工程地基规范》(JTJ 250—98)中的圆弧滑动法,或《碾压式土石坝设计规范》(SDJ 218—84)中的简化 Bishop 法。抗滑稳定安全系数正常使用条件时为 1.25,非常使用条件(不考虑地震效应)时为 1.15。

(2)当水力插板桩工程场地为黏土地基时,应考虑由于板桩前后地基承载力不平衡而引起的板桩前侧土体隆起现象。板桩前地基隆起稳定安全系数按式(5-6)~式(5-8)确定,计算简图如图 5-1 所示。

$$M_o = \frac{1}{2}(q + \gamma h)x^2 \tag{5-6}$$

$$M_\gamma = x\int_0^\pi \tau(x\mathrm{d}\theta) \tag{5-7}$$

$$K = \frac{M_\gamma}{M_o} \geqslant 1.25 \tag{5-8}$$

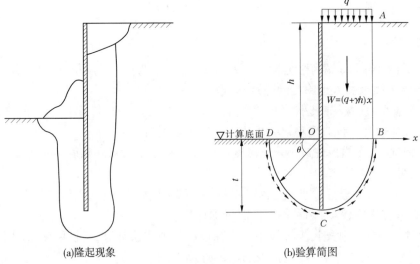

(a)隆起现象　　　　　　　(b)验算简图

图 5-1　隆起稳定计算简图

式中：M_o 为板桩后全部荷载对滑动面圆柱中心的力矩,亦称转动力矩,N·m;M_γ 为板桩前地基土体对破坏滑动面圆柱中心的力矩,亦称抵抗力矩,N·m;K 为隆起稳定安全系数。

（3）当水力插板桩工程场地地下水位较高,且桩板入土点以下为粉细砂等地层时,应验算板桩前发生管涌的可能性。抗管涌安全系数按公式(5-9)确定,即

$$K = \frac{h\gamma_w}{(h + 2t)\gamma} \tag{5-9}$$

式中：γ 为土的浮重度,kN/m³;γ_w 为水的重度,kN/m³;h 为地下水位至桩板入土处的距离,m;t 为板桩设计入土深度,m;K 为抗管涌安全系数,取值为 1.5~2.0。

（4）水力插板桩渗透稳定性验算简图如图 5-2 所示,并按式(5-10)及式(5-11)验算。

$$\gamma_w h' \leqslant \frac{\gamma' t}{k_s} \tag{5-10}$$

$$h' = n_d \frac{h}{n_g} \tag{5-11}$$

式中：γ_w 为水的重度,kN/m³;γ'为土的浮重度,kN/m³;h 为板后剩余水位至水力插板桩前入土处的深度,m;h'为折算水深,m;t 为水力插板桩入土深度,m;k_s 为渗透稳定安全系数,取 1.25;n_d 为自水力插板桩桩底端至水力插板桩前入土处之间的等势线数;n_g 为等势线总数。

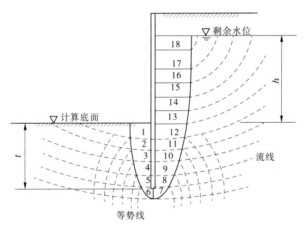

图 5-2　水力插板桩渗透稳定性验算简图

（六）水力插板桩工程内力分析

（1）无锚板桩墙任一截面的最大弯矩按式(5-12)计算,即

$$M = y_{max}\eta \tag{5-12}$$

式中：y_{max} 为索多边形力矩图上相应的坐标;η 为极距;M 为无锚板桩墙任一截面的最大弯矩。

（2）有锚板桩墙的内力和拉杆力,可根据其不同工作状态参照弹性线法、竖向弹性地基梁法或自由支撑法计算。

（七）构件设计

（1）水力插板桩可按受弯构件设计,当轴向力较大时,应按偏心受压构件设计。

（2）水力插板桩应按强度计算进行配筋，并应验算裂缝宽度，裂缝宽度不大于0.15 mm。

（3）拉杆拉力的标准值及拉杆直径按《板桩码头设计与施工规范》（JTJ 292—98）的有关公式计算。

（4）钢筋混凝土锚碇结构构件按《板桩码头设计与施工规范》（JTJ 292—98）的有关规定计算。

（5）盖梁、导梁及胸墙。

无锚水力插板桩桩顶的钢筋混凝土盖梁可不进行强度计算，按构造配筋。

钢筋混凝土导梁及胸墙应按强度配筋，并验算裂缝宽度，裂缝宽度不大于0.15 mm。

导梁及胸墙的其他指标按《板桩码头设计与施工规范》（JTJ 292—98）的有关规定计算。

第二节　钢筋混凝土水力插板设计指南

一、总则

为使钢筋混凝土水力插板技术在港口海岸工程、航道工程和水利工程、建筑工程中应用时，其设计与施工达到技术先进，经济合理，安全可靠，制定《钢筋混凝土水力插板设计指南》（以下简称《指南》）。

本《指南》适用于港口海岸工程、水利工程及工业与民用建筑工程中应用钢筋混凝土水力插板技术时，对水力插板的设计和强度进行验算，其他工程应用此项技术时可参照执行。

下列标准所包含的条文，《指南》出版所示版本均为有效。所有标准都会被修订，使用本《指南》的各方应探讨使用下列标准最新版本的可能性。

《海港总体及工艺设计规范》（JTJ 211—87）；

《海港水文规范》（JTJ 213—98）；

《港口及航道护岸工程设计与施工规范》（JTJ 300—2000）；

《建筑地基基础设计规范》（GBJ 7—89）；

《港口工程地基规范》（JTJ 250—98）；

《港口工程桩基规范》（JTJ 254—98）；

《港口工程混凝土结构设计规范》（JTJ 267—98）；

《混凝土结构设计规范》（GBJ 10—89）；

《建筑结构荷载规范》（GBJ 9—87）；

《建筑抗震设计规范》（GBJ 11—89）；

《水运工程抗震设计规范》（JTJ 225—98）；

《板桩码头设计与施工规范》（JTJ 292—98）。

钢筋混凝土水力插板技术在各类工程中应用，其设计应满足工程总体设计要求，使用各方应积极慎重采用新结构、新工艺。

钢筋混凝土水力插板的设计与强度验算,除应符合《指南》的规定外,还应符合国家现行的有关标准的规定。

二、一般规定

钢筋混凝土水力插板设计的一般规定:

(1)钢筋混凝土水力插板的基本形式,如图5-3、图5-4所示。

(2)钢筋混凝土水力插板设计应遵守下列原则:①根据具体应用的工程内容,采用相应行业的现行标准所规定的环境要素资料进行设计;②避免水力插板与其他构件的连接处形成薄弱点;③技术可行,经济合理。

(3)水力插板设计结构形式与组合形式应根据具体的环境资料和地质情况等确定。

(4)水力插板作为桩基础时,应针对工程地区进行试桩,其单桩承载力根据静载荷试桩资料确定。对于具有相同地质条件,在相同施工工艺下已有试桩资料或经验的地区,单桩承载力值可参考使用。

(5)水力插板采用水冲沉板工艺,宜在黏土、粉土、砂土地层条件下考虑使用。

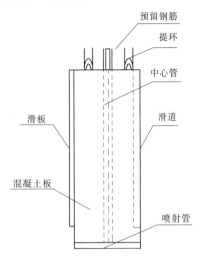

图 5-3　水力插板基本构造示意图

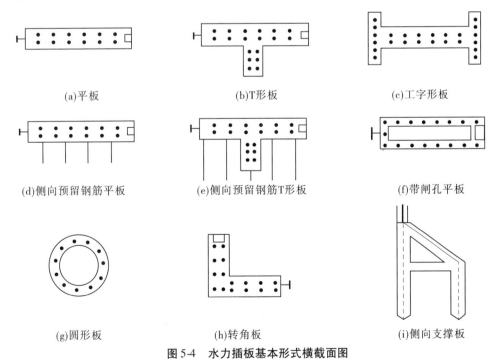

(a)平板　　　　　　　　(b)T形板　　　　　　　(c)工字形板

(d)侧向预留钢筋平板　　(e)侧向预留钢筋T形板　　(f)带闸孔平板

(g)圆形板　　　　　　　(h)转角板　　　　　　　(i)侧向支撑板

图 5-4　水力插板基本形式横截面图

(6)水力插板技术在工程中应用时,应按照工程相应行业现行标准的有关规定,进行地质勘察工作,或按照《工程地质手册(第3版)》(1992)的有关规定进行地质勘察工作。

三、水力插板桩基工程设计

(一)一般规定

水力插板桩基工程设计一般规定如下:

(1)《指南》适用于钢筋混凝土水力插板在工程中作为桩基使用时的设计和静载荷试验。

(2)水力插板桩基宜在普通砂质、粉土、黏土地层和在其他桩基施工困难或特殊环境要求下考虑使用,可以采用单板桩基或连续多块插板桩基。

(3)水力插板桩基工程设计、施工应具备下列资料:①使用要求;②水文、气象和地形、水深资料;③地质资料(有条件时应具备静力触探资料)及工程地质评价;④规定进行的桩静载荷试验或试沉桩资料;⑤对有碍沉桩的障碍物探摸的性质判断及位置资料;⑥主要施工机具设备资料。

(4)桩的承载能力应根据不同受力情况分别按下列要求进行计算,并取其小值:①地基承载力;②桩身结构强度。

(5)对实际有可能同时在桩身出现的荷载,应按设计极限状态和设计状况进行组合。

(6)插板桩在下列情况下应按承载能力极限状态设计:①根据桩的受力情况进行桩的垂直承载力和水平承载力计算;②当桩端平面以下存在软弱下卧层时,应验算软弱下卧层的承载力;③桩身受压、受弯、受拉和受扭承载力计算;④桩的自由长度较大时,应验算桩的压屈稳定等。

(7)水力插板桩的抗裂或限裂应按正常使用极限状态设计。

(8)水力插板桩基工程应考虑建筑物沉降和水平变位对使用的影响。

(二)承载力

1. 一般要求

(1)水力插板作为桩基础,采用单块插板桩基时,当桩与桩的间距等于、大于6b(桩板厚)以及中心距小于6b,但桩尖进入较厚的中密或密实砂层、老黏土层等硬土层时,可视为单桩,其他情况视为群桩。采用连续插板桩基时,视为板桩墙。

(2)为提高桩的承载力,减少建筑物的沉降和不均匀沉降,可采取下列措施:①应尽量将基桩桩尖沉入良好持力层的一定深度。当基桩桩尖不能达到良好持力层时,应使同一桩台的桩打至同一土层,且桩尖标高不宜相差太大;②为避免由于地质条件变化等原因使桩尖进入软硬不同的土层,各桩沉桩贯入度不宜相差过大;③当单桩不满足承载力要求时,可考虑通过桩板侧面的滑道插入辅助插板(大脚板),增加基础宽度,提高地基承载力,或采用桩板与地层间注浆固板,提高桩的承载力。

(3)连续插板桩基形成板桩墙情况下,其竖向承载力应根据单桩竖向承载力试验,或估算考虑两端侧面的摩阻力损失进行减除。水平承载力应考虑板间的联结效应影响进行增减。

2. 单桩竖向承载力

1、2级建筑物的单桩承载力应采用现场静载荷试验(本节附录A竖向静载荷试验),并结合静力触探、标准贯入等原位测试方法综合确定。3级建筑物应尽量根据静载荷试验确定单桩承载力。没有静载荷试验资料时,应根据静力触探、标准贯入、经验参数等估算值,并参照附近地质条件相同的试桩资料综合确定。

允许不做试桩的工程可根据土体物理指标与承载力参数之间的经验关系确定单桩竖向极限承载力标准值,则有

$$R_{uk} = u \sum q_{ski} L_{si} + q_{pk} A_p \qquad (5\text{-}13)$$

式中:R_{uk} 为单桩竖向极限承载力标准值,kN;q_{ski}、q_{pk} 为桩侧第 i 层土的极限侧摩阻力标准值、极限端阻力标准值,kPa,无当地经验值时,可参照表 5-7 ~ 表 5-9 取值;u 为桩周长度,m;L_{si} 为第 i 层土的厚度,m;A_p 为桩截面面积,m^2。

表 5-7　桩的极限侧摩阻力标准值 q_{sk} （单位:kPa）

土的名称	土的状态	水力插板桩
填土	—	18 ~ 26
淤泥	—	10 ~ 16
淤泥质土	—	18 ~ 26
黏性土	$I_L > 1$	20 ~ 34
	$0.75 < I_L \leq 1$	34 ~ 48
	$0.5 < I_L \leq 0.75$	48 ~ 64
	$0.25 < I_L \leq 0.5$	64 ~ 78
	$0 < I_L \leq 0.25$	78 ~ 88
	$I_L \leq 0$	88 ~ 98
粉土	$e > 0.9$	20 ~ 40
	$0.7 < e \leq 0.9$	40 ~ 60
	$e < 0.7$	60 ~ 80
粉细砂	稍密	22 ~ 40
	中密	40 ~ 60
	密实	60 ~ 80
中砂	中密	50 ~ 72
	密实	72 ~ 90
粗砂	中密	74 ~ 95
	密实	95 ~ 116

注:1. 对于尚未完成自重的填土和以生活垃圾为主的杂填土,不计算其侧摩阻力;

　　2. 对于水力插板桩,根据土层埋深 h,将 q_{sk} 乘以表 5-8 中的修正系数。

表 5-8　修正系数

土层埋深 $h(\text{m})$	< 5	10	20	> 30
修正系数	0.8	1.0	1.1	1.2

表 5-9　桩的极限端阻力标准值 q_{pk} 　　　　　　　（单位:kPa）

土的名称	土的状态	水力插板桩入土深度(m)			
		5	10	15	>30
黏土性	$0.75 < I_L \leq 1$	100～150	150～250	250～300	300～450
	$0.50 < I_L \leq 0.75$	200～300	350～450	450～550	550～750
	$0.25 < I_L \leq 0.50$	400～500	700～800	800～900	900～1 000
	$0 < I_L \leq 0.25$	750～850	1 000～1 200	1 200～1 400	1 400～1 600
粉土	$0.7 < e \leq 0.9$	250～350	300～500	450～650	650～850
	$e < 0.7$	550～800	650～900	750～1 000	850～1 000
粉砂	稍密	200～400	350～500	450～600	600～700
	中密、密实	400～500	700～800	800～900	900～1 100
细砂	中密、密实	550～650	900～1 000	1 000～1 200	1 200～1 500
中砂		850～950	1 300～1 400	1 600～1 700	1 700～1 900
粗砂		1 400～1 500	2 000～2 200	2 300～2 400	2 300～2 500

对于桩身周围有液化土层时,单桩极限承载力标准值根据场地液化土判别,确定为液化土层,应考虑对单桩极限承载力的折减,具体方法是当承台下有不小于 1.0 m 厚的非液化土或非软弱土时,土层液化对单桩极限承载力的影响可用液化土层极限侧摩阻力标准值乘以土层液化折减系数 ψ_e 求得,按表 5-10 确定。

表 5-10　土层液化折减系数 ψ_e

$N_{63.5}/N_{cr}$	自地面算起的液化土层深度 d_s(m)	ψ_e
≤0.6	$d_s \leq 10$	0
	$10 < d_s \leq 20$	1/3
	$20 < d_s \leq 25$	2/3
0.6～0.8	$d_s \leq 10$	1/3
	$10 < d_s \leq 20$	2/3
	$20 < d_s \leq 25$	1
≥0.8	$d_s \leq 10$	2/3
	$10 < d_s \leq 20$	1
	$20 < d_s \leq 25$	1

注:$N_{63.5}$ 为饱和土标准贯入击数实测值;N_{cr} 为液化判别标准贯入击数临界值。

当遇到下列情况时,在水力插板桩基设计中宜考虑作用于桩侧表面负摩阻力的作用:

(1)桩穿越较厚松散土、欠固结土、自重湿陷性黄土层,进入相对较硬土层时;

(2)桩周存在软弱土层,邻近桩侧地面承受局部较大的长期荷载,或地面大面积堆载(包括填土)时;

(3)由于降低地下水位,使桩周土中有效应力增大,从而引起显著压缩沉降时;

(4)当可液化土受地震或其他动力荷载产生液化,引起重新固结出现下沉时。

桩侧负摩阻力引起下拉荷载作用,影响桩竖向承载力,当桩周土层产生的沉降超过桩基沉降时应考虑负摩阻力,单桩负摩阻力标准值可按本节附录 B 计算。

水力插板桩基按群桩设计时,其单桩承载力的确定按工程相应行业的现行行业标准中有关对群桩效应的折减计算方法进行(见本节附录 C 群桩的承载力计算)。

(三)水力插板桩的水平承载力

水力插板桩承受的水平力有土压力、风荷载、水压力、波浪力、冰荷载、撞击力、地震力等,根据具体情况确定。

单桩水平承载力取决于桩的材料强度、截面刚度、入土深度、桩侧土质条件、桩顶水平位移允许值和桩顶嵌固情况等因素,宜通过现场试验确定(见本节附录 D 单桩水平静载荷试验)。

四、水力插板堤坝工程设计

(一)一般规定

水力插板堤坝工程设计的一般规定如下:

(1)《标准》适用于钢筋混凝土水力插板在堤坝工程中应用的设计与计算。

(2)水力插板堤坝一般为直立式。水力插板形状一般为平板或 T 形板,当板长大于10 m 时,应尽量使用 T 形板。

(3)除水下潜堤外,插板顶部均应预留钢筋以进行帽梁的通长连接。

(4)《标准》未作规定部分应符合工程相应行业现行标准的有关规定。

(5)水力插板堤坝作为海港工程中的防波堤时,堤坝的平面布置、水位、波浪和波浪力,应按现行行业标准《海港总体及工艺设计规范》(JTJ 211—87)和《海港水文规范》(JTJ 213—98)的有关规定执行。此外,还应符合国家现行有关强制性标准的规定。

(二)单排水力插板堤坝

单排水力插板堤坝可用于浅海、河流、湖泊、水库、污水池等中作为防波堤、分隔堤、护岸堤及建筑工程中的深基坑开挖的支护结构等。

水中单排水力插板堤坝断面形式,当侧向水平作用力较弱时,采用如图 5-5 所示直立堤断面形式;当侧向水平作用力较强时,采用如图 5-6 所示侧支撑与 T 形板连接形成单排插板堤坝断面形式。

护岸堤坝或深基坑支护结构断面形式如图 5-7 所示,可采用悬臂式或锚拉式护岸(坡)堤坝。

单排水力插板构造设计包括以下几个方面:

(1)单排水力插板堤坝采用的钢筋混凝土水力插板为矩形、T 形或工字形截面,插板厚度应由计算确定,可采用 15 ~ 400 mm。插板宽度可采用600 ~ 1 600 mm,当施工条件允许时,宜增大插板宽度,以减少接缝和吊立施工数量。

(2)插板顶部预留现浇帽梁钢筋,板顶主筋外伸的长度不小于 150 mm,当承受侧向水动力荷载较大且要求整体性能较高时,板顶主筋外伸长度不小于 200 mm。

(3)水力插板的定位插板桩(第一块插板)和转角插板桩根据需要,其桩长比其他插

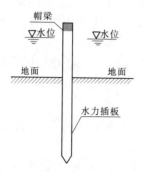

图 5-5　直立式水中单排水力插板
堤坝断面形式

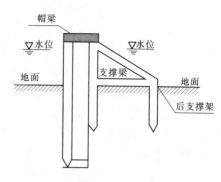

图 5-6　侧支撑与 T 形板连接形成单排
水力插板堤坝断面形式

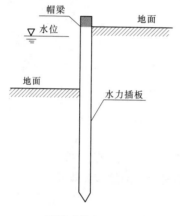

(a)悬臂式护岸(坡)堤坝

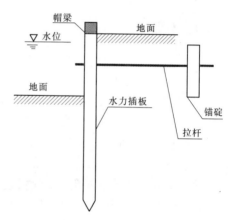

(b)锚拉式护岸(坡)堤坝

图 5-7　单排水力插板护岸(坡)堤坝断面形式

板桩桩长长 2 m。转角桩应根据转角处的平面布置,利用 T 形板或「 形板,或按照转角形状预制异形截面插板。

(4)插板间各施工单元的连接宜采用"一种水力插板桩滑道、滑板偶件"专利技术(专利号:ZL 98210633.5)实现拼接,并注浆固缝完成。

单排水力插板堤坝变形缝设计包括以下几个方面:

(1)变形缝间距根据气温情况、结构形式、地基条件等因素确定,其间距可取 15 ~ 30 m,缝宽可取 20 ~ 30 mm。在结构形式和水深变化处、地基土质差别较大处及新旧结构衔接处必须设置变形缝。

(2)变形缝利用带有变形缝的水力插板完成,并保证变形缝下部进入土层 1 m,有冲刷时进入冲刷泥面下 1 m。根据工程用途,变形缝需填充时,应用弹性材料填充。

(3)带有变形缝的水力插板构造形式如图 5-8 所示。

帽梁采用现浇钢筋混凝土结构。当侧向水动力较强、需要帽梁承担抗侧向推力荷载时,应根据极限受载情况进行验算、配筋及确定帽梁的宽度。

帽梁的变形缝设计间距和缝宽与插板堤坝相同,位置应与插板桩变形缝相同。

堤前地面冲刷强烈应采用水力插板防冲刷丁坝(断面形式如图5-9所示)或其他防冲刷措施。采用水力插板防冲刷丁坝应符合以下几项要求:

(1)水力插板防冲刷丁坝布置应根据堤坝波浪、水流、泥沙性质确定与主堤坝的夹角及延伸长度、丁坝之间的距离,具体应符合现行行业标准《海港总体及工艺规范》(JTJ 211—87)和《海港水文规范》(JTJ 213—98)的有关规定。

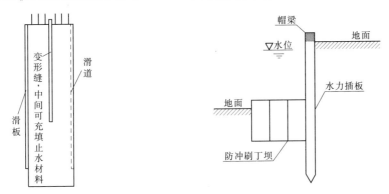

图5-8　带有变形缝的水力插板构造形式　　图5-9　水力插板防冲刷丁坝形式的护岸结构形式

(2)水力插板防冲刷丁坝原则上应做成潜水堤坝,堤坝顶略高于地面100~500 mm。

(3)水力插板防冲刷丁坝应保证插入冲刷线地面以下1~2 m。

(4)防冲刷丁坝所用水力插板板顶不预留钢筋。

(5)防冲刷插板构造设计应符合水力插板桩基工程设计的规定。

(6)防冲刷丁坝插板间的连接与注浆固缝符合《标准》的规定。

当采用侧支撑结构时,应采用T形板与侧支撑架进行水力插板连接。侧支撑架结构如图5-10所示,侧支撑架各部分的横截面宜采用方形,尺寸应在200~500 mm,入土桩腿的档距应为1.2~2.0 m,施工条件允许时应考虑加大档距;侧支撑架与主堤坝间用滑道、滑板连接,采用注浆固缝措施,侧支撑架插入地层的方式与其他水力插板相同;侧支撑架的横向支撑梁设计位置应保证两桩腿的入土深度,横向支撑梁在地面以上;侧支撑架顶部预留钢筋应与堤坝插板一致。现浇帽梁时,应将侧支撑架预留钢筋与堤坝插板预留钢筋

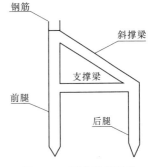

图5-10　侧支撑架结构

绑扎或焊接,然后进行浇筑;侧支撑架前腿长度应保证入土2 m以上,考虑冲刷情况下应插入冲刷线以下1 m,后腿入土深度根据堤坝受力情况确定,应插入相对较硬的土层。

当单排水力插板堤坝用于板桩码头建设时,其设计与计算应按照《板桩码头设计与施工规范》(JTJ 292—98)的有关规定执行。

水力插板用于建筑工程的深基坑开挖支护时,可采用锚拉式或边开挖边进行内支撑式结构。

水域工程中需要设置水闸时,可直接在插板上预留闸孔,结构形式如图5-11所示。水闸板的插入及连接与其他插板相同。

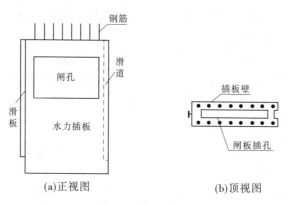

(a)正视图　　　　　　(b)顶视图

图 5-11　带闸孔水力插板结构

当采用锚拉式堤坝结构时,应进行锚碇结构设计与钢拉杆设计,设计要求如下:

(1)锚碇结构设计应符合现行行业标准《港口及航道护岸工程设计与施工规范》(JTJ 300—2000)8.5 中 22、23 内容的规定。

(2)钢拉杆设计应符合现行行业标准《港口及航道护岸工程设计与施工规范》(JTJ 300—2000)8.5 中 21 内容的规定。

(3)当采用在插板堤坝顶部进行锚拉连接时,可进行拉杆与插板顶部预留钢筋绑扎焊接,但焊连插板主筋中的受力筋不少于 4 根。

(三)双排水力插板堤坝

双排水力插板堤坝包括前低后高式与门架式两种形式。

在护岸工程中,在地层土质条件较差、堤前冲刷强烈的情况下,应考虑采用前低后高式双排水力插板堤坝。挡水溢流堰、过水涵洞、深基坑支护等可采用门架式水力插板形式。

双排水力插板护岸堤坝的断面形式如图 5-12 所示。前排水力插板(水域侧)保护堤脚需根据冲刷深度插入,其入土深度应保证插入冲刷泥面以下 2 m,同时保证地基可以承受板本身的重量。后排水力插板(陆域侧)作为防浪墙或挡土墙。前后排可采用不连接或整体连接形式。

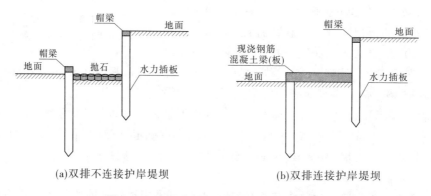

(a)双排不连接护岸堤坝　　　　　　(b)双排连接护岸堤坝

图 5-12　前低后高式双排水力插板护岸堤坝

在漫水堤坝、过水涵洞、深基坑支护等工程中可以采用如图 5-13 所示的门架式水力插板堤坝。

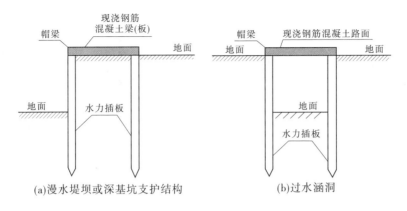

(a)漫水堤坝或深基坑支护结构   (b)过水涵洞

图 5-13　门架式双排水力插板堤坝

双排水力插板构造设计要求如下：

（1）护岸双排水力插板构造设计除下面叙述的特殊情况规定外，其他均应符合《标准》的内容。

（2）双排水力插板的厚度应由计算确定，可采用 200～400 mm，插板宽度应符合《标准》的规定。

（3）插板顶部预留钢筋主筋外伸长度不小于 400 mm。

（4）采用图 5-13（b）所示结构形式时，后排水力插板在设计与前排水力插板顶部同一标高处时，预留出垂直插板壁的外伸钢筋，外伸长度不小于 400 mm，并保证与板主体有良好的接固效果。将前排水力插板外伸主筋向后排水力插板侧折弯成 90°，与后排对应的板壁预留钢筋用钢筋搭起焊接。施工时应保证前后对应接焊钢筋处于水平状态。在前排水力插板与后排水力插板接焊位附近应有沿堤坝的纵向绑扎连接，将前排水力插板堤坝与前后排水力插板间的钢筋现浇连成锚固梁或防浪板。

（5）现浇锚固梁或防浪板的厚度应根据承受极限状况下的荷载计算确定，应不小于 400 mm，对于断面为 T 形的情况防浪板厚度可适当减少。

双排水力插板堤坝的变形缝设计、帽梁设计应符合《标准》的规定。

现浇防浪水平板的变形缝设置应与前后水力插板堤坝的位置一致，缝宽可采用 20～30 mm。防浪板上应考虑设计减压孔。

（四）组合水力插板堤坝

组合水力插板堤坝适用于建造海岸防潮堤，河流、湖泊、水库、浅海等水域中的导流堤、防波堤，海岸码头中的港堤等。

组合水力插板堤坝构件由桥桩板（包括大脚板、连接板）、堤坝板、防冲板（丁坝板）、桥面板、横梁等部分组成。

组合水力插板堤坝各构件形式及组合形式应根据荷载状况、地质条件等因素选取，可采用的断面形式如图 5-14 所示。

桥桩插板为承载构件，应采用 T 形板或工字形板。大脚板为辅助桥桩增加桩基承载力的构件，通过 T 形板或工字形板侧的滑道插入地层，并利用注浆固缝技术与桥桩整体连接，在桥桩承载力不够的情况下考虑使用。

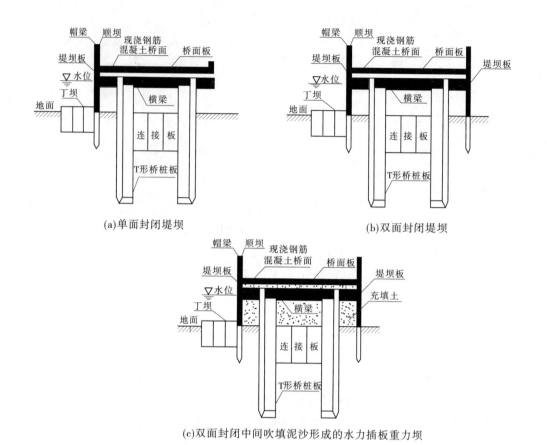

(a)单面封闭堤坝

(b)双面封闭堤坝

(c)双面封闭中间吹填泥沙形成的水力插板重力坝

图 5-14　组合水力插板堤坝断面形式

连接板为使一对桥桩整体连接稳定的构件,通过 T 形板或工字形板侧的滑道插入地层并利用注浆固缝技术与桥桩整体连接,从而保证堤坝体的整体稳定性。

堤坝板为围护构件,可采用平板或 T 形板,根据受弯构件验算确定,顶部预留钢筋不小于 400 mm。

堤坝板在淤泥、黏性土、粉土地层条件下,应保证插入冲刷泥面以下 3 ~ 4 m,对于进入粉砂及砂质地层中的,应保证插入冲刷泥面以下 2 m,并使桩尖进入硬土层 0.5 m 以上。堤坝板入土深度必须同时满足插板桩承载力完全可以承受自重,并考虑承受可能存在的负摩阻力。

堤坝板在设计高出堤坝桥面作为防浪堤时,其侧向应在与桥面同一高程处预留垂直插板的钢筋,并保证与插板有良好的接固,钢筋外伸长度不小于 600 mm,施工时与桥面预留钢筋焊接或绑扎现浇固定。

桥面板按钢筋混凝土抗弯构件设计。位于堤坝侧面边缘的桥面板应预留钢筋,与堤坝板预留钢筋绑扎或焊接现浇固定。桥面板设计时,应留设减压孔。

横梁按钢筋混凝土抗弯构件设计。

防冲刷丁坝应符合《标准》规定。

组合水力插板堤坝变形缝与帽梁设计应符合《标准》的规定。

(五)水下插板堤坝

水下插板堤坝可用于港口、航道防淤,拦挡泥沙的水下潜堤和水下导流堤及防止直立堤前冲刷的水下丁坝。

水下插板堤坝断面形式如图 5-15 所示。

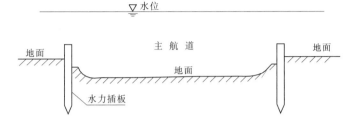

图 5-15 水下插板堤坝断面形式

水下插板构造设计要求如下:

(1)水下插板采用平板或 T 形板,插板尺寸应符合《标准》的规定。

(2)插板顶部不预留钢筋。

(3)在已预制插板滑道内,插入内滑道,内滑道长度满足在插板进入地层后顶部露出水面,使下一块插板易于施工并进行注浆固缝。

(4)插板间的连接固缝应符合《标准》规定。

五、水力插板工程的设计计算

(一)地基计算

水力插板用于工程中时,可以设计为矩形基础或条形基础形式。

采用水力插板技术在工业与民用建筑工程中进行地基验算时,地基承载力计算、变形计算、稳定性计算应符合《建筑地基基础设计规范》(GBJ 7—89)第 5 部分地基计算的有关规定。

采用水力插板技术在港口工程进行地基验算时,地基承载力计算、变形计算、稳定性计算,应符合《港口工程地基规范》(JTJ 250—98)第 4、5、6 部分的有关规定。

水力插板工程整体稳定计算可只考虑滑动面通过桩尖的情况,若桩尖以上或以下附近有软土层时,尚应验算滑动面通过软土层的情况,当圆弧从桩尖以上附近软土层中通过时,计算时可不计截桩力的影响。

作用于插板侧的土压力采用朗肯土压力理论计算(见本节附录 E)。

当地基承载力不满足设计要求时,可采取下列措施:

(1)增加插板宽度或插板下沉埋深。

(2)采取注浆固板措施。在插板达到预定深度时,按照一定比例配制水泥浆注入地下,使水泥浆沿着插板边缘返回到地面为止,且插板与地层之间结成一个整体。

(3)利用桩板上的滑道插设大脚板或连接板,注浆固缝与主桩连接成为一个整体。

设计中应对下列情况进行研究,并注意重复荷载的影响,如由于插板在施工中喷射下沉引起的土质软化和承载力的降低;在基础暴露部位,由于环境荷载引进土的内部侵蚀及表面侵蚀和冲刷或在基础部位的淤积等。

(二)水力插板桩基设计计算

1. 一般规定

(1)水力插板桩在计算桩使用时期的应力时,应考虑施工时期产生的而在使用期仍存在的内力。

(2)施工时期应对桩的强度和抗裂度进行验算:①在进行施工时期内力验算时,可根据实际情况考虑下列荷载:吊运内力,桩的自重,水的浮力,施工时期可能出现的水流力、波浪力和冰荷载等,上部结构安装过程中可能出现的偏心荷载等。②对于已经沉入地基中但桩顶尚未夹好的桩,应视为悬臂结构进行内力验算。

(3)水力插板桩在吊运时,应将桩重乘以动力系数 α。起吊和水平吊运时,取 $\alpha = 1.3$;吊立过程中,取 $\alpha = 1.1$。

2. 吊桩内力

水力插板钢筋混凝土桩在出槽、搬运、堆存和吊立等阶段均应进行内力计算。

在计算吊运内力时应考虑桩长、桩形、断面尺寸、吊点位置、桩架高度、下吊索长度、桩的浸水长度以及吊立过程中桩轴线与水平面的夹角等。所选用的吊点位置及施工工艺应尽量使计算弯矩最小。桩在水平吊运和吊立过程中宜采用同一套吊点。

吊点位置和内力计算应按《港口工程桩基规范》(JTJ 254—98)的第 2 和第 3 部分的规定执行。

3. 水平力作用下桩的计算

承受水平力或力矩作用的单桩,其入土深度宜满足弹性长桩条件。当采用 m 法时,弹性长桩、中长桩和刚性桩的划分标准可按表 5-11 确定。桩的相对刚度系数可按本节附录 F 确定。

表 5-11　弹性长桩、中长桩和刚性桩划分标准

弹性长桩	中长桩	刚性桩
$L_t \geqslant 4T$	$4T > L_t \geqslant 2.5T$	$L_t < 2.5T$

注:L_t 为桩的入土深度,m;T 为桩的相对刚度系数,m。

承受水平力或力矩作用的弹性长桩桩身内力和变形按下列规定确定:

(1)重要港口建筑物在进行桩的水平力计算时,所采用的 $P \sim Y$ 曲线法或 m 法的计算参数,应根据水平静载荷试桩确定。

(2)作用于桩上的水平力或力矩为非往复荷载时,可采用本节附录 F 的 $P \sim Y$ 曲线法计算。当桩身在泥面处的水平变形≤10 mm 时,也可采用 m 法计算。

(3)当必须考虑波浪等荷载的往复作用时,由于桩周黏土的退化,使土的抗力降低,桩的变形加大,$P \sim Y$ 曲线应另行确定。

当采用假想嵌固点法计算时,弹性长桩的受弯嵌固点深度可用 m 法并按下式确定,即

$$t = uT \tag{5-14}$$

式中:t 为受弯嵌固点距泥面深度,m;u 为系数,取 1.8 ~ 2.2,桩顶铰接或桩的自由长度较大时取较小值,桩顶嵌固或桩的自由长度较小时取大值;T 为桩的相对刚度系数,m,按本

节附录 F 确定。

当按假想嵌固点计算排架时,桩在泥面以下的内力和变形可根据计算排架时求得的桩顶力矩和水平力,按附录 F 中的 m 法进行计算。

4. 强度及抗裂度验算

水力插板桩在下列情况下应进行强度及抗裂度验算:

(1)在施工和使用时期均满足强度要求;

(2)在吊运和吊立过程中满足抗裂度要求。

水力插板桩在进行强度计算及抗裂度验算时,计算荷载应按可能同时出现的最不利情况进行组合,并按表 5-12 验算其中部分或全部项目。

表 5-12 桩的正截面承载力计算及抗裂度验算项目

项目	作用和作用效应
轴向受压	受压桩受到轴向压力,锤击沉桩压应力
轴向受拉	受拉桩受到轴向拉力,锤击沉桩拉应力
弯曲	吊运及其他阶段产生的弯矩
偏心受压	受压桩轴向压力与弯矩的组合
偏心受拉	受拉桩轴向拉力与弯矩的组合

注:当承受较大扭矩作用时,应对受扭情况进行验算。

当桩的自由长度较大,且承受较大轴向压力时,应对桩的压屈稳定性进行验算。

水力插板桩的强度及抗裂安全系数与裂缝宽度按下列情况确定并进行验算:

(1)港口工程应符合现行行业标准《港口工程混凝土结构设计规范》(JTJ 267—98)的规定(见本节附录 G 港口技术规范关于钢筋混凝土设计计算的基本规定)。

(2)工业与民用建筑中应符合《混凝土结构设计规范》(GBJ 10—89)的规定。

5. 水力插板桩基设计荷载

港口工程中设计荷载的取值应按现行行业标准《海港水文规范》(JTJ 213—98)和《建筑结构荷载规范》(GBJ 9—87)的规定执行。结构构件的强度应分别对设计荷载组合、校核荷载组合、特殊荷载组合进行计算,裂缝宽度、抗裂度及变形验算一般仅需考虑设计荷载组合情况,但在施工阶段有要求时,仍应进行验算。预制构件本身吊装的验算一般将构件自重乘以动力系数 1.3,但根据构件吊装时的受力情况,动力系数可适当增减。

工业与民用建筑中设计荷载取值应按现行行业标准《建筑结构荷载规范》(GBJ 9—87)的规定执行:

(1)桩基设计荷载取值应符合现行行业标准《建筑结构荷载规范》(GBJ 9—87)的规定。

(2)桩基承载力极限状态的设计计算应采用荷载效应的基本组合和偶然组合。

(3)按正常使用极限状态验算桩基沉降时应采用荷载的长期效应组合(不包括风荷载、地震作用);验算桩基横向变位、抗裂、裂缝宽度时,根据使用要求和裂缝控制等级分别采用荷载效应的短期、长期或短期并考虑长期的影响。

(4)桩基抗震承载力计算时,荷载设计值和地震作用设计值应符合现行行业标准《建筑抗震设计规范》(GBJ 11—89)的有关规定。

6. 水力插板桩基钢筋混凝土结构计算

港口工程中应按现行行业标准《港口工程混凝土结构设计规范》(JTJ 267—98)的规定执行。

工业与民用建筑中应按现行行业标准《混凝土结构设计规范》(GBJ 10—89)的规定执行。

7. 桩的主筋应符合的规定

(1)主筋宜优先采用变形钢筋。

(2)主筋直径不应小于 18 mm,主筋根数不宜少于 8 根,桩宽在 600 mm 以下时,主筋根数不得少于 4 根。

(3)主筋宜对称布置。当外力方向固定时,允许增加附加短筋以抵抗局部内力,但所加短筋要有足够的锚固长度。加有短筋的桩应作出明显标志或采取其他措施,以保证沉桩后所加短筋的位置符合要求。

(4)钢筋混凝土桩宜采用Ⅱ级和Ⅲ级钢筋作为主筋,预应力混凝土桩宜采用冷拉Ⅱ级、Ⅲ级和Ⅳ级钢筋作为主筋。配筋率均不得小于桩截面面积的 1% 。

8. 桩的箍筋应符合的规定

(1)箍筋宜采用Ⅰ级钢筋或冷轧带肋钢筋,直径 6 ~ 8 mm。箍筋应做成封闭式。

(2)钢筋混凝土桩的箍筋间距不应大于 400 mm,预应力混凝土桩的箍筋间距宜取 400 ~ 500 mm。

(3)当桩每边主筋根数等于或大于 3 根时,应设置附加箍筋。附加箍筋的间距可适当放大。

9. 水力插板的混凝土强度等级

水力插板的混凝土强度等级不宜低于 C35。

10. 桩顶与帽梁或横梁的连接应符合的要求

(1)当桩与帽梁或横梁的连接按铰接设计时,应将桩顶伸入帽梁或横梁 50 ~ 100 mm,海港工程取大值。桩的主筋应全部伸入桩顶或横梁,其外伸长度可取 400 ~ 500 mm。当需要充分利用桩顶外伸钢筋强度时,外伸长度应满足钢筋锚固长度的规定。

(2)当桩与帽梁或横梁的连接按固结设计时,桩伸入帽梁的长度应符合《港口工程桩基规范》(JTJ 254—98)第 12 条和第 13 条的规定,并不得小于 0.75 倍桩厚。

(三)水力插板堤坝设计计算

作用于水力插板堤坝上的荷载按其影响可分为以下三类:

(1)永久作用:如由土体本身产生的主动土压力和水力插板堤坝后的剩余水压力、自重力等。

(2)可变作用:如由堤坝地面上各种可变荷载产生的主动土压力、施工荷载、波浪力、水流力、渗透力等。

（3）偶然作用：如地震作用等。

护岸堤坝设计应考虑下列三种设计状况：

（1）持久状况：在结构使用期，分别按承载能力极限状态和正常使用状态设计。

（2）短暂状况：施工期和有某种特殊短暂荷载作用的使用期，一般只能按承载能力极限状态设计，必要时也需按正常使用极限状态设计。

（3）偶然状况：在使用期，当遭受到地震等偶然作用时仅按承载能力极限状态设计。

护岸堤坝承载能力极限状态设计应考虑下列三种作用效应组合：

（1）持久组合：永久作用与可变作用效应组合。对沿海护岸水位应采用设计高水位、设计低水位、极端高水位和极端低水位及相应波高；对内河护岸水位应采用设计高水位、设计低水位以及与地下水位相组合的某一不利水位。

（2）短暂组合：对应于短暂状态下的永久作用与可变作用效应组合。对沿海护岸水位应采用设计高水位、设计低水位或施工期短暂状态下某一不利水位及相应波高；对内河护岸水位应采用设计高水位和设计低水位。

（3）偶然组合：组合中包括地震作用，计算水位应按现行行业标准《水运工程抗震设计规范》（JTJ 225—98）中的有关规定执行。

对于水中的水力插板堤坝，在进行承载能力极限状态设计时，应以设计波高及对应的波长确定的波浪力作为标准值。承载能力应考虑以下三种设计状况及相应组合：

（1）持久状况应考虑以下的持久组合：①设计高水位时，波高采用相应的设计波高；②设计低水位时，波高的采用分为以下两种情况，即当有推算的外海设计波浪时，应取设计低水位进行波浪浅水变形分析，求出堤前的设计波高，当只有建筑物附近部分水位统计的设计波浪时，可取与设计高水位时相同的设计波高，但不超过低水位时的浅水极限波高；③设计高水位时，堤前波态为立波，而在设计低水位时，已为破碎波，尚应对设计低水位至设计高水位之间可能产生最大波浪力的水位情况进行计算；④极端高水位时，波高应采用相应的设计波高。极端低水位时，可不考虑波浪的作用。

（2）短暂状况应考虑以下的短暂组合：对未成形的水力插板堤坝进行施工期复核时，水位可采用设计高水位和设计低水位，波高的重现期可采用设计高水位和设计低水位，波高的重现期可采用 5~10 年。

（3）偶然状况在进行水力插板堤坝地基承载力和整体稳定性计算时，应考虑地震作用的偶然组合。水位采用设计低水位，不考虑波浪与地震作用的组合，其计算方法应符合现行行业标准《水运工程抗震设计规范》（JTJ 225—98）中的有关规定。

需要说明的是：水力插板堤坝的稳定性计算可不考虑堤内侧波浪与堤外侧波浪相组合，而将堤内侧的水面作为静水面。

水力插板堤坝设计应按承载能力极限状态部分或全部计算以下内容：

（1）插板稳定入土深度（"踢脚"稳定性）；

（2）锚碇或支撑结构的稳定性；

（3）插板堤坝边坡整体稳定性；

（4）坑底抗隆起稳定性；

（5）坑底抗管涌入土深度；

（6）作为承重交通堤坝时，水力插板桩基的承载力；

（7）构件强度与抗裂度。

在水力插板吊运、施工过程中的吊运内力、插板强度和抗裂度验算应符合《标准》的规定。

对于如图5-5所示的直立式水中单排水力插板堤坝断面形式、图5-7所示的单排水力插板护岸（坡）堤坝断面形式以及图5-15所示的水下插板堤坝断面形式，计算时取每延米的宽度，其入土深度应满足抗倾覆稳定性要求，视为桩顶自由、下端固定支撑情况下的悬臂桩，利用 $P \sim Y$ 曲线法或 m 法进行计算。

（8）对于如图5-7（b）所示的锚拉式护岸（坡）堤坝，计算时按《板桩码头设计与施工规范》（JTJ 292—98）的第 $4 \sim 8$ 部分的规定执行。土压力按朗肯土压力理论计算（见本节附录E 朗肯土压力计算理论）。

对于如图5-13（a）所示漫水堤坝或深基坑支护等门架式结构，其横梁或连接板的厚度应大于 400 mm，保证使两排水力插板刚性连接，按门架式结构，参照深基坑支护设计有关资料进行计算。

对于如图5-6所示的具有侧支撑的单排水力插板堤坝、图5-12所示的前低后高式双排水力插板护岸堤坝、图5-13（b）所示的过水涵洞等门架式双排水力插板堤坝应根据各自不同的受力状况，利用有限元方法进行计算。

对于如图5-14所示的组合水力插板堤坝，桥桩板按《指南》桩基设计计算的有关规定进行，计算应考虑迎风侧堤坝板将施加于其上的水平作用力。堤坝板入土深度应符合《指南》规定，在松软地层情况下适当深插。

在水力插板用于深基坑支护工程及板桩码头工程时，应进行坑底抗隆起稳定性验算（见本节附录H）和抗管涌插入深度验算（见本节附录I）。

六、水力插板施工插入

水上沉插板应根据当地地形、水深、风向、水流和施工机具性能等具体情况，充分利用有利条件，保证沉插板工作安全顺利进行。

沉插板吊板时，其吊点位置应按设计规定布置。为防止平面插板在地面平放状态，起吊为垂直状态时发生板体裂缝等问题，每一种新规格插板在起吊之前根据插板的厚度和板内钢筋的分布进行校核或查看设计后进行。

沉插板下沉过程中，板体应保持垂直，如发生偏斜，应及时予以调整。

沉插板工艺设计采用内冲外排法，由沉插板底部的喷射孔向下射水切割地层，泥浆沿沉插板周围空隙排出，喷射系统设计时应采用防堵措施。

喷射系统设计主要包括以下几个方面：

（1）水力喷射系统，包括供水泵、喷射动力泵、地面管线及高压水龙带、中心管、喷射管（上有喷射孔）等部分组成。

（2）喷射孔直径 $3.2 \sim 3.5$ mm，喷射孔要保证喷射水流的方向垂直向下。喷射孔数量根据插板横截面积确定，一般 $10 \sim 15$ cm^2/孔，应均匀分布。

（3）喷射管直径应与插板厚度相同或接近，管壁厚 $3 \sim 5$ mm。

（4）中心管管壁厚 3～4 mm，直径根据喷射孔数量确定，一般 300 孔以下采用直径 114 mm 管，大于 300 孔采用直径 159 mm 管。

（5）地面管线与水龙带直径不小于中心管时，应考虑适当增大其直径。

（6）喷射动力泵每个泵组由 1～3 台泵组成，扬程 150～250 m，泵组排量 200～300 m^3/h。

（7）供水泵扬程应满足低压供水需要，排量应大于喷射动力泵排量的 30%。

（8）为提高水力喷射系统整体效率，系统各组成单元距离应尽量缩短。

水力插板沉入过程中，应根据土质情况调节冲水压力，控制沉插板速度，在预定停水之前应逐渐减压。

沉入插板时，根据工程实际情况采取两种方式：一种为全部水力喷射自沉入式，另一种为水力喷射成孔再沉入式。

（1）全部水力喷射自沉入式的每块插板均设置中心管、喷射管，每块沉插板都能自身单独喷射切割地层，使混凝土板插入地层。

（2）水力喷射成孔再沉入式可将插板分为主动插板与被动插板。主动插板（也可以为施工中的工具板）具备水力喷射系统，可以自身水冲沉入地层。被动插板为常规钢筋混凝土板，与主动插板规格相同，板内不设置喷射管和中心管，利用主动插板（工具板）沉入后再提出所形成的缝穴插入地层。

附录 A　竖向静载荷试验

A.1　一般要求

A.1.1　试验桩的位置应根据地质、地形、水文、设计要求等综合考虑，选择有代表性的地点。

A.1.2　试验桩、锚桩和基准桩在沉设过程中应按静载荷试验要求作详细记录。试验桩和锚桩的桩顶偏位不应大于 10 cm，试验桩的纵轴线倾斜度不应大于 1/200。

A.1.3　试验桩的数量应根据地质条件、桩的类型（桩材、桩径、桩长）和工程总桩数确定。工程总桩数在 500 根以下时，试验桩不应少于 2 根，工程总桩数每增加 500 根宜增加 1 根试验桩。如地质条件复杂，桩的类型较多或其他原因，可按地区性经验酌情增减。

A.1.4　试验桩在沉桩后到进行加载试验的间歇时间，对于黏性土不应少于 2 周；对于砂土不应少于 3 d；当采用水冲桩时一般不少于 4 周（水力插板属此种沉桩方法）。

A.1.5　试验前应进行下列准备工作：

（1）收集邻近工程已有的试验桩资料；

（2）收集试验桩、锚桩和基准桩的沉桩记录；

（3）收集有关的地质、地形、水文、气象资料；

（4）制订试验桩计划；

（5）有条件时可埋设桩尖和桩侧应力的量测装置。

A.1.6　在离试验桩 3～10 m 范围内必须有钻孔。钻探应尽量在试验桩沉设前进行,其深度一般为桩尖以下5~8 m,如遇硬土层钻进困难时可适当减少。

黏性土的物理、力学性试验包括含水量、重度、流塑限、锥沉量、灵敏度、压缩系数、无侧限抗压强度、剪切强度。有条件时还应进行现场十字板、静力触探、标准贯入试验。

砂土的物理、力学性试验包括:标准贯入、静力触探、颗粒分析和休止角。

A.1.7　试验不宜在大风、大浪等气象水文条件恶劣时进行。试验期间,距离试验桩50 m范围内不得进行打桩作业,并应避免各种振动机械的影响,防止船舶和漂浮物碰撞桩。

A.1.8　试验完成后应提供试验报告。其内容包括地质资料、试验平台布置、沉桩记录表(试桩、锚桩、基准桩)、荷载—沉降($P \sim S$)曲线、试验桩资料分析和评价。若试验桩埋有量测装置时还应提供相应的资料。

A.2　试验设备

A.2.1　在水域进行载荷试验必须搭设试验工作平台。平台应牢固可靠,并不得与试验桩和基准桩相连接,其高度应高出试验期间的最高水位或潮位,并考虑风浪影响。

A.2.2　试验设备应符合以下要求:

(1)加载能力宜为预计最大试验荷载的1.2~1.5倍;

(2)便于安全安装、拆卸;

(3)应尽量避免对试验桩进行偏心或倾斜加载;

(4)承载梁应满足强度和变形的要求;

(5)锚桩必须具有足够的抗拔能力,锚桩数量一般为4根,并对称于试验桩布置。锚桩与试验桩的中心距一般不小于6d(桩径);

(6)基准桩应稳固可靠,以保证观测的准确性,其与试验桩的中心距一般不小于6d。基准梁应具有足够刚度、安装牢固,同时应尽量避免温度等因素对基准梁的影响。沉降观测精度为0.01 mm。

A.3　压载试验

A.3.1　试验方法一般采用慢速维持荷载法(慢速法)或快速维持荷载法(快速法),有经验时也可采用其他方法。

A.3.2　加载应分级进行,宜采用等量加载。每级加载约为预计最大试验荷载的1/12。最后一级加载完成后,必须分级卸载至零,每级卸载一般为加载量的2倍。加、卸载时使荷载传递均匀、连续、无冲击。每级加、卸载时间不宜少于1 min。加载过程中不可使荷载超过该级规定值。

需要说明的是:如需测定桩的压缩系数(在单位轴向力作用下的桩顶下沉量),试验时可在设计荷载与恒载之间往复加、卸载3次。

A.3.3　试验时各项观测值应及时记入标准记录表,异常情况记入备注栏。

A.3.4　慢速法试验测读时间为加载:0 min、5 min、10 min、15 min、30 min,以后间隔30 min测读一次,直至达到稳定标准;卸载:15 min、30 min、60 min,卸载至零后测读时间为15 min、30 min、60 min、120 min、180 min。

A.3.5 慢速法试验的稳定标准为每级荷载作用下沉降速率小于 0.1 mm/h。

A.3.6 慢速法试验终止条件。凡符合下列条件之一者,均可终止试验:

(1)当 $P \sim S$ 曲线上有可判定极限承载力的陡降段,且桩顶总沉降量在 40 mm 以上时;

(2)某级荷载作用下,维持时间已达 24 h 而沉降速率仍大于 0.1 mm/h;

(3)如 $P \sim S$ 曲线上无可判定极限承载力的陡降段,试验也应进行到桩顶总沉降量超过 40 mm 后仍有一个以上的稳定荷载级。

对于桩长超过 40 m 的钢筋混凝土桩,由于桩身弹性变形量较大,桩顶总沉降应适当加大。

A.3.7 采用慢速法进行试验时,桩的极限承载力应按下列规定取值:

(1)当 $P \sim S$ 曲线上有可判定极限承载力的陡降段时,即 $\frac{\Delta S_n}{\Delta P_n} \leq 0.1$ mm/kN 而 $\frac{\Delta S_{n+1}}{\Delta P_{n+1}} > 0.1$ mm/kN,或 $\frac{\Delta S_{n+1}}{\Delta P_{n+1}} / \frac{\Delta S_n}{\Delta P_n} > 5$ 且 $\Delta S_{n+1} > 40$ mm 时,采用明显陡降段起点 n 相对应的荷载(见附图 A-1)。

(2)当试验终止条件符合第 A.3.6 条两项,但 $P \sim S$ 曲线上没有可判定极限承载力的陡降段时,取该不稳定荷载的前一级荷载。

(3)当试验终止条件符合第 A.3.6 条三项情况时,在 $P \sim S$ 曲线上取桩顶总沉降量 $S = 40$ mm 相对应的荷载作为近似值(见附图 A-2);对于桩长超过 40 m 的钢筋混凝土桩,所取用的桩顶总沉降量应适当加大。

(4)有成熟的地区性经验时也可参照采用。

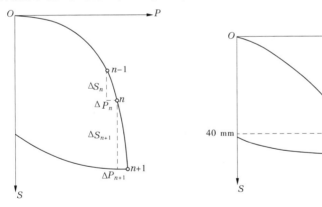

附图 A-1 $P \sim S$ 曲线一　　　　　附图 A-2 $P \sim S$ 曲线二

需要说明的是:极限承载力宜采用初压值。

A.3.8 快速法试验,每级荷载维持时间一般为 60 min。

A.3.9 快速法试验测读时间为加载 0 min、5 min、10 min、15 min、30 min、60 min;卸载 30 min、60 min。

A.3.10 快速法试验终止条件。试验应进行到出现可判定极限承载力的陡降段,或由于桩顶不停滞下沉无法继续加载时为止。

A.3.11 采用快速法进行试验时,桩的极限承载力按下列规定取值:

（1）当 $P \sim S$ 曲线上出现 $\dfrac{\Delta S_n}{\Delta P_n} \leqslant 0.08$ mm/kN,而 $\dfrac{\Delta S_{n+1}}{\Delta P_{n+1}} > 0.08$ mm/kN 或 $\dfrac{\Delta S_{n+1}}{\Delta P_{n+1}} \Big/ \dfrac{\Delta S_n}{\Delta P_n} > 5$ 时,取陡降段起点 n 相对应的荷载(见附图 A-1)。

（2）有成熟的地区性经验时也可参照采用。

附录 B　单桩负摩阻力标准值计算

桩周土层中产生负摩阻力的性状如附图 B-1 所示。

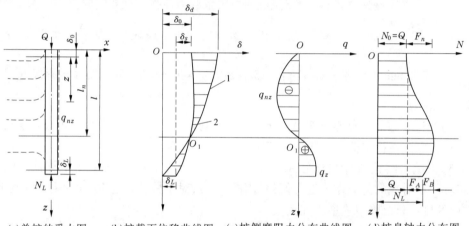

（a)单桩的受力图　　　（b)桩截面位移曲线图　　（c)桩侧摩阻力分布曲线图　　（d)桩身轴力分布图

1—土层竖向位移曲线;2—桩截面位移曲线

附图 B-1　单桩产生负摩阻力时的荷载传递

单桩负摩阻力标准值可按下式计算,即

$$q_{si}^n = \xi_n \sigma_i \qquad\qquad 附(B-1)$$

式中:q_{si}^n 为第 i 层土桩侧负摩阻力标准值;ξ_n 为桩周土负摩阻力系数,可按附表 B-1 取值。

附表 B-1　负摩阻力系数 ξ_n

土类	ξ_n	土类	ξ_n
饱和软土	0.15 ~ 0.25	自重湿陷性黄土	0.20 ~ 0.35
黏性土、粉土	0.25 ~ 0.40	砂土	0.35 ~ 0.50

注:1. 在同一类土中,对于水力插板桩,取表中较小值;
　　2. 填土按其组成取表中同类土的较大者;
　　3. 当 q_{si}^n 计算值大于正摩阻力时,取正摩阻力为第 i 层的值。

σ_i 为桩周第 i 层土平均竖向有效应力,当地面有均布荷载时,有

$$\sigma_i = p + \gamma'_i Z_i - u \qquad\qquad 附(B-2)$$

当降低地下水时,有

$$\sigma_i = \gamma'_i Z_i \qquad\qquad 附(B-3)$$

式中:γ'_i 为第 i 层土层底以上桩周土的平均有效重度;Z_i 为自地面起算的第 i 层土中点深度;p 为地面均布荷载;u 为桩周土中孔隙水压力实测值,当无孔隙水压力实测值时,可假定 $u = 0$。对于砂类土,也可按式附(B-4)估算负摩阻力标准值,即

$$q_{si}^n = N_i/5 + 3 \qquad 附(B\text{-}4)$$

式中:N_i 为桩周第 i 层土经钻杆长度修正的平均标准贯入试验击数。

当考虑群桩效应时,任一基桩因负摩阻力作用产生下拉荷载,其标准值可按下式计算,即

$$Q^n = U \sum_{i=1}^n \eta_{ni} q_{si}^n L_{ni} \qquad 附(B\text{-}5)$$

$$\eta_{ni} = S_{ax} S_{ay} / \pi d \left(\frac{q_{si}^n}{r'} + \frac{d}{4} \right) \qquad 附(B\text{-}6)$$

式中:n 为中性点以上土层数;L_{ni} 为中性点以上土层的厚度;η_{ni} 为第 i 层土的负摩阻力群桩效应系数,当 $\eta_{ni} > 1.0$,取 $\eta_{ni} = 1.0$;S_{ax}、S_{ay} 分别为纵横向桩的中心矩;$\overline{r'}$ 为中性点以上桩周上有效重度加权平均值。

L_n 为中性点深度,按桩周土层深度沉降与桩沉降相等的条件计算确定,可参照附表 B-2 确定。

附表 B-2　中性点深度值参照表

持力层性质	黏性土、粉土	中密以上砂土
中性点深度 L_n/L_0	$0.5 \sim 0.6$	$0.7 \sim 0.8$

注:1. L_0 为桩周沉降变形土层下限深度;
　　2. 桩穿越自重湿陷性黄土层时 L_n 按表中值增大 10%(持力层为基岩除外)。

附录 C　群桩的承载力计算

C.1　单桩和群桩的划分

C.1.1　在桩基中,桩与桩的中心距等于、大于 $6d$(桩径)或 $6b$(桩宽),以及中心距小于 $6d$ 或 $6b$,但桩尖进入较厚的中密或密实砂层、老黏土层、风化岩层等硬土层时,可视为单桩,其他情况为群桩。

C.2　群桩的承载力

C.2.1　我国建筑地基基础设计规范(1989)的规定如下:

对于端承桩基、桩数少于 9 根的摩擦桩基、条形基础下的桩不超过两排者,桩基的竖向抗压承载力为各单桩竖向抗压承载力的总和;对于桩的中心距小于 6 倍桩径(摩擦桩),而桩数超过 9 根(含 9 根)的桩基,可视做一假想的实体深基础,承载力按浅基承载力的标准值用埋深修正后得出或按土的抗剪强度指标用浅基承载力计算公式计算而得。

C.2.2　交通部港口工程技术规范(1987)的规定如下:

适用于群桩设计的高桩承台的桩基，其群桩的折减系数 λ 可按下式计算，即

$$\lambda = \frac{1}{1 + \eta} \qquad\qquad 附(C\text{-}1)$$

$$\eta = 2A_1 \frac{m-1}{m} + 2A_2 \frac{n-1}{n} + 4A_3 \frac{(m-1)(n-1)}{mn} \qquad\qquad 附(C\text{-}2)$$

$$A_1 = \left(\frac{1}{3S_1} - \frac{1}{2l\tan\varphi} \right)d \qquad\qquad 附(C\text{-}3)$$

$$A_2 = \left(\frac{1}{3S_2} - \frac{1}{2l\tan\varphi} \right)d \qquad\qquad 附(C\text{-}4)$$

$$A_3 = \left(\frac{1}{\sqrt[3]{S_1^2 + S_2^2}} - \frac{1}{2l\tan\varphi} \right)d \qquad\qquad 附(C\text{-}5)$$

式中：n 为横向每排桩的桩数；m 为纵向每排桩的桩数；l 为相邻桩的平均入土深度，m；S_1 为纵向桩距，以相邻桩平均入土深度的桩尖平面为计算平面，当一排中的桩距不等时，可近似地取其平均值，m；S_2 为横向桩距，算法同 S_1，m；φ 为土的内摩擦角（固快值）。对于成层土，可近似地取桩入土深度范围内土的 φ 角的加权平均值；d 为桩径或桩宽，m。

式附（C-3）～式附（C-5）必须满足大于等于零的条件，如其值小于零，则按零考虑。

当群桩中桩的纵横向间距相等，即 $S_1 = S_2 = S$ 时，代入式附（C-2），即可求得桩距相等的平均 η 值。

当 $m = 1.0$ 时，代入式附（C-2）即可求得单排桩的平均 η 值。

C.2.3　上海市《地基基础设计规范》（DGJ 108—11—1999）的规定如下：

桩基承台下群桩的容许承载力按各单桩容许承载力之和计，不考虑群桩折减系数。

C.2.4　关于群桩效率的计算公式，Converse-Labarre 公式为曾被广泛应用的群桩效率公式。这个公式给出的效率 η 为

$$\eta = 1 - \frac{\arctan(d/S)}{90°} \frac{(n-1)m + (m-1)n}{mn} \qquad\qquad 附(C\text{-}6)$$

式中：d 为桩的直径；S 为桩的中心距；$\arctan(d/S)$，以（°）计；m 为群桩中的桩列数目；n 为一个桩列的桩数。

附录 D　单桩水平静载荷试验

D.1　试验目的

D.1.1　确定单桩水平承载力和地基上的水平抗力系数。

D.1.2　当埋设有桩身应力量测元件时，尚可测定桩身应力变化，并求出桩身的弯矩分布。

D.2　试验要求

D.2.1　钢筋混凝土预制桩沉桩后到进行静载荷试验的间歇时间，对于砂土不应少

于 3 d,对于黏性土不应少于 14 d;对水冲沉桩开始加载试验的时间一般不少于 28 d。

D.2.2　沉桩时桩顶中心偏差不大于 $1/8d$(d 为桩宽),并不大于 10 cm,轴线倾斜度不大于 1/100。对于埋设有量测元件的试验桩应严格控制方向,并使最终实际受荷方向与设计方向之间的夹角小于 ±10°。

D.2.3　试验桩数量应根据设计要求和工程地质条件确定,一般不应少于 2 根。

D.2.4　试桩前,在离试验桩边 2~6 m 范围内必须有钻孔,在 $16d$ 深度范围内,取土试样(间距 1 m)进行物理力学性质试验,必要时还应进行十字板、静力触探、旁压试验。

D.3　试验设备

D.3.1　施加水平力的设备。采用高压油泵驱动的水平向千斤顶施加水平力。水平力作用线应通过地面标高处(地面标高应与实际桩基承台底面标高一致),在千斤顶与试验桩接触处应安置一球形铰座,以保证千斤顶作用力能水平地通过桩身轴线。

D.3.2　量测水平位移的设备。宜采用大量程百分表量测桩的水平位移,每一试验桩在力的作用水平面上和在该水平面以上 50 cm 左右各安设 1 或 2 只百分表。上表量测桩顶水平位移,下表量测桩身在地面处的水平位移,根据上、下两表的位移差与两表距离的比值,计算地面以上桩身的转角。若桩身露出地面较短,可仅在力的作用水平面上安设百分表量测水平位移。

固定百分表的基准桩与试验桩或反力结构的净距一般不小于 $5d$,当设置在与加荷轴线垂直方向或试验桩位移相反方向上时,其间距不应小于 $2d$。

水平静载荷试验装置如附图 D-1 所示。

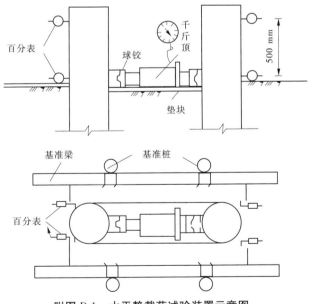

附图 D-1　水平静载荷试验装置示意图

D.4　试验工作

D.4.1 试验加载方法。一般采用单向多循环加卸载法,对于受长期水平荷载的桩基也可采用慢速连续加载法。

D.4.2 单向多循环加卸载试验可采用下列规定进行加、卸载和位移观测:

(1)加载分级。取预估水平极限荷载的 1/15～1/10 作为每级荷载的加载增量,或根据桩径尺寸和土层软硬程度,每级荷载增量取 2.5～20 kN。

(2)加载程序和位移观测。每级荷载施加后,恒载 4 min 测读水平位移,然后卸载至零,停 2 min 测读残余水平位移,至此完成一个加卸载循环。循环 5 次便完成一级荷载的试验。

加载时间应尽量缩短,量测位移的时间间隔应严格准确,试验不得中途停歇。

(3)试验终止条件。当出现下列情况之一时即可终止试验:①在恒载时水平位移急剧增加或位移速率逐渐加快;②试验桩折断;③水平位移超过 30～40 mm。

D.5　资料整理和成果应用

D.5.1 绘制水平力与时间、位移关系曲线($H_0 \sim t \sim x_0$ 曲线)、水平力与位移梯度关系曲线$\left(H_0 \sim \dfrac{\Delta x_0}{\Delta H_0} \text{曲线} \right)$,如附图 D-2、附图 D-3 所示。

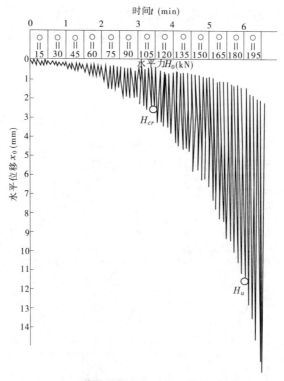

附图 D-2　$H_0 \sim t \sim x_0$ 曲线

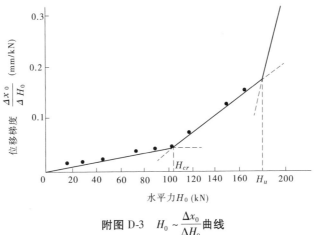

附图 D-3　$H_0 \sim \dfrac{\Delta x_0}{\Delta H_0}$ 曲线

D.5.2　单桩水平临界荷载的确定如下：

（1）取 $H_0 \sim t \sim x_0$ 曲线出现突变点的前一级荷载为水平临界荷载（见附图 D-2 中的 H_{cr}）。

（2）取 $H_0 \sim \dfrac{\Delta x_0}{\Delta H_0}$ 曲线第一直线段的终点所对应的荷载为水平临界荷载（见附图 D-3 中的 H_{cr}）。

D.5.3　单桩水平极限荷载的确定如下：

（1）取 $H_0 \sim t \sim x_0$ 曲线明显陡降的前一级荷载为水平极限荷载（如附图 D-2 中的 H_u）。

（2）取 $H_0 - \dfrac{\Delta x_0}{\Delta H_0}$ 曲线第二直线段终点对应的荷载为水平极限荷载（如附图 D-3 中的 H_u）。

D.5.4　单桩水平承载力的确定如下：

（1）取临界点荷载为单桩水平承载力，理由是：①表征桩身临近开裂的临界荷载能反映桩抵抗水平力的基本特征；②临界荷载下，桩的水平位移较小，位移回弹率大，能满足一般建筑物对变形的要求，可减轻地震时上部结构的反应；③临界荷载为水平承载力，对于构造配筋桩，其安全系数一般为 $1.6 \sim 2.0$，可满足《混凝土结构设计规范》（GB 50010—2002）对偏压构件的基本安全系数（1.55）的要求。

对于桩径较小、水平力较大，临界荷载值不能满足水平承载力的要求时，则应以极限荷载控制，即以配筋量控制，并需验算水平位移。

（2）水平极限荷载除以安全系数（一般取 2）作为水平承载力。

D.5.5　地基土水平抗力系数的确定可根据水平静载荷试验成果，按式附（D-1）计算，即

$$m = \frac{\left(\dfrac{H_{cr}}{x_{cr}} v_x \right)^{5/3}}{b_0 (EI)^{2/3}} \qquad 附（D-1）$$

对于钢筋混凝土桩 $EI = 0.85E_h I_0, I_0 = W_0 d/2$

式中:m 为地基土水平抗力系数,kN/m^4;H_{cr} 为单桩水平临界荷载,kN;x_{cr} 为水平临界荷载对应的水平位移,m;b_0 为桩身计算宽度,m,当 $d \leqslant 1$ m 时,$b_0 = 0.9(1.5d + 0.5)$,当 $d > 1$ m 时,$b_0 = 0.9(d + 1)$;EI 为桩身抗弯刚度,$kN \cdot m^2$;I 为桩身截面的惯性矩,m^4;E_h 为混凝土的弹性模量,kN/m^2;I_0 为桩身换算截面惯性矩;W_0 为桩身换算截面受拉边缘的弹性抵抗矩,其值为 $\frac{\pi d}{32}[d^2 + 2(n-1)\mu_g d_0^2]$;$d_0$ 为纵向钢筋圆环的直径,m;ν_x 为桩侧位移系数,按附表 D-1 采用。

附表 D-1　桩顶水平位移系数 ν_x

桩顶约束情况	桩的换算长度(αh)（m）	ν_x	桩顶约束情况	桩的换算长度(αh)（m）	ν_x
铰接（自由）	4.0	2.441	固接	4.0	0.940
	3.5	2.502		3.5	0.970
	3.0	2.727		3.0	1.028
	2.8	2.905		2.8	1.055
	2.6	3.163		2.6	1.079
	2.4	3.526		2.4	1.095

附录 E　朗肯土压力理论

假设条件:①挡墙墙背垂直;②墙后填土表面水平;③挡墙背面光滑,即不考虑墙与土间的摩擦力。

土压力分布图,如附图 E-1 所示。

由附图 E-1 得无黏性土主动土压力强度为

$$p_a = \gamma z \tan^2\left(45° - \frac{\varphi}{2}\right) = K_a \gamma z \qquad 附(E-1)$$

当 $z = H$,$p_a = \gamma H K_a$。

黏性土主动土压力强度为

$$p_a = \gamma z \tan^2\left(45° - \frac{\varphi}{2}\right) - 2C\tan\left(45° - \frac{\varphi}{2}\right) = K_a \gamma z - 2C\sqrt{K_a} \qquad 附(E-2)$$

当 $z = H$,$p_a = \gamma H K_a - 2C\sqrt{K_a}$。

$$K_a = \tan^2\left(45° - \frac{\varphi}{2}\right) \quad （主动土压力系数） \qquad 附(E-3)$$

无黏性土被动土压力强度为

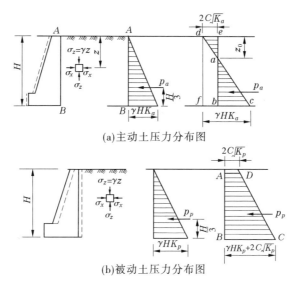

(a)主动土压力分布图

(b)被动土压力分布图

附图 E-1 土压力分布图

$$p_p = \gamma z \tan^2\left(45° + \frac{\varphi}{2}\right) = K_p \gamma z \qquad \text{附（E-4）}$$

当 $z = H, p_p = \gamma H K_p$。

黏性土被动土压力强度为

$$p_p = \gamma z \tan^2\left(45° + \frac{\varphi}{2}\right) + 2C\tan\left(45° + \frac{\varphi}{2}\right) = K_p \gamma z + 2C\sqrt{K_p} \qquad \text{附（E-5）}$$

当 $z = H, p_p = \gamma H K_p + 2C\sqrt{K_p}$。

$$K_p = \tan^2\left(45° + \frac{\varphi}{2}\right) \quad \text{（被动土压力系数）} \qquad \text{附（E-6）}$$

不考虑黏聚力 C 或 $C = 0$ 时

$$K_a = \tan^2\left(45° - \frac{\varphi}{2}\right) = \frac{1 - \sin\varphi}{1 + \sin\varphi} \qquad \text{附（E-7）}$$

$$K_p = \tan^2\left(45° + \frac{\varphi}{2}\right) = \frac{1 + \sin\varphi}{1 - \sin\varphi} = \frac{1}{K_a} \qquad \text{附（E-8）}$$

对于地下水、超载、不同土层对土侧压力的影响,参见有关文献。

附录 F 承受水平力的桩身内力和变形计算

F.1 $P \sim Y$ 曲线法

F.1.1 不排水抗剪强度值 C_u 小于等于 96 kPa 的软黏土,在非往复荷载作用下 $P \sim Y$ 曲线可按下列规定确定。

F.1.1.1 桩侧单位面积的极限水平土抗力标准值可按下列公式计算,即:

（1）当 $Z < Z_r$ 时

$$P_u = 3C_u + \gamma Z + \zeta C_u Z/d \qquad\qquad 附(F\text{-}1)$$

（2）当 $Z \geqslant Z_r$ 时

$$P_u = 9C_u \qquad\qquad 附(F\text{-}2)$$

$$Z_r = 6C_u d/(\gamma d + \zeta C_u) \qquad\qquad 附(F\text{-}3)$$

式中：P_u 为泥面以下深度 Z 处桩侧单位面积极限水平土抗力标准值，kPa；C_u 为原状黏土不排水抗剪强度的标准值，kPa；γ 为土的重度，kN/m^3；Z 为泥面以下桩的任一深度，m；ζ 为系数，取 $0.25 \sim 0.5$；d 为桩径或桩宽，m；Z_r 为极限水平土抗力转折点的深度，m。

F.1.1.2　软黏土中桩的 $P \sim Y$ 曲线可按下列公式确定，即：

（1）当 $Y/Y_{50} < 8$ 时

$$P/P_u = 0.5\left[Y/Y_{50}\right]^{1/3} \qquad\qquad 附(F\text{-}4)$$

$$Y_{50} = \rho \varepsilon_{50} d \qquad\qquad 附(F\text{-}5)$$

（2）当 $Y/Y_{50} \geqslant 8$ 时

$$P/P_u = 1.0 \qquad\qquad 附(F\text{-}6)$$

式中：P 为泥面以下深度 Z 处作用于桩上的水平土抗力标准值，kPa；Y 为泥面以下深度 Z 处桩的侧向水平变形，mm；Y_{50} 为桩周土达极限水平土抗力的 $1/2$ 时，相应桩的侧向水平变形，mm；ρ 为相关系数，取 2.5；ε_{50} 为三轴仪试验中最大主应力差 $1/2$ 时的应变值。对于饱和度较大的软黏土，也可取无侧限抗压强度 q_u 一半时的应变值。

F.1.1.3　当无试验资料时，ε_{50} 可按附表 F-1 采用。

附表 F-1　ε_{50} 值

$C_u(kPa)$	ε_{50}	$C_u(kPa)$	ε_{50}	$C_u(kPa)$	ε_{50}
$12 \sim 24$	0.020	$24 \sim 48$	0.010	$48 \sim 96$	0.007

F.1.2　对于 C_u 大于 96 kPa 的硬黏土，宜按试验桩资料绘制 $P \sim Y$ 曲线。

F.1.3　砂土单位桩长的极限水平土抗力标准值 P_u' 可按下列公式计算，即：

（1）当 $Z < Z_r$ 时

$$P_u' = (C_1 Z + C_2 d)\gamma Z \qquad\qquad 附(F\text{-}7)$$

（2）当 $Z \geqslant Z_r$ 时

$$P_u' = C_3 d\gamma Z \qquad\qquad 附(F\text{-}8)$$

式中：P_u' 为泥面以下深度 Z 处单位桩长的极限水平土抗力标准值，kN/m；C_1、C_2、C_3 为系数。

（3）C_1、C_2 和 C_3 可按附图 F-1 确定。

联立求解式附（F-7）与式附（F-8），可得浅层土与深层土分界线深度 Z_r。

F.1.4　在缺乏现场试验资料时，砂土中桩的 $P \sim Y$ 曲线可按下列公式确定，即

$$P = \psi P_u' \mathrm{th}\left[KZY/\psi P_u'\right] \qquad\qquad 附(F\text{-}9)$$

$$\psi = \left[3.0 - 0.8Z/d\right] \geqslant 0.9 \qquad\qquad 附(F\text{-}10)$$

式中：P 为泥面以下深度 Z 处作用于桩上的水平土抗力标准值，kN/m；ψ 为计算系数；K

为土抗力的初始模量。

土抗力的初始模量可按附图 F-2 确定。

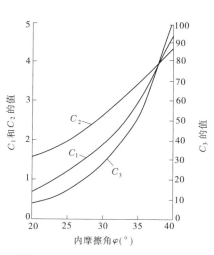

附图 F-1　系数 C_1、C_2、C_3 值的确定

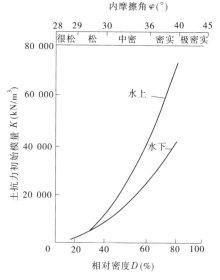

附图 F-2　K 值曲线

F.1.5　在水平力作用下,群桩中桩的中心距小于 8 倍桩径,桩的入土深度在小于 10 倍桩径以内的桩段应考虑群桩效应。在非往复水平荷载作用下,距荷载作用点最远的桩按单桩计算,其余各桩应考虑群桩效应。其 $P \sim Y$ 曲线中的土抗力 P 在无试验资料时,对于黏性土可按下式计算土抗力的折减系数,即

$$\lambda_h = \left(\frac{\frac{S_0}{d} - 1}{7} \right)^{0.043 \left(10 - \frac{Z}{d} \right)} \qquad 附(F-11)$$

式中:λ_h 为土抗力的折减系数;S_0 为桩距,m。

F.1.6　桩在泥面下的内力和变形,可采用 $P \sim Y$ 曲线的无量纲迭代法或有限差分法进行计算。当求解码头排架,有 $P \sim Y$ 曲线求 P 时,此时桩的变形 Y 值应为全部荷载组合后的总变形。

F.1.7　设计中应将由水平力(包括土抗力)标准值产生的桩身最大弯矩乘以综合分项系数 1.4,作为最大弯矩设计值。

F.2　弹性长桩桩身应力和变位计算——m 法

F.2.1　m 法假设土的水平地基抗力系数随深度呈线性增加,即

$$K = mz \qquad 附(F-12)$$

式中:K 为土的水平地基抗力系数,kN/m^3;m 为土的水平地基抗力系数随深度增长的比例系数,kN/m^4;z 为计算点的深度,m。

m 值宜通过单桩水平静载荷试验确定,当无试验桩资料时,可按附表 F-2 采用。

附表 F-2　土的 m 值

序号	地基土类别	混凝土桩、钢桩	
		m 值(kN/m^4)	相应单桩在地面处水平位移(mm)
1	淤泥,淤泥质土	2 000 ~ 4 500	10
2	流塑($I_L > 1$)、软塑($0.75 < I_L \leqslant 1$)状黏性土、$e > 0.9$ 粉土,松散粉细砂、松散填土	4 500 ~ 6 000	10
3	可塑($0.25 < I_L \leqslant 0.75$)状黏性土、$e = 0.7 \sim 0.9$ 粉土、稍密或中密填土、稍密细砂	6 000 ~ 10 000	10
4	硬塑($0 < I_L \leqslant 0.25$)、坚硬($I_L \leqslant 0$)状黏性土、$e < 0.7$ 粉土、中密的中粗砂、密实老填土	10 000 ~ 22 000	10

注:当水平位移大于表列数值时,m 值应适当降低。

F.2.2　在水平力和力矩作用下,弹性长桩的桩身变形和弯矩,可按下列规定确定。

F.2.2.1　桩顶可自由转动时,桩身变形和弯矩可按下列公式计算,即

$$Y = \frac{H_0 T^3}{E_p I_p} A_y + \frac{M_0 T^2}{E_p I_p} B_y \qquad \text{附(F-13)}$$

$$M = H_0 T A_m + M_0 B_m \qquad \text{附(F-14)}$$

$$T = \sqrt[5]{\frac{E_p I_p}{m b_0}} \qquad \text{附(F-15)}$$

$$Z_m = \bar{h} T \qquad \text{附(F-16)}$$

$$M_{max} = M_0 C_2 \qquad \text{附(F-17)}$$

或 $$M_{max} = H_0 T D_2 \qquad \text{附(F-18)}$$

式中:Y 为桩身在泥面或泥面以下的变形,m;H_0 为作用在泥面处的水平荷载,kN;T 为桩的相对刚度系数,m;E_p 为桩材料的弹性模量,kN/m^2;I_p 为桩截面的惯性矩,m^4;A_y、B_y、A_m、B_m 分别为变形和弯矩的无量纲系数,按附表 F-3 确定;M_0 为作用在泥面处的弯矩,kN·m;m 为桩侧地基土的水平抗力系数随深度增长的比例系数,kN/m^4;b_0 为桩的换算宽度,m,取 $2d$,d 为桩受力面的桩宽或桩径;Z_m 为桩身最大弯矩距泥面深度,m;$\bar{h}$ 为换算深度,m,根据 $C_1 = \dfrac{M_0}{H_0 T}$ 或 $D_1 = \dfrac{H_0 T}{M_0}$ 按附表 F-3 查得;M_{max} 为桩身最大弯矩,kN·m;C_2、D_2 为无量纲系数,根据 $\bar{h} = Z_m / T$ 按附表 F-3 查得。

F.2.2.2　桩顶嵌固而转角为零时,桩身变形和弯矩,可按下列公式计算,即

$$Y = (A_y - 0.93 B_y) \frac{H_0 T^3}{E_p I_p} \qquad \text{附(F-19)}$$

$$M = (A_m - 0.93B_m)H_0T \qquad \text{附}(F\text{-}20)$$

F.2.3 当地基土成层时,m采用地面以下$1.8T$深度范围内各土层m的加权平均值（见附图 F-3）为

$$m = \frac{m_1 h_1^2 + m_2(2h_1 + h_2)h_2 + m_3(2h_1 + 2h_2 + h_3)h_3}{(1.8T)^2}$$

附表 F-3 m法计算用无量纲系数

换算深度 $\bar{h} = Z_m/T$	A_y	B_y	A_m	B_m	C_1	D_1	C_2	D_2
0	2.441	1.621	0	1	∞	0	1	∞
0.1	2.279	1.451	0.100	1	131.252	0.008	1.001	131.318
0.2	2.118	1.291	0.197	0.998	34.186	0.029	1.004	34.317
0.3	1.959	1.141	0.290	0.994	15.544	0.064	1.012	15.738
0.4	1.803	1.001	0.377	0.986	8.781	0.114	1.029	9.037
0.5	1.650	0.870	0.458	0.975	5.539	0.181	1.057	5.856
0.6	1.503	0.750	0.529	0.959	3.710	0.270	1.101	4.138
0.7	1.360	0.639	0.592	0.938	2.566	0.390	1.169	2.999
0.8	1.224	0.537	0.646	0.913	1.791	0.558	1.274	2.282
0.9	1.904	0.445	0.689	0.884	1.238	0.808	1.441	1.784
1.0	0.970	0.361	0.723	0.851	0.824	1.213	1.728	1.424
1.1	0.854	0.286	0.747	0.814	0.503	1.988	2.299	1.157
1.2	0.746	0.219	0.762	0.774	0.246	4.071	3.876	0.952
1.3	0.654	0.160	0.768	0.732	0.034	29.58	23.138	0.792
1.4	0.552	0.108	0.765	0.687	-0.145	-6.906	-4.596	0.666
1.6	0.388	0.024	0.737	0.594	-0.434	-2.305	-1.128	0.480
1.8	0.254	-0.036	0.685	0.499	-0.665	-1.503	-0.530	0.353
2.0	0.147	-0.076	0.614	0.407	-0.865	-1.156	-0.304	0.263
3.0	-0.087	-0.095	0.193	0.076	-1.893	-0.528	-0.026	0.049
4.0	-0.108	-0.015	0	0	-0.045	-22.50	0.011	0

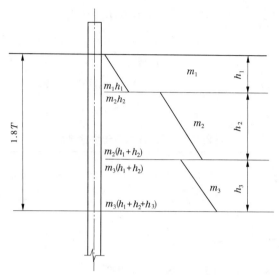

附图 F-3　1.8T 深度范围内各土层 m 的加权平均

附录 G　钢筋混凝土设计计算的基本规定

G.1　一般规定

G.1.1　《钢筋混凝土设计计算的基本规定》(以下简称《规定》)适用于港口工程水工建筑物中混凝土、钢筋混凝土和预应力混凝土结构的设计,不适用于轻混凝土及其他特种混凝土结构的设计。对修造船及通航建筑物的设计可参照使用。

G.1.2　按《规定》设计时,凡未作规定的部分应按港口工程技术规范其他篇册及有关规范执行。

G.1.3　混凝土在建筑物上的部位可按附表 G-1 和附表 G-2 的规定划分。

附表 G-1　海水港混凝土部位划分

大气区	浪溅区	水位变动区	水下区
设计高水位加 1.5 m 以上	设计高水位加 1.5 m 至设计高水位减 1.0 m 之间	设计高水位减 1.0 m 至设计低水位减 1.0 m 之间	设计低水位减 1.0 m 以下

注:对于开敞式建筑物,其浪溅区上限可根据受浪的具体情况适当调高;对于掩护条件良好的建筑物,其浪溅区上限可适当调低。

附表 G-2　淡水港混凝土部位划分

水上区	水下区	水位变动区
设计高水位以上	设计低水位以下	水上区与水下区之间

注:水上区也可按历年平均最高水位以上划分。

G.2 材 料

G.2.1 混凝土

G.2.1.1 混凝土应满足强度要求,并应根据建筑物的具体工作条件,分别满足抗冻性、抗侵蚀性、抗渗性和低热性等方面的要求。

G.2.1.2 混凝土的标号是指按照标准方法制作养护的边长为20 cm的立方体试块,在28 d龄期,用标准试验方法所得的抗压极限强度(MPa)。

钢筋混凝土结构的混凝土强度等级不宜低于C15;当采用Ⅱ、Ⅲ级钢筋或装配式钢筋混凝土结构时,混凝土强度等级不宜低于C20。预应力混凝土结构的混凝土强度等级不宜低于C30;当采用碳素钢丝、钢绞线作预应力钢筋时,混凝土强度等级不宜低于C40。

G.2.1.3 混凝土标号及其设计强度应按附表G-3采用。

附表G-3　混凝土的设计强度　　　　　　　　　　　(单位:MPa)

强度种类	混凝土强度等级								
	C10	C15	C20	C25	C30	C35	C40	C50	C60
轴心抗压 R_R	5.5	8.5	11.0	14.5	17.5	20.0	23.0	28.5	32.5
弯曲抗压 R_W	7.0	10.5	14.0	18.0	22.0	25.0	29.0	35.5	40.5
抗拉 R_L	0.80	1.05	1.30	1.55	1.75	1.90	2.15	2.45	2.65
抗裂 R_f	1.00	1.30	1.60	1.90	2.10	2.35	2.55	2.85	3.05

注:计算现浇钢筋混凝土轴心受压及偏心受压构件时,如截面的长边或直径小于30 cm,则表中混凝土的设计强度应乘以系数0.8。当构件质量(如混凝土成型、截面和轴线尺寸等)确有保证时,可不受此限。

G.2.1.4 混凝土的抗冻强度等级应根据建筑物的环境条件选用不低于附表G-4所列数值。

附表G-4　混凝土抗冻强度等级选定标准

地区分类	有潮汐港		无潮汐港	
	钢筋混凝土	混凝土	钢筋混凝土	混凝土
严重受冻地区(最冷月月平均气温低于−8 ℃)	D350	D300	D250	D200
受冻地区(最冷月月平均气温为−4～−8 ℃)	D300	D250	D200	D150
微冻地区(最冷月月平均气温为0～−4 ℃)	D250	D200	D150	D100

注:最冷月月平均气温等温线为0 ℃:徐州—淮阴—开封—洛阳—西安—康定;−4 ℃:天津—石家庄—平凉—峨眉山;−8 ℃:兴城—张家口—榆林—武威—酒泉—和田。

G.2.1.5 混凝土有抗渗要求时,抗渗强度等级应按附表 G-5 选定。

附表 G-5 混凝土抗渗强度等级选定标准

最大作用水头与混凝土壁厚之比	抗渗强度等级	最大作用水头与混凝土壁厚之比	抗渗强度等级
<5	S4	15 ~ 20	S10
5 ~ 10	S6	>20	S12
10 ~ 15	S8		

G.2.1.6 混凝土的抗侵蚀性是指混凝土抵抗环境水侵蚀作用的能力。当环境水具有侵蚀性时,应采用适当的抗侵蚀性水泥。

G.2.1.7 对于防止温度裂缝有较高要求的大体积混凝土结构,设计时应指出低热性要求,应尽量选用低热水泥、降低水泥用量、合理地分块或采用其他必要的施工措施。

G.2.1.8 混凝土受压或受拉时的弹性模量 E_h 应按附表 G-6 采用。

附表 G-6 混凝土的弹性模量 E_h （单位:MPa）

混凝土强度等级	弹性模量	混凝土强度等级	弹性模量
C10	1.85×10^4	C35	3.15×10^4
C15	2.30×10^4	C40	3.30×10^4
C20	2.60×10^4	C50	3.50×10^4
C25	2.85×10^4	C60	3.65×10^4
C30	3.00×10^4		

G.2.1.9 在一般情况下,混凝土重度可取 23 ~ 24 kN/m³,钢筋混凝土重度可取 24 ~ 25 kN/m³,必要时应由试验测定。

混凝土的其他物理特征值一般由试验确定。当无试验资料时,可按下列数值采用:泊松比 $\nu = 1/6$;线膨胀系数 $\alpha = 1.0 \times 10^{-5}$ 1/℃。

G.2.2 钢筋

G.2.2.1 钢筋混凝土结构和预应力混凝土结构的钢筋,应按下列规定选用:

(1)钢筋混凝土结构中的钢筋和预应力混凝土结构中的非预应力钢筋,宜采用 Ⅰ、Ⅱ级和Ⅲ级钢筋;

(2)预应力混凝土结构中的预应力钢筋,宜采用冷拉Ⅱ级、冷拉Ⅲ级、冷拉Ⅳ级,碳素钢丝和钢绞线。

G.2.2.2 受拉钢筋设计强度 R_g 或 R_y 及受压钢筋设计强度 R'_g 或 R'_y 应按附表 G-7 采用。

附表 G-7　钢筋设计强度
（单位：MPa）

项次	钢筋种类		受拉钢筋设计强度 R_g 或 R_y	受压钢筋设计强度 R'_g 或 R'_y
1	Ⅰ级钢筋		240	240
	Ⅱ级钢筋	直径：8~25 mm	340	340
		直径：28~50 mm	320	320
	Ⅲ级钢筋		380	380
	Ⅳ级钢筋		550	400
2	冷拉Ⅰ级钢筋（直径≤12 mm）		280	240
	冷拉Ⅱ级钢筋	双控	450	340
		单控	420	340
	冷拉Ⅲ级钢筋	双控	530	380
		单控	500	380
	冷拉Ⅳ级钢筋	双控	750	400
		单控	700	400
3	钢绞线	12(7ϕ4)	1 280	360
		15(7ϕ5)	1 200	360
	碳素钢丝	ϕ4	1 360	360
		ϕ5	1 280	360

注：1. 当钢筋混凝土结构的混凝土强度等级为 C10 时，只允许采用Ⅰ级钢筋，此时受拉钢筋设计强度应乘以系数 0.9。

2. 直径大于 12 mm 的Ⅰ级钢筋，如经冷拉，不得利用冷拉后的强度。

3. 在钢筋混凝土结构中，轴心受拉和小偏心受拉构件的受拉钢筋设计强度大于 340 MPa 时，仍应按 340 MPa 取用；其他构件的受拉钢筋设计强度大于 380 MPa 时，仍按 380 MPa 取用。

4. 构件中配有不同种类的钢筋时，每种钢筋根据其受力情况采用各自的设计强度。

G.2.2.3　钢筋的弹性模量 E_g 应按附表 G-8 采用。

附表 G-8　钢筋弹性模量
（单位：MPa）

项次	钢筋种类	弹性模量 E_g
1	Ⅰ级钢筋、冷拉Ⅰ级钢筋	2.1×10^5
2	Ⅱ级钢筋、Ⅲ级钢筋、Ⅳ级钢筋	2.0×10^5
3	冷拉Ⅱ级钢筋、冷拉Ⅲ级钢筋、冷拉Ⅳ级钢筋、碳素钢丝、钢绞线	1.8×10^5

注：表中项次 3 的冷拉钢筋，经过人工时效后的弹性模量 E_g 均取 2.0×10^5 MPa。

G.3　基本计算规定

G.3.1　一般要求

G.3.1.1　混凝土结构构件仅需进行强度计算，并在必要时验算结构的稳定性。

G.3.1.2 钢筋混凝土和预应力混凝土结构构件应进行下列计算和验算：

（1）强度计算。所有结构构件均应进行强度计算，并在必要时验算结构的稳定性。

（2）裂缝宽度或抗裂度验算：钢筋混凝土构件一般仅进行限制裂缝宽度验算；在使用上有抗裂要求时，则进行抗裂度验算；预应力混凝土构件应进行抗裂度验算。

变形验算一般不进行，根据使用条件需要控制变形值时，可按附录 F 进行变形验算。疲劳验算一般不进行，某些结构构件需要验算时，可参照有关规范进行。

G.3.1.3 应分别对设计荷载组合、校核荷载组合、特殊荷载组合进行结构构件的强度计算，裂缝宽度、抗裂度及变形验算一般仅需考虑设计荷载组合情况，但在施工阶段有要求时，仍应进行验算。预制构件本身吊装的验算，一般用构件自重力乘以动力系数1.3，但根据构件吊装时的受力情况，动力系数可适当增减。

G.3.1.4 遭受温度及湿度变化作用的建筑物，一般应在构造及施工工艺上采取措施，防止发生不利的温度及收缩应力。

G.3.1.5 遭受渗透应力作用的结构构件，宜采用专门的排水和防渗透措施以降低渗透压力。在强度计算时应考虑上述措施的作用。

G.3.1.6 混凝土和钢筋混凝土结构构件形式、截面尺寸以及钢筋混凝土配筋率等，均应根据使用条件和要求，精心选择比较，采用技术先进、经济合理、安全适用的方案，以确保设计质量。

G.3.2 安全系数及裂缝宽度允许值

G.3.2.1 混凝土结构构件的强度安全系数应按附表 G-9 的规定取用。

附表 G-9 混凝土结构构件的强度安全系数

受力特征	荷载组合	
	设计	校核
按抗压强度计算的受压构件、局部承压	1.70	1.50
按抗拉强度计算的受压、受弯构件	2.50	2.20

注：特殊荷载组合时，其强度安全系数应按设计荷载组合时的 0.8 倍考虑。

G.3.2.2 钢筋混凝土和预应力混凝土结构构件的强度安全系数，由基本安全系数和附加安全系数的乘积组成。基本安全系数和附加安全系数应分别按附表 G-10 和附表 G-11 的规定采用。

附表 G-10 钢筋混凝土和预应力混凝土结构构件的强度基本安全系数

受力特征		荷载组合	
		设计	校核
轴心受拉、受弯构件，偏心受拉构件	钢筋混凝土	1.55	1.45
	预应力混凝土	1.65	1.50
轴心受压、偏心受压构件，斜截面受剪、受扭、局部承压		1.65	1.50

注：特殊荷载组合时，其基本安全系数应按设计荷载组合时的 0.8 倍考虑。

附表 G-11　钢筋混凝土和预应力混凝土结构构件的强度附加安全系数

项次	选用条件	附加安全系数
1	一般构件	1.00
2	轨道梁、靠船构件	1.05
3	使用碳素钢丝和钢绞线的拉、弯构件,缺乏实践经验及受力复杂的结构	1.05～1.10
4	以承受静水压力为主的结构	0.95

注:当采用Ⅰ级钢筋时,表中项次 2 的附加安全系数取 1.0。

G.3.2.3　钢筋混凝土构件进行裂缝宽度验算时,最大裂缝宽度不应超过附表 G-12 和附表 G-13 中所规定的允许值。

附表 G-12　海水港钢筋混凝土结构最大裂缝宽度允许值　　　（单位:mm）

大气区	浪溅区	水位变动区	水下区
0.20	0.20	0.25	0.30

附表 G-13　淡水港钢筋混凝土结构最大裂缝宽度允许值　　　（单位:mm）

水上区	水位变动区	水下区
0.25	0.30	0.40

G.3.2.4　钢筋混凝土构件进行抗裂验算时,抗裂安全系数 K_f 不应小于 1.20。

G.3.2.5　预应力混凝土构件抗裂验算应满足下列规定:

（1）采用冷拉钢筋的构件抗裂安全系数 K_f 不小于 1.15;

（2）采用碳素钢丝、钢绞线的构件在设计荷载组合作用下,混凝土不允许出现拉应力。

附录 H　基坑底抗隆起稳定性验算

水力插板用于基坑围护结构情况下,当基坑底为软土时,应按照式附（H-1）进行基坑底抗隆起稳定性验算(见附图 H-1)。

$$\gamma_0 (\gamma_a H_d + q_0) \leqslant \frac{1}{\gamma_{Lq}} [\gamma_p h_d N_q + c_k (N_q - 1) \cot \varphi_k] \qquad 附（H-1）$$

式中:γ_0 为重要性系数,一级,$\gamma_0 = 1.10$,二级,$\gamma_0 = 1.00$,三级,$\gamma_0 = 0.90$;q_0 为基坑边地面超载,kPa;γ_{Lq} 为坑底隆起抗力分项系数,不小于 1.2;γ_a、γ_p 为坑底隆起主动侧、被动侧土层的加权平均重度,kN/m³;c_k 为桩底部土层抗剪强度指标标准值,kPa;φ_k 为桩底部土层

抗剪强度指标标准值($°$);N_q 为承载力系数,计算式如下

$$N_q = K_p e^{\pi \tan \varphi_k} \qquad\qquad 附(H\text{-}2)$$

$$K_p = \tan^2\left(45 + \frac{\varphi_k}{2}\right) \qquad\qquad 附(H\text{-}3)$$

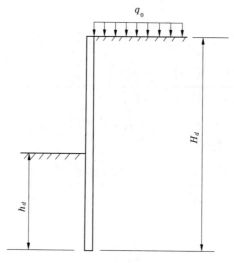

附图 H-1　基坑底抗隆起稳定性验算

附录 I　基坑底抗渗流稳定性验算

水力插板用于基坑围护结构情况下,当基坑底下某深度处有承压含水层时,应按照式附(I-1)验算抗承压水突涌稳定性(见附图 I-1)。

$$H_w \gamma_w \leqslant \frac{1}{\gamma_{ty}} D\gamma \qquad\qquad 附(I\text{-}1)$$

式中:H_w 为承压水水头高度,m;γ_w 为水的重度,取 10 kN/m^3;γ_{ty} 为坑底突涌抗力分项系数,对于大面积普遍开挖的基坑,不应小于 1.2,对于承台可分别开挖且平面尺寸较小的基坑,不应小于 1.0;D 为基坑底至承压含水层的距离,m;γ 为 D 范围内土的平均天然重度,kN/m^3。

当按式附(I-1)验算不满足要求时,应采取降水措施。

当基坑侧壁有粉土、粉砂层时应按式附(I-2)进行抗侧壁接触管涌验算(见附图 I-2)。

$$H_w \gamma_w \leqslant \frac{1}{\gamma_{gy}}(2t + h)\gamma' \qquad\qquad 附(I\text{-}2)$$

式中:H_w 为侧壁含水层水面至连续插板桩底端的距离,m;γ_w 为水的重度,kN/m^3,取 10 kN/m^3;γ_{gy} 为侧壁接触管涌抗力分项系数,不应小于 1.5;t 为连续插板桩插入基坑底以下的深度,m;h 为侧壁含水层水面至基坑底的高差,m;γ' 为土的平均浮重度,kN/m^3。

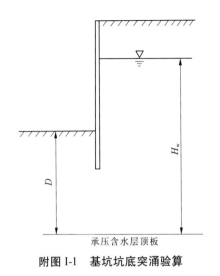

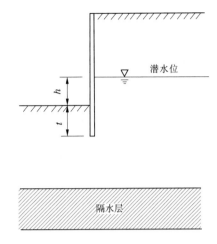

附图 I-1　基坑坑底突涌验算　　　　　附图 I-2　侧壁接触管涌的验算

第三节　水力插板工程施工技术规定

一、范围

《水力插板工程施工技术规定》(以下简称《规定》)规定了水力插板工程的施工工艺(包括插板桩预制、插入施工及整体连接)、技术要求及检验方法。

《规定》适用于水力插板的预制及用其作为工程桩基、支挡及围护构筑物的施工。

二、引用标准

下列标准所包含的条文通过在《规定》的引用而构成为本《规定》的条文,凡是注明日期的引用文件其随后所有的修改单(不包括勘误的内容)或修订版均不适用于《规定》。然而,鼓励根据《规定》达成协议的各方研究是否可使用下列规范的最新版本。凡是不注明日期的引用文件,其最新版本适用于本《规定》,如:①《钢筋混凝土结构工程施工及验收规范》(GB 50204—92);②《预制混凝土构件质量检验评定标准》(GBJ 321—90);③《混凝土强度检验标准》(GBJ 107—87)。

三、定义

《规定》采用下列定义:

水力插板。通过中心管与特制的喷射管用高压水流切割地层,使其插入地下的钢筋混凝土板。

过水管。设置在插板中输送高压水的管道。

水量分配管。安装在中心管下部,根据混凝土板形状及横断面积设置喷射孔,用于分配水量切割地层的射水管道。

滑道。水力插板一侧预埋插入混凝土板时导向定位的导向槽。

滑板。水力插板另一侧预埋插入混凝土板时导向定位的导向板。

隔水道。用于防止水力插板在注浆固缝时水泥浆外漏,在滑道、滑板两侧预留提前封堵的通道。

注浆固缝。在滑道内将水泥浆自下而上充填于插板之间的缝隙,使各板之间的结合部全部变成带有夹心钢板整体结构的施工工艺。

注浆固板。用水泥浆自下而上充填于插板与四周地层之间固结成整体结构的施工工艺。

充填加固。采用加沙导管对水力插板入地部分充填泥沙进行加固的措施。

帽梁。利用插板顶部预留钢筋绑扎之后现浇的混凝土梁。

四、水力插板的基本结构

水力插板的基本结构,如图 5-16 所示。

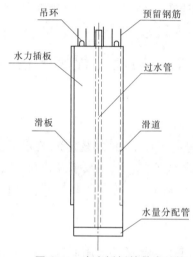

图 5-16　水力插板的基本结构

五、水力插板施工程序及技术要求

水力插板施工程序,如图 5-17 所示。

(一)过水管、水量分配管制作

(1)过水管的直径应根据水量分配管需水量来确定,壁厚应根据工作压力需要来确定。

(2)水量分配管的形状一般为圆形。

(3)水量分配管钻孔的直径为 3.2 ~ 3.5 mm,数量应根据水力插板断面尺寸及地层特征来确定,每孔切割地层面积一般为 9 ~ 64 cm^2。

(4)水量分配管的安装方式分为整体焊接统一现浇预制和水量分配管单独预制且在插入施工前现场插接两种形式,现场插接水量分配管的桩板底部两侧需预埋铁件,过水管从桩板下部缺口露出。水量分配管安装前应对过水管进行吹洗,安装时水量分配管贴紧混凝土板底部,水量分配管与插板中心轴线相垂直。

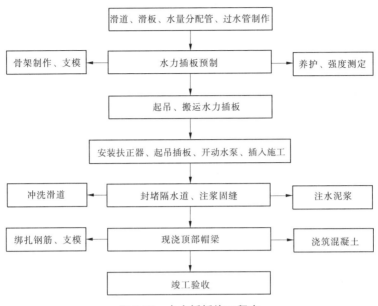

图 5-17　水力插板施工程序

(二)滑道、滑板制作

(1)应根据水力插板用途与结构的不同来选择滑道、滑板的结构形式(见表5-13)。

(2)在同一工程中滑道、滑板在制作下料时,滑板长度比滑道短0.3 m。

(3)滑道的一方用等离子切割机沿长度方向对称开槽,每隔500 mm保留10 mm不切开,下端用3 mm钢板封堵。

(4)长度超过5 m的滑道允许补贴接焊,补贴钢板均在滑道外侧。长度超过5 m的滑板允许电焊对接(不允许补贴接焊)。滑板补贴开口和滑板焊接均应在平台上特制的胎具中进行。滑板外露尺寸应根据水力插板桩的长度来确定,水力插板桩桩长在10 m以内滑板外露尺寸为3 cm,水力插板桩桩长10~20 m滑板外露尺寸为4 cm。滑道、滑板制作允许偏差,应符合表5-14的规定。

(三)水力插板的预制

1. 水力插板类型

水力插扳根据横断面可分为平板形、T字形、槽形、框架形、工字形、圆筒形、转角形、大脚桩形等多种形状,根据工程设计要求选择使用,桩板长度12 m以内一般选用实心平板,超过12 m选用T形、工字形等其他结构形式的桩板。预制验收标准为《建筑地基基础工程施工质量验收规范》(GB 50202—2002)。

2. 模板的制备及安装

选用模板的类型和构造必须有足够的强度、刚度及稳定性,以保证水力插板桩的外形尺寸准确、成型面光洁。模板构造要求简单、拆除方便,并满足钢筋的绑扎与安装、混凝土的浇筑及养护等工艺要求。宜选用定型耐久的装配式模板,模板的拼缝应严密、不漏浆。

101

表 5-13　滑道、滑板的结构形式

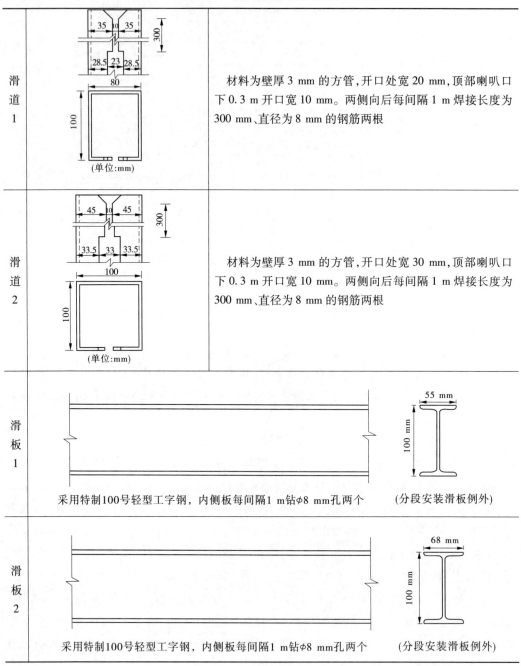

滑道1	材料为壁厚 3 mm 的方管,开口处宽 20 mm,顶部喇叭口下 0.3 m 开口宽 10 mm。两侧向后每间隔 1 m 焊接长度为 300 mm、直径为 8 mm 的钢筋两根
滑道2	材料为壁厚 3 mm 的方管,开口处宽 30 mm,顶部喇叭口下 0.3 m 开口宽 10 mm。两侧向后每间隔 1 m 焊接长度为 300 mm、直径为 8 mm 的钢筋两根
滑板1	采用特制100号轻型工字钢,内侧板每间隔1 m钻φ8 mm孔两个　　(分段安装滑板例外)
滑板2	采用特制100号轻型工字钢,内侧板每间隔1 m钻φ8 mm孔两个　　(分段安装滑板例外)

表 5-14　滑道、滑板制作允许偏差

项目	允许偏差	项目	允许偏差
滑道开口对称度	+1 mm	滑板首尾垂直度	<1 mm
滑道弯曲矢高	<L/1 000	滑板前端导向板轴线偏移	<1 mm

模板及其支架的材料可选用钢材、木材。其材质符合相关技术标准的规定。模板及支架应妥善保管维修，钢模板及钢制架应防止锈蚀。模板及支承的制作安装要平直、牢固，其允许偏差应符合施工规范的要求。安装时脚手架等不得与模板或支架相连，若模板安装在基土上，必须坚实并有排水措施。

模板与混凝土的接触面应清理干净，并刷涂脱模剂，以保证混凝土质量并防止脱模时黏结。

模板吊运安装的吊索应按设计规定，固定在模板上的预埋件和预留孔洞位置准确、无遗漏，并安装牢固。

地坪底模应尽量利用永久性建筑的混凝土地坪。在没有地坪可利用时，就地取材或利用废料垫底，采用 1∶3 水泥砂浆抹出比桩板长、宽尺寸各大 15 cm 的砂浆台面，要求地模表面光滑，平面度控制在 2 mm 以内。

3. 骨架制作

骨架制作要求如下：

（1）钢筋的材质、尺寸和布筋密度按设计要求执行。钢筋的下料、处理、弯头、接头和交叉处的焊接、绑扎、保护要求应符合《混凝土结构施工及验收规范》（GB 50204—92）的规定。

（2）过水管应安装在骨架正中，偏差小于 3 mm，两端用模板固定，中间两处以上用钢筋搭接焊牢。插接的过水管安装后，上部应固定牢固。

（3）滑道安装在钢筋骨架一侧中间轴线位置上，滑道与骨架轴线偏差小于 2 mm，槽口平面与水力插板侧平面按设计尺寸安装，槽口应贴塑料布，滑道两侧沿长度方向每隔 0.5 m 加焊锚固筋。

（4）滑板安装在钢筋骨架另一侧中间轴线位置上，滑板与骨架轴线偏差小于 2 mm，滑板外露部分为 40 mm，当板长大于 20 m 时，外露部分尺寸也可相应增加。

（5）吊环及预埋件按设计要求尺寸和位置安装，锚固筋直径及长度必须符合施工规范规定，制作及安装可参照图 5-18 的形式。

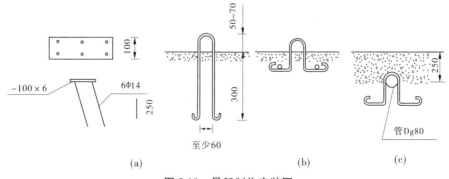

图 5-18　骨架制作安装图

预制板桩钢筋骨架质量检验标准如表 5-15 所示。

表 5-15　预制板桩钢筋骨架质量检验标准　　　　　　　　　　　（单位:mm）

项目	序号	检查项目	允许偏差	检查方法
主控项目	1	滑道中轴线偏移	2	拉线之后用钢尺量
	2	滑板前端导向板轴线偏移	2	打墨线之后用钢尺量
	3	主筋保护层	±5	用钢尺量
	4	吊环及吊孔的位置	3	用钢尺量
	5	中心管或中心套管与中心线	±3	用钢尺量
一般项目	1	主筋间距	±5	用钢尺量
	2	箍筋间距	±20	用钢尺量
	3	预留钢筋长度	±10	用钢尺量
	4	预埋铁件的位置	±5	用钢尺量
	5	滑板外露尺寸	±3	用钢尺量

4. 混凝土浇筑

配制的混凝土必须满足设计要求。

施工机具、施工条件、操作工艺、质量和成品养护应符合《混凝土结构施工及验收规范》(GB 50204—92)的规定。

浇筑工艺要求如下:

(1)浇筑前,应检查并做到模板的标高、位置、截面尺寸均符合设计要求;模板的缝隙嵌严,模板的支承、木楔、垫板等均牢固、稳定。

(2)浇筑前,应检查并做到钢筋的数量、排列、直径、弯曲位置、构件同一截面钢筋接头数量和距离以及钢筋保护层厚度均符合设计要求。

(3)浇筑前,应检查并做到吊环、中心管、预埋件、预留洞的位置准确,滑道居中并与模板紧密接触,核对平面对角线,侧边模板是否符合允许偏差。

5. 混凝土浇筑要求

(1)应将模板和钢筋上的垃圾、泥土和油污等杂物清除干净,排除模中积水。

(2)混凝土搅拌应严格掌握各种材料的用量,必须符合配合比的要求,不得任意增减。

(3)搅拌混凝土前,搅拌筒内应先用清水洗净,适当增加水泥和砂子的用量。

(4)混凝土的坍落度为 3～5 cm。

(5)模内钢筋的临时支承不得埋入混凝土中,操作人员不得在模板支承及钢筋上行走,以免造成变形。

(6)振捣时应派专人负责检查模板、支承、滑道、滑板等,发现移位应立即修正。

6. 重叠法预制插板时应符合的规定

(1)板桩与底模之间的接触面应刷隔离剂同时铺塑料布一层。

(2)上层板桩的支模、浇筑必须在下层板桩的混凝土达到设计强度的30%以后方可进行。

(3)板桩的重叠层数视具体情况而定,不宜超过4层。

7. 拆模要求

拆模应在混凝土强度能保证构件不变形、棱角完整时方可拆除。

8. 混凝土板自然养护

(1)在混凝土板浇筑完成后12 h内,待混凝土表面收水(用指甲划不出明显的刻痕时)后,即开始加以覆盖和浇水。

(2)用普通硅酸盐水泥制混凝土板浇水时间不少于7昼夜,前3昼夜应每隔2~3 h浇水1次,其后每日至少浇水3次,保持混凝土处于足够的湿润状态。浇水次数可视气温而定,低于−5 ℃时应按冬期施工要求处理。

(3)养护用水要求与拌制用水相同,宜采用饮用水。严禁用海水拌制或养护混凝土。

9. 起吊、运输、堆放

(1)当水力插板的混凝土达到设计强度的80%后,方可进行起吊或运输。

(2)起吊前,钢丝绳与桩身接触处应加衬垫保护,防止损坏棱角,起吊时应平整,提升吊点同时离地,不得使水力插板桩产生逾限应力。

(3)吊点或吊环的位置由设计决定,如吊环无标明位置,可参照图5-19确定。

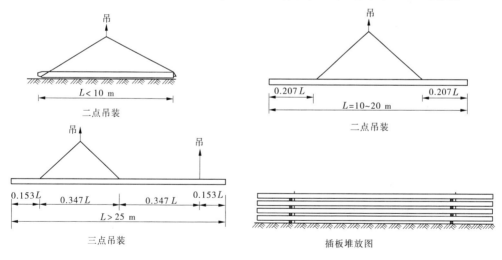

图 5-19 吊环位置示意图

(4)堆放及运送堆放场地的地面必须平整、坚实。用方木在吊点位置或吊环旁垫稳(方木应高于吊环),上下层对正,一般堆放不宜高于4层。不同规格的桩分别堆放可参照图5-19执行。运输中装车稳固,装载支点要求与堆放时相同。

10.水力插板成品应符合的规定

水力插板成品应符合表5-16的规定。

表5-16　水力插板预制的质量验收标准

检查项目	允许偏差或允许值		检查方法
	单位	数值	
砂、石、水泥、钢材等原材料(现场预制时)	应符合设计要求		查出厂质保文件或抽样送检
混凝土配合比及强度(现场预制时)	应符合设计要求		检查称量及查试块记录
成品外观	表面平整,颜色均匀,掉角深度<10 mm,蜂窝面积小于总面积0.5%		直观
裂缝(收缩裂缝或起吊、运装、堆放引起的裂缝)	深度<20 mm,宽度<0.25 mm,横向裂缝不超过边长的1/2		
成品尺寸:横截面边长	mm	±5	用钢尺量
板中心线长度	mm	±20	用钢尺量
板面对角线	mm	<20	用钢尺量
板身弯曲矢高		<L/1 000	用钢尺量,L为板长
滑道、滑板弯曲矢高		<L/1 000	用钢尺量,L为板长
吊环、吊孔的位置	mm	±5	用钢尺量
预埋铁件的位置	mm	±5	用钢尺量
预留孔、洞的位置	mm	±5	用钢尺量

(四)水力插板插入施工

1.水力插板施工沟槽要求

陆地施工时,开挖导向沟槽。平整好场地,然后定位、放线、确定标高,沿水力插板桩轴线方向开挖沟槽,槽深0.5 m,内宽能保证水力插板桩正常插入。

2.水力插板的水质要求

水泵吸水口必须安装孔径小于3 mm的过滤筛网,吸水口不允许接触地面。随时检查过滤网的完好情况和防堵塞情况。

3.使用水力插板水泵组的要求

使用水力插板水泵组的要求如下:

(1)水泵组可以单泵或2～3台泵组合,出口压力和排量根据工程地质实际需要选用。

(2)水泵组的控制柜和总开关柜配置功率范围,必须大于水泵组配套电机额定功率的30%。控制柜要求降压启动或软启动,并配时间继电器、电机保护器,配置电缆的额定电流宜大于配套电机额定电流的30%。

（3）水泵组出水管直径一般为114～159 mm,出水管上必须安装压力表。水泵组到插板施工场地的距离一般应小于50 m。沿程压力损耗小于0.2 MPa。

4.水力插板工艺要求

（1）插板前安放导向扶正器,确保水力插板在扶正器控制下进入地层。同时,安装好供水、供电线路;准备并检查好钢丝绳、接头、吊具、索具;清理好水力插板上各构件的杂物;割开滑道口连接点,修整滑道、滑板。

（2）起吊时绳索与板水平面夹角应大于45°。

（3）第一块板插入时应严格控制,使其达到设计标高。

（4）第二块板的滑板应插入第一块板的滑道内,当板顶离设计标高0.5 m时应降低排量,下插至设计标高。

5.伸缩缝要求

伸缩缝施工应符合设计要求。当有止水要求时,止水带允许偏差应符合表5-17的规定。

表5-17　伸缩缝止水带允许偏差　　　　　　　　（单位:mm）

项目	允许偏差	项目	允许偏差
止水带中心与缝中心的偏差	±5	立缝直线度	+10
止水带中心距混凝土表面距离	±10	立缝竖向倾斜	<10
缝宽	±5		

6.注浆固缝要求

（1）注浆固缝设备宜选用扬程为30～50 m,排量为10 m³/h,能打水泥浆的泵和容量为1 m³的搅拌机,配备水箱供水。根据施工情况组合安装。

（2）冲洗隔水道,放入长条形膜袋,膜袋内充填相对体积质量大于1.8的水泥浆使其候凝之后封闭隔水道。

（3）从滑道内插入注浆管线冲洗滑道、滑板,地面配制相对体积质量大于1.8的水泥浆,替出清水,直至顶部返出水泥浆后停泵,若水泥浆一次返不到板顶则可分几次固缝,但每次插入管口必须探至上一次的凝固界面,抽出注浆管线后,滑道口应补注水泥浆,水泥浆液面与水力插板高度齐平。

（4）用水泥砂浆抹平隔水道膜袋以外的缝隙,使其与混凝土板外侧保持一个平面。

7.注浆固板

（1）注浆固板措施根据工程的实际需要确定,一般为承载力要求较高的桩基工程(如桥桩),将水力插板桩与地层之间全部用水泥浆封固。

（2）注浆固板时间应该在注浆固缝措施完成以后进行。

（3）实施注浆固板可通过插板预留的专用管线进行,也可从插板侧面插入管线到预定深度注入水泥浆上返到地面。

8.桩板充填泥沙加固

对于需要进行充填加固的桩板,在预制混凝土板时设置加沙导管,桩板插入地层之后采用打沙泵将泥沙通过加沙导管充填到桩板与地层之间的间隙中,充填完毕之后抽出加沙导管。

9.插板连续墙要求

(1)插板连续墙的允许偏差应符合表 5-18 的规定。

表 5-18　插板连续墙及帽梁的质量验收标准

项目	序号	检查项目	允许偏差或允许值		检查方法
			单位	数值	
主控项目	1	插板桩质量检验	依照桩基检验技术规范		查试件记录
	2	插板对接缝(滑道注浆固缝)	依照水力插板注浆固缝标准		直观
	3	帽梁强度	依照设计要求		查试件记录
一般项目	1	插板连续墙轴线偏移		$L/125$	用钢尺量
	2	板顶标高	mm	±50	水准仪
	3	插板桩垂直度	mm	$L/300$	用线坠和钢尺量
	4	帽梁的截面边长	mm	±5	用钢尺量
	5	帽梁顶标高	mm	±10	水准仪

(2)外观不得有影响结构性能和使用要求的缺陷。

(五)帽梁要求

(1)插板连续墙完成 48 h 后方可现浇帽梁。帽梁的钢筋绑扎、支模和浇筑工艺应符合设计要求和《混凝土结构施工及验收规范》(GB 50204—92)的规定。

(2)帽梁的允许偏差应符合表 5-18 的规定。

第六章 应用水力插板建设工程实例

第一节 黄河口水力插板险工护滩工程

一、不出险坝的提出

(一)黄河口流路演变

黄河自 1855 年在河南省铜瓦厢决口,夺大清河注入渤海至今已达 140 多年,期间因人为因素或自然因素的作用,入海流路在黄河三角洲范围内决口、分汊、改道频繁。据历史文献记载和调查所得的不完全统计,决口改道达 50 余次,其中较大的改道有 10 次。自 1855 年至 1946 年发生 7 次,自 1947 年至 1997 年发生 3 次。

第 1 次:清咸丰五年(1855 年)六月,黄河在河南兰阳(今兰考县)铜瓦厢三堡(今东坝头)决口。溃水至山东东阿张秋镇穿京杭大运河入大清河河道后,在铁门关以北、肖神庙以下之二河盖入海。历时 34 年,实际行水 19 年(其余时间系因上游傍决改道而干河,下同)。

第 2 次:清光绪十五年(1889 年)三月,韩家垣漫溢决口,溃水在老鸹岭附近分汊后,又在付家窝附近合股归一,经四段及杨家嘴至毛丝坨以下(今建林东)入海。实际行水 5 年又 10 个月。

第 3 次:清光绪二十三年(1897 年)五月,北岭、西滩两地漫决。不久,西滩口门渐被淤塞,大溜全注北岭,溃水由薄家庄南东流,由丝网口(今宋家坨子)以下团坨子以北入海;另有支汊一股在乱井子(清河村旧址)西北分流,又在羊栏子与十八户之间合一。历时 7 年,实际行水 5 年又 9 个月。

第 4 次:清光绪三十年(1904 年)六月,薄家庄决口,河入徒骇河下游绛河故道,在太平镇以北老鸹嘴入海。13 年后此道淤塞,又在太平镇改行东北,在车子沟入海;另由虎滩嘴东南、陈家屋子北分出汊河,在刘家坨子、韩家以北面条沟(今挑河)入海。民国十四年(1925 年)又在虎滩嘴分汊向西北出沾化入无棣,由套尔河入海。此次北流入海历时 22 年,实际行水 17 年又 9 个月。

第 5 次:民国十五年(1926 年)六月,八里庄以北(吕家洼)决口,向东北经丰国镇(今汀河)沿铁门关故道及沙子头(刁口河)入海。历时 3 年。

第 6 次:民国十八年(1929 年)八月,纪家庄盗掘大堤成口,黄河东泄,初由南旺河(今支脉沟)入海,七八个月后又在乱井子以南改行东南,至民丰以北入第 3 次行水故道;一年后又在永安镇以南改向,经下镇由宋春荣沟入海;行水两年后,又在永安镇西南改向表坨子入海。历时 5 年,实际行水 3 年又 4 个月。

第 7 次:民国二十三年(1934 年)八月,合龙处(今涯东村)决口,溃水向东漫流,先由毛丝坨以北老神仙沟入海,后又形成神仙沟、甜水沟、宋春荣沟三路入海形势。民国二十七年(1938年)七月,郑州花园口掘堤,黄河改由徐淮故道注入黄海,山东河竭。民国三十六年(1947年)三月,花园口口门堵复,黄河重归山东仍循甜水沟(过水约七成)、神仙沟(过水约二成)、宋春荣沟(过水近一成)分注渤海。历时19年,实际行水9年又2个月。

第8次:黄河归故后的三条入海路线以甜水沟为主,随着时间的推移,甜水沟淤积延伸,行程加长,比降变小(平均1/10 000),河形蜿蜒曲折。相对神仙沟行程较短、比降较大,过水比例增加,并在小口子附近形成两河弯顶相向发育,至1953年两弯顶相距仅95 m,有自然沟通之势。遂因势利导于当年7月在两弯顶之间开挖引河,促成神仙沟独流入海。历时10年又5个月。

第9次:1964年凌汛,罗家屋子以下河道卡冰壅水漫滩,危及河口地区人民生命财产安全。遂于1964年1月1日在罗家屋子爆破民坝分泄凌洪,由草桥沟、洼拉沟入刁口河漫流归海。5月,新流路过水六成以上,终成改道刁口河。行水12年又5个月。

第10次:现行清水沟流路是1976年5月,在西河口实施人工改道形成的,现已行河32年。自1988年开始,为缓解河口地区防洪压力和满足油田建设需要,东营市政府、胜利油田和黄河管理部门三家联合,采取“截支强干,工程导流,疏浚破门,巧用潮汐,护滩固槽”等综合措施,对丁字路以下河道进行了疏浚治理试验。先后截堵支流汊沟80多条,修筑导流堤53 km,清除河道鸡心滩20多 km²,组织了群船射流拖淤,开展了水文泥沙观测研究等工作。现在的入海口门是1996年5月,根据胜利油田海油陆采的需求,在清8断面上游950 m处实施了人工出汊造陆采油工程,使原河道向北调整29.5°。出汊后河道缩短16 km。在当年有利水沙条件下,河道刷深拓宽,溯源冲刷影响到清3断面。2004年以来,口门多次发生出汊摆动。1996年根据国家计划委员会的批复,实施了河口治理一期工程,建设了北大堤沿六号路延长及孤东油田南围堤加高加固和险工、护滩工程,南防洪堤加高加固及延长工程,清7断面以上河道整治,北大堤防护淤临工程等。1998年、2001年和2004年,在河口实施了3次挖河固堤工程,挖河(疏通)河段长53 km,开挖泥沙1 057万 m³,加固堤防24.8 km。近几年,河口治理主要以维修养护和汛期抢险加固为主。

通过上述综合治理措施,目前河道基本稳定,河口地区的防洪能力明显提高,束水归槽,改善了河床边界条件,改变了黄河尾闾大范围摆动的不利局面,确保了河口地区的防洪、防凌安全,为黄河三角洲开发建设提供了安全保证。

1855年以来历次变迁的总过程和各条流路的具体演变规律表明,以黄河三角洲的扇形轴为顶点,改道的次序大体是最初行河黄河三角洲东北方向,次改行黄河三角洲东或东南方向,然后急转改行黄河三角洲的北部,完成这样一个横扫黄河三角洲的演变周期,大约历时半个世纪。而具体到每一条入海流路上,在自然情况下其演变遵循改道初期游荡摆动,中期河道归股、单一顺直,末期河道弯曲,产生出汊摆动,改道点逐次上移,经过若干短时段的小三角洲变迁,从而使流路充分发育成熟以至衰亡,最终发展到出汊点位于黄河三角洲扇形轴点附近的改道,向新流路演进。一条流路演变过程的长短主要与此期间的来水来沙量大小、允许口门摆动的范围大小、海洋动力的强弱和人工干预的措施大小有关。以上每条具体流路的演进,构成了黄河三角洲发育的总过程。

(二)传统险工、护滩坝岸建设及存在的问题

险工是黄河堤防的一部分。在经常靠水的堤段,为了防御水流冲刷堤身,依托大堤修建的防护工程,即称险工。新中国成立前,历代险工修防多以埽工为主。埽工是以薪柴(秸、柳、苇等)、土为主,以桩绳为联系的一种水工建筑物,到20世纪50年代末,将秸埽、砖坝逐渐都改为石坝。其平面布置由坝、垛(短坝)与护岸组成。工程结构有土坝基、土坝基裹护及护根(也称根石)三部分组成。土坝基顶宽8~12 m,边坡1:2。裹护亦称坝身,有砌石坝、扣石坝和乱石坝三种。

护滩控导工程是新中国成立后,为固定中水河槽、稳定主流,同时在滩区截止串沟、堤河、塞支强干,以增大河道泄洪排沙能力,护滩工程和险工配合成为河道整治的工程体系。护滩工程类型有河湾控制性、节点控制性、险工上下延长性和一般护滩性。建筑物的布设有短丁坝、雁翅垛、鱼鳞垛、人字垛等形式。短丁坝坝基顶宽10~15 m,裹护采用柳石枕、块石及铅丝笼结合使用。挖槽深1~2 m,用柳石枕或铅丝笼固根。雁翅垛、鱼鳞垛、人字垛的修筑是在滩岸线边沿挖基槽,槽深低于枯水位0.3~0.5 m,槽中铺设柳石枕,然后逐批上垒成坝。在水中进占时,一般直接往水中抛柳石枕,其上压乱石。

险工和护滩修筑存在的问题主要是根基浅,一次达不到稳定的冲刷深度,水流冲刷坝岸,基础抗冲刷性差,根石不断走失,须抛石填补。若走失严重,未及时发现抢护,坝身会发生裂缝、蛰陷、滑塌或墩蛰等险情。由于黄河流量的变幅大,河势不稳,一处新修的险工或护滩工程需要十几年甚至几十年不断抢护加固才达到稳定。据统计,历年险工岁修改建、防汛抢险所用石料的50%~60%用于护根。因此,黄河险工、护滩长期存在着年年防汛、岁岁抢险的问题。

(三)不出险坝的提出

长期以来,为防止河道摆动造成大堤冲决和威胁滩区安全,先后采用埽工和石坝等防护措施。因黄河河床为淤泥质组成,土颗粒的起动流速小,土体抗冲刷能力差,因此每年汛期坝体受水流冲刷,根石极易走失下蛰而出险,需要投入大量的人力、物力进行抢险,而且每年抛入的根石总有一部分被洪水冲走,从而形成了年年冲、年年抢的局面。水力插板技术问世后,为解决不出险坝或少出险坝提供了机会。自1997年开始,先后在黄河河口地区的丁子路护岸、十四公里护滩工程、崔家护滩、八连护滩、生产村护岸和清3护滩等6处河道整治工程中采用了水力插板,工程建设总长度1 210 m。经历年洪水验证,取得了良好的效果。

二、工程建设情况

(一)十四公里护滩工程

十四公里护滩工程在八连护滩以下,位于黄河南岸,是小垦利油田的唯一防洪屏障,一旦发生问题,后果极为严重,是黄河口地区最危险的险工堤段。每到汛期都要组织大批人员到此防守,每年投资近200万元仍不能解决问题,险工堤段由不到200 m扩展到800多m,主溜不断下移,且使该处打水船脱溜。1998年,夏天黄河利津站预报流量达到3 000 m³/s,小垦利油田防洪堤坝出现险情,采用传统的抛投铅丝石笼的办法已经很难控制局面,在此情况下我们采用了水力插板建设挑流坝。这一段特殊的堤坝不仅保证了小

垦利油田的安全,而且依靠它将黄河水从南岸直接顶到了北岸,从此结束了这个油田年年汛期都要组织大量人员到堤坝上防洪抢险的历史。

1.方案选择

十四公里护滩工程位于黄河口南岸,近几年来,黄河主溜年年下挫,尤其是1996年汛期,主溜下挫150多 m,20 号坝以下滩唇坍塌严重,威胁小垦利油田的安全,需做工程防护。滩岸的防护可采用砌石结构,旱地施工,河床以下埋深较小,但需备大量石方,根据水流、护岸基础情况随时抛护,在较长时间内才能使护岸工程逐渐稳定,且汛期仍需防守抢护。已建砌石护岸达到较为稳定状态时,每米投资近万元。而采用钢筋混凝土插板桩护滩,只要设计合理、桩长适宜,不但汛期不需防守抢险,而且投资较省、机械化施工程度高、见效快,因此经过多方面比较,确定采用插板桩护滩方案。插板桩护滩工程平面位置如图 6-1 所示。

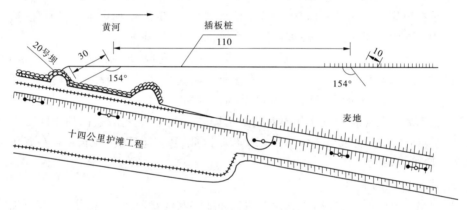

图 6-1　钢筋混凝土插板桩护滩工程平面位置图　(单位:m)

2.工程设计

1)插板桩形式

所谓插板桩就是利用高压水流冲击土壤并使之液化成泥浆,利用插板桩自重沉入泥浆中,随着插板桩不断下沉,泥浆从四周冒出,直至下沉就位。插板桩主要有悬臂式和锚碇式两种。由于工程局部冲刷坑很深,插板桩后土压力较大,需采用悬臂式插板桩在冲刷线以下的入土深度很大,才能保持插板桩的稳定,但是这样增加了桩长、加大了投资和施工难度;而锚碇式插板桩顶端采用锚索锚固,下端嵌固土中,受力较好,入土深度较小,投资省,易于施工。因此,按锚碇式插板桩墙进行设计。

2)冲刷坑深度确定

插板桩要保持稳定,下端必须有足够的入土深度,由于黄河为沙质河床,易于冲刷,在冲刷深度以下仍须保持一定入土深度,才能避免冲刷时失稳破坏。因此,准确地确定冲刷坑深度尤其重要,这里采用理论计算与实测相结合来确定冲刷坑深度。

(1)理论计算。采用武汉大学水利水电学院编《水力计算手册》中水流斜冲防护岸坡产生的冲刷深度的计算公式,即

$$\Delta h_p = \frac{23v_j^2 \tan \frac{\alpha}{2}}{\sqrt{1+m^2} g} - 30d \tag{6-1}$$

式中：Δh_p 为从河底算起的局部冲深；α 为水流流向与岸坡交角；m 为防护建筑物迎水面边坡系数；d 为坡脚处土壤计算粒径；v_j 为水流偏斜时水流的局部冲刷流速。

经计算，Δh_p 为 2.7 m，相应的最大冲刷坑深度为 8 m。

（2）实测结果。根据 1986～1996 年汛前与汛后大断面实测资料分析，平滩水位下河槽深泓点最大水深 7.0 m。经理论计算和实测资料综合分析，确定十四公里护滩工程最大冲刷坑深度为 8.0 m。

3）插板桩稳定计算

考虑施工方便及节省投资等原因，插板桩在满足稳定的情况下应尽量短些，因此插板桩入土深度较浅，按入土端为简支情况计算，即为自由端的锚碇插板桩墙。分三种情况进行稳定分析：①干河无水期；②行洪冲刷期；③洪水回落期。经计算，满足稳定要求的插板桩桩长为 11.20 m。

4）插板桩结构设计

根据施工设备和桩长情况，确定每块插板桩宽 1 m，经受力分析及结构强度计算，确定插板桩桩厚 0.25 m。为了使插板桩间便于联结和施工时好定位，每块板一侧设有凹槽及导板，另一侧设预埋螺栓及导板，如图 6-2 所示。

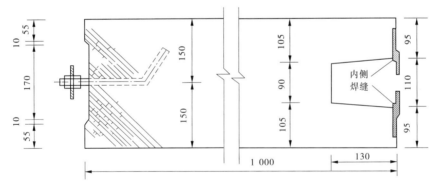

图 6-2　插板桩结构图　（单位：mm）

混凝土插板桩的插入采用水力沉桩方法。在插板桩中设 $\phi76$ mm 竖向高强度钢管一根，插板桩下端设横向高强度钢管一根，与竖管正向交接连通，横管上设 $\phi6$ mm 喷水孔（见图 6-3），孔间距为 130 mm，梅花形布置。

5）连梁、锚杆、锚桩设计

为了增加整体刚度，在插板桩顶端设钢筋混凝土连梁，连梁截面 0.3 m×0.3 m，每 30 m 分一道缝。插板桩墙总长 150 m，沿插板桩墙方向每 5 m 设一个锚桩，锚桩位置在土体破裂角范围以外，距护岸插板桩墙 15 m，每个锚桩有 3 根拉杆与插板桩顶连梁相连，整个工程共设锚桩 31 个、拉杆 93 根，用拉杆使锚桩与插板桩相连，维持插板桩的稳定，如图 6-4 所示。

3. 工程施工

科学、合理的施工工艺是插板桩施工成功的关键。河口地区河床一般为粉砂、砂壤土。根据计算,施工需水压力 2 MPa。因此,选用 60 m^3/h 的水泥固井车,该车最大可提供 4 MPa 的水压力。根据板桩质量选用 30 t 吊车辅助施工。具体施工步骤如下:

(1)按图纸预制钢筋混凝土插板桩,养护达到设计强度。

(2)施工时,先将水泥固井车出水管与插板桩充水管连接,然后用吊车将插板桩起吊到预定位置上方,插板桩下端离地面 1 m 左右。加压通水,从插板桩预埋管内射出的高速水流迅

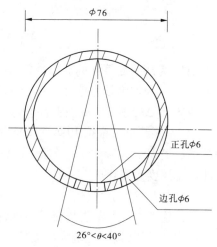

图 6-3　高强度钢管喷水孔图　(单位:mm)

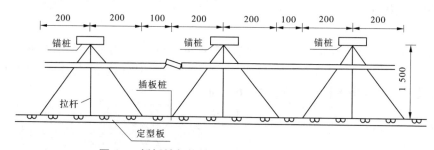

图 6-4　插板桩与锚桩用拉杆相连　(单位:cm)

速使土壤液化,吊车也将插板桩徐徐落下,插入到液化的土壤中,直到预定深度。10 余 m 长的插板桩在粉砂、砂壤土中插入仅需 20~30 min。

(3)随后的插板桩插入时,螺栓导板插入到前一块已插好的插板桩凹槽导板中,并借助两块插板桩的导板使后插的插板桩定好位置。

(4)插完后,在插板桩间缝立即填入碎石子,以减少插板桩后水压力,并防止液化土回淤到凹槽内。

(5)待整个插板桩施工完毕后,浇筑连梁及锚杆,把插板桩与锚板连成一个整体。

4. 工程运行

经历了 11 年汛期洪水的冲刷,表现出插板桩结构坚固,冲刷线以下有足够的入土深度,整体稳定性好,汛期不抢险,改变了传统砌石工程汛期防守抢险的被动局面。

(二)八连护滩

1. 续建缘由

八连控导工程原修建坝垛 20 段,1990 年竣工,工程修建后为防止八连河湾继续坍塌,改善十四公里护滩工程着溜点起到了一定的作用。但后来该河段滩岸线发生了变化,致使主溜得不到有效控制,主溜下移,滩岸继续坍塌,并导致十四公里护滩工程主溜下移,该处抽水船取水口脱溜,十四公里 20 号坝以下滩唇坍塌严重,造成防洪被动局面。为控制河势变化,使主溜上提,尽量利用原抽水船取水,减轻十四公里护滩工程 20 号坝以下护

滩工程防守压力,1997 年实施了八连控导续建工程。续建工程原设计坝段 4 段,其中延长坝段 2 段,即将 19 号、20 号坝分别延长 54 m、68 m;新修 21 号插板桩坝 98 m。工程修建后,十四公里护滩工程着溜点有所改善。

2. 工程布置

1)整治工程位置线

1999 年八连控导续建工程仍然利用 1990 年设计治导线,以直线段迎溜,上弯采用较小半径控溜,下弯采用较大半径送溜,半径 $R = 2\,040$ m。续建工程共设计延长坝段 3 段,即把原 19 号、20 号、21 号丁坝延长到设计治导线上,总长分别为 254 m、285 m、157 m,延长长度分别为 54 m、68 m、59 m。

2)坝垛布置

19 号、20 号坝接长仍然采用丁坝的形式,柳石结构,土坝基按顶宽 12 m、边坡 1∶2 延长。

21 号坝布置钢筋混凝土插板桩丁坝,长 98 m,分为两段,前段坝长 66 m,桩长 15 m,宽 1.0 m,厚 0.3 m;后段坝长 32 m,桩长 13 m,宽 1.0 m,厚 0.3 m,顶部现浇圈梁厚 0.3 m。

3. 工程设计

1)坝顶高程

坝顶高程按当地滩面高程加 0.5 m 超高,即 7.45 m(黄海高程,下同)。

2)19 号、20 号坝设计

坝基:采用壤土填筑,顶宽 12 m,边坡 1∶3,黏土包边盖顶厚度 0.5 m。填筑标准参照堤防 2 级设计,压实密度按 0.92 t/m³ 计,但干密度不得小于 1.50 t/m³。

坝身:按照黄河水利委员会 1999 年黄河险工、控导工程设计规定要求,坦石采用乱石排整,内坡 1∶1.0,外坡 1∶1.2,顶宽 1.0 m,眉子石宽 2.0 m,黏土坝胎水平宽 1.0 m,苇石枕顶高程 1.95 m,迎水面底高程 - 1.55 m,背水面底高程 - 0.55 m,迎水面采用铅丝笼护根,宽 1.0 m,高 5.5 m。

3)21 号坝设计

A. 结构设计

布置了两个方案:方案一全部采用插板桩结构,桩总长 21.5 m,桩宽 1.0 m,因桩较长,故需接桩,上节桩长 6.5 m,桩厚 0.4 m,下节桩长 15 m,桩厚 0.55 m,接桩采用螺栓连接;方案二下部采用插板桩结构,桩长 15 m,桩宽 1.0 m,桩厚 0.55 m,上部现浇成挡水墙,墙高 6.5 m,厚 0.4 m,总长 59 m,每 10 m 留 10 cm 宽的空隙 1 道。对两个方案从以下几方面进行了分析比较,如表 6-1 所示。

表 6-1 方案分析比较

方案	方案一	方案二
整体稳定性	差	好
施工难易	难	易
施工速度	快	慢

通过综合分析两方案,以方案二为较优。1997 年已完成段每块插板桩的前端预留 10 cm 见方的槽,后端每隔 10 cm 预埋一根 Φ25 钢筋,以便施工时相互咬合,纵向钢筋顶部

出头,作为现浇连梁的预埋钢筋,浇筑预留槽和连梁后使各桩连为整体。考虑到该坝是挑流坝而非护岸坝,因此做成透水桩坝,不再预留槽和预埋钢筋,只将插板桩依次排列,既节省投资,又有利于坝后落淤。在插板桩中心预留 $\phi76$ cm 充水管,顶端突出 30 cm,底部焊接横向喷水管,管有开孔,孔间距为 13 cm,梅花形布置,顶部预埋吊环,便于吊装。

B. 冲刷坑深度计算

考虑工程所处位置及河口地区溯源冲刷的影响,最大冲刷坑水深按《桥渡设计》(中国铁道出版社,1980 年)中公式计算,即

$$h_p = h_{pm} + h_j \tag{6-2}$$

式中:h_p 为最大冲刷坑深,m;h_{pm} 为一般冲刷坑深,m;h_j 为局部冲刷坑深,m。

根据 1986 ~ 1996 年八连控导工程附近汛前、汛后大断面测绘成果分析,平滩水位相应断面冲刷前最大水深取 6.5 m,平均水深取 3.1 m,计算得河床一般冲刷水深 11.34 m,桩周局部冲刷坑深为 2.74 m,最大冲刷水深采用 14.0 m,相应坑底高程为 -6.55 m。

C. 桩稳定分析

按悬臂式插板桩稳定要求计算桩长。

(1)结构要求。根据《公路桥涵地基与基础设计规范》(JTG D63—2007)规定,摩擦桩入土深度不得小于 4 m。

(2)摩擦桩轴向受压容许承载力要求为

$$[p] = 1/2(u \sum \alpha_i L_i Z_i + \alpha A \sigma_R) \tag{6-3}$$

(3)根据水平承载力要求,桩长 $L \geq 4/\alpha$,则

$$\alpha = 5\sqrt{mb/EI}$$

式中:b 为基础的计算宽度;E 为桩弹性模量;I 为桩断面惯性矩;m 为地基土的比例系数。

从以上三方面分析,可以确定插板桩长度最大为 21.5 m(包括挡水板)。

D. 结构计算

结构计算分:①外荷计算,动水压力组合 0.2 m 的静水压力情况及流冰撞击力;②内力计算,根据《公路桥涵地基与基础设计规范》(JTG D63—2007)按 m 法进行计算;③配筋计算,根据桩的受力情况按偏心受压及偏心受拉构件进行配筋计算,并考虑满足吊装要求,具体配筋为 11 Φ 30,$A_g = 77.8$ cm^2。

E. 挡水墙设计

现浇挡水墙采用 C25 钢筋混凝土结构,每 10 m 分缝 1 道,缝宽 10 cm,按单向板进行结构计算,每米配筋 11 Φ 25,$A_g = 54.00$ cm^2。

插板桩结构图、插板桩配筋图、现浇挡土墙配筋图,如图 6-5 ~ 图 6-7 所示。

4. 施工组织设计

1)施工条件

八连控导工程距孤岛镇 10 km,对外交通由孤岛沿渡口路至生产路向东 4 km。在施工工地设临时施工点,搭建临时工棚,施工用电可接引油田变压器,施工用水可从黄河河道中汲取,沉淀后使用。插板桩在孤岛预制,运至现场沉桩。工程建设需要的油料、铅丝就近到孤岛进货,石料到青州选购。

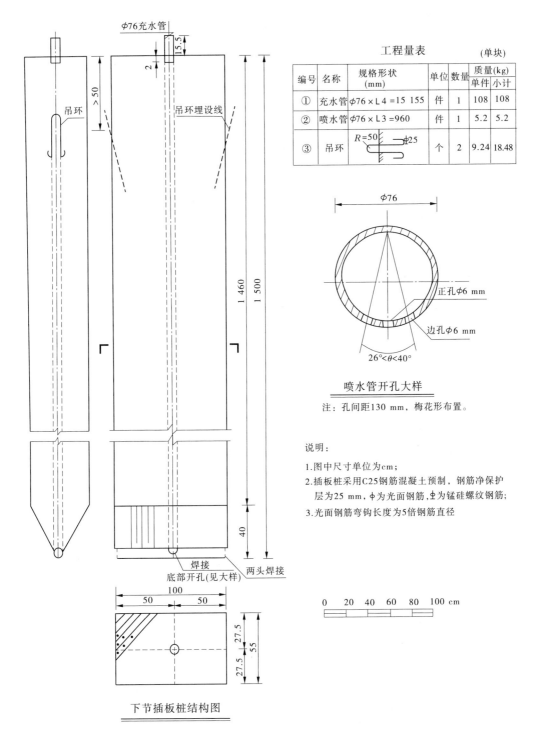

工程量表 (单块)

编号	名称	规格形状 (mm)	单位	数量	质量(kg)	
					单件	小计
①	充水管	φ76×L4=15 155	件	1	108	108
②	喷水管	φ76×L3=960	件	1	5.2	5.2
③	吊环	R=50 Φ25	个	2	9.24	18.48

喷水管开孔大样

注：孔间距130 mm，梅花形布置。

说明：
1. 图中尺寸单位为cm；
2. 插板桩采用C25钢筋混凝土预制，钢筋净保护
   层为25 mm，φ为光面钢筋，Φ为锰硅螺纹钢筋；
3. 光面钢筋弯钩长度为5倍钢筋直径

下节插板桩结构图

图6-5　插板桩结构图

117

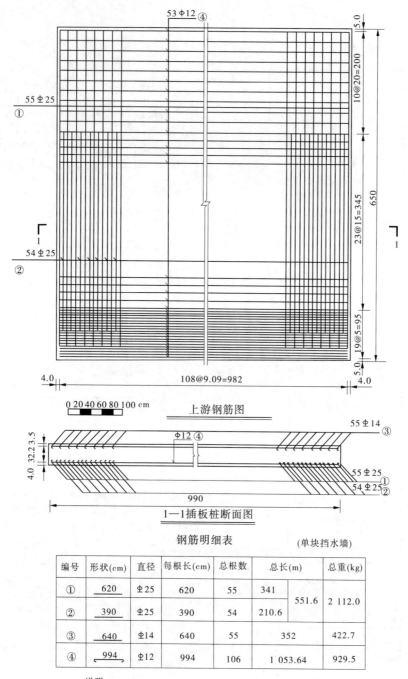

上游钢筋图

1—1插板桩断面图

钢筋明细表

(单块挡水墙)

编号	形状(cm)	直径	每根长(cm)	总根数	总长(m)		总重(kg)
①	620	Φ25	620	55	341	551.6	2 112.0
②	390	Φ25	390	54	210.6		
③	640	Φ14	640	55	352		422.7
④	994	Φ12	994	106	1 053.64		929.5

说明:

1.图中尺寸单位为cm;

2.插板桩定位后再打施工现浇挡水墙,挡水墙混凝土为C25;

3.插板桩顶混凝土面需先打毛处理,竖直钢筋与插板桩伸出钢筋采用双面焊,搭接长度取5d;

4.单墙混凝土工程量为25.74 m³,21号坝共计 6 块,其中最前端 1 块长度为 9 m

图 6-6　插板桩配筋图

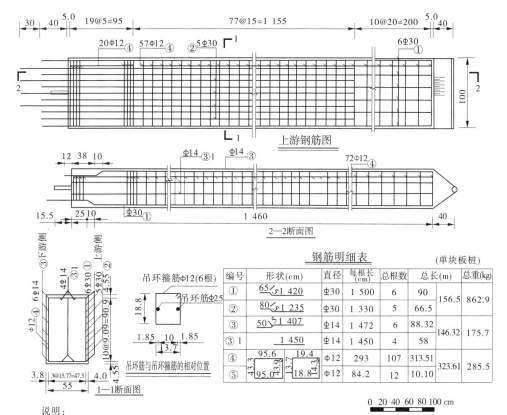

钢筋明细表 (单块板桩)

编号	形状(cm)	直径(cm)	每根长(cm)	总根数	总长(m)	总重(kg)
①	65⌐1 420	Φ30	1 500	6	90	156.5 / 862.9
②	80⌐1 235	Φ30	1 330	5	66.5	
③	50⌐1 407	Φ14	1 472	6	88.32	146.32 / 175.7
③1	1 450	Φ14	1 450	4	58	
④	95.6 / 19.4	Φ12	293	107	313.51	323.61 / 285.5
⑤	95.0 / 18.8	Φ12	84.2	12	10.10	

说明:
1. 图中尺寸单位为cm;
2. 插板桩采用C25钢筋混凝土预制,钢筋净保护层为2.5 cm,Φ为光面钢筋,Φ为锰硅螺纹钢筋;
3. 吊环周围放置⑤钢筋如图,间距为15 cm,每个吊环放置6根;
4. ①、②、③钢筋弯折度为30°,伸出顶面用于与现浇挡水墙钢筋焊接;
5. 预制及运输吊装时保持配筋多的上游侧在底部;
6. 单块插板桩混凝土工程量为8.25 m³,共59块

图 6-7　现浇挡水墙配筋图

2)施工方法

(1)土方工程:土方在滩区选用,壤土运距200 m,红土运距1.5 km。坝基壤土采用铲运机挖运土,红土包边盖顶及坝胎采用挖掘机装土,自卸汽车运土。采用推土机平整、拖拉机碾压。

(2)石方工程:采用汽车运输石料至现场存放,人工搬运和作业。

(3)混凝土及钢筋混凝土工程:分插板桩预制和挡水墙现浇两部分。插板桩预制时保持配筋较多的上游侧在底部,便于吊装。挡水墙现浇在插板桩沉桩完成后进行,因挡水墙较高,达6.5 m,因此可分两次现浇。对于水泥、钢材及砂石料物的质量要严格把关,不合格的材料不得使用,混凝土拌和应严格控制水灰比和配合比,并加强取样检验工作,确保混凝土施工质量。钢筋及模板加工均以机械为主,辅以人工,混凝土浇筑为机械拌和,人推斗车运输,振捣器振捣。

(4)插板桩沉桩施工:将插板桩的充水管与高压水泵连接起来,作好充水准备,用吊车将插板桩吊起,降落至桩底喷水管与地基将要接触时,打开充水设备,水压按1~5 MPa,喷射高压水成孔,同时将插板桩徐徐降落,至设计高程后关掉设备,解开吊绳,完成第一块插板桩的沉桩。依此程序将所有插板桩依次沉下,然后进行挡水墙现浇。

3)施工进度

八连控导工程为1999年度汛工程,要求汛前完成。为使工程顺利实施,工期安排在5月上旬完成备料、设备检修、队伍组织等各项施工准备,中旬开工建设,6月20日前全部竣工,工期40 d。

5. 工程观测

为便于收集数据,分析水流状态、工程状态及工程运用情况,八连控导工程21号坝建成后,在坝顶设了5个观测点,测定了高程,由于当年汛期未来大水,因此没有进行观测,1998年汛期经受了最大流量为3 200 m³/s洪水的考验,期间进行了两次水位、流速、流向观测,10月份对5个观测点进行了测量,并对工程进行了整体勘察,未出现明显的沉陷、位移和形变,而且坝后由于回流作用,已经淤积成滩地,对插板桩起到了支承作用。

6. 工程管理

八连控导工程的日常管理由东营市河口区黄河河务局负责,水力插板用于做护岸与传统结构和其他新结构相比,具有进行基础加深处理等方面的独特优势,由于插入河床深能够起到保护基础的作用,具有不抢险的优点,特别对于河口地区人烟稀少、交通不畅、料物稀缺、抢险不便等现实情况更加适用,每年都节省大量的抢险人力、物力。通过实际应用表现出插板桩结构坚固,坝体稳定安全,抗冲刷能力强,不发生险情的优点。

(三)清3护滩

1. 清3控导工程概述

清3控导工程位于黄河口清水沟流路左岸清3断面附近,北距孤南24油田850 m,是黄河入海流路治理一期工程的建设项目。清水沟流路行水后,至20世纪90年代初,由于十四公里护滩工程比较顺直,控溜能力低,出溜散乱,致使岸滩地大、中、小水着溜点变动范围很大,滩桩177+500以下长约2 km左岸滩岸逐年坍塌,河槽年均向左移动10多m,清3断面以上塌岸不断加快,有直接冲向孤南24油田的趋势。据上述河势演变情况和河口规划治理要求,为有利于北大堤防洪安全,延长清水沟流路使用年限,保护滩区油田正常开发建设和农业生产,1993年,山东黄河工程开发有限总公司进行了清3控导工程咨询,经现场勘察后,对清3工程布置坝垛24段,其中1~20号为垛,21~24号为短丁坝。当时,1~18号垛距滩沿50~80 m,19~22号坝垛位于塌滩重点弯道的末端。由于投资所限,当年只修建了19号、20号两段坝垛,以后由于来水来沙条件的变化和溜势外移,滩岸坍塌停止,其余坝垛再未续建。已修建的两段垛1996年后一直靠溜,起到了制止滩岸坍塌的作用。

1993年后,由于西河口溜势下延外移,上部坝段全部淤滩脱溜,造成西河口取水口淤塞,油田泵船取水口脱溜废弃,河道南移200多m,使下段河势变得十分不利。西河口以下河段正由宽浅向弯曲发展。清3断面以上河岸又继续坍塌坐弯,曲率半径变得更小,滩岸的着溜范围也在减小,局部岸线已塌过1993年工程布置线,已修的两段坝垛难以控制该段溜势。清3断面以下河势经过顺直过渡后冲向清4断面,致使清4河段溜势逐年右移。为控制溜势,确保河口地区防洪安全,保护滩区油田正常开发和农业生产,避免较大损失发生,必须进一步完善黄河入海流路一期治理工程建设项目,为黄河入海流路长期稳定创造条件。

续建清3控导工程,坝(垛)顶高程为6.1 m,共布置26段(含已建的21～22号两段)垛坝,新建24段垛坝,其中传统结构人字垛18段,护根为混凝土插板桩的人字垛6段,在工程顶冲主溜的弯顶段和送溜段的11～16号坝采用护根为混凝土插板桩的人字垛,以提高其安全性,减少出险几率;其他坝段采用传统结构人字垛。

2. 工程设计

1)主要设计指标

A. 造床流量

所谓造床流量,系指对塑造河床形态所起的作用与多年流量过程的综合造床作用相当的某一种流量,即反映造床时间长、造床作用强的某一种流量。造床流量不易准确确定,目前一般是以与平滩水位相应的流量作为造床流量。

河口整治河段的造床流量原采用4 500 m³/s,由于近十多年来黄河来水偏少,故造床流量亦相应变小,目前漫滩流量不到3 000 m³/s;考虑近期的状况和黄河今后来水丰枯变化的特点,清3控导工程设计选择造床流量为3 500 m³/s。

B. 整治河宽

整治河宽是在造床流量下相应的直河段水面宽度,计算分析如下:

(1)方法一

$$B = K^2 \left(\frac{Qn}{K^2 J^{\frac{1}{2}}} \right)^{\frac{6}{11}}$$ (6-4)

式中:B 为整治河宽,m;n 为糙率,黄河下游一般取 $n = 0.01$;Q 为设计流量,即造床流量,$Q = 3\ 500$ m³/s;J 为设计流量下水面比降,取 $J = 1/10\ 000$;K 为河相系数,本河段 $K = 8.0 \sim 9.0$。经计算求得:$B = 568 \sim 632$ m。

(2)方法二

$$B = \alpha Q^{\beta}$$ (6-5)

式中:α 为系数,黄河下游取 $7 \sim 17$,一般取 8;β 为指数,黄河下游一般取 0.5。求得 $B = 473$ m。

由以上两种方法计算,求得平均河宽 $B = 527$ m。

弯道河宽为

$$B_w = (0.5 \sim 0.75)B$$ (6-6)

急弯取 $0.5B$,缓弯取 $0.75B$。清3工程设计中取 $0.75B$,则 $B_w = 395$ m。

由于近几年来水来沙偏少,水流的造床能力相应降低,尾闾河段普遍萎缩,河道形态日趋窄浅。根据本河段现状,直河段的水面宽度为500 m,因此确定整治河宽为500 m。

C. 坝顶高程

按黄河下游河道整治工程设计暂行规定,陶城铺以下河段新建控导工程按当地滩面高程加0.5 m超高,根据近期所测地形图,清2—清3断面一带滩唇(左岸)标高一般为5.6 m,故确定坝顶高程为6.1 m。

D. 设计水位

设计水位为与整治流量相对应的水位,按平滩流量相应的水位考虑,一般采用与滩面高程齐平,定为 5.6 m。

E. 工程地质概况

(1)地形地貌。拟建工程位于河口地区左岸清 3 断面附近的河滩内,紧靠主河槽。滩地地势较为平缓,高程为 4~6 m,滩唇高出主河槽 1.5~2.0 m,勘探期间地下水位约为 2.4 m。

(2)地层岩性。清 3 控导工程坐落在黄河下游冲积嫩滩上,根据野外勘探揭露及室内土工试验成果综合分析,钻探范围内的土层主要为现代河流冲积层及海陆交互相沉积层。各土层岩性自上而下描述如下:

①层为砂壤土,9.2~12.6 m 深,棕黄色到灰黄色,不甚均匀,上部普遍偏粗,局部近粉砂。中下部夹黏土及壤土薄层,平均 3.4 m 深度以下含较多腐殖物,可塑到软塑。

(1-1)层为壤土,0~3.5 m 深,灰黄色,局部灰黑色,不均匀,夹砂壤土及黏土薄层,含较多腐殖物,软塑到流塑。

②层为黏土,在钻探深度内 2~3 m,灰黄色,较均匀,含腐殖物,软塑到可塑。

(2-1)层为壤土,在钻探深度内局部最大约 2.2 m,灰黄色到灰色,不均匀,夹砂壤土及黏土薄层,软塑。

(3)土的物理力学性质。根据任务要求,室内试验项目为天然含水量、密度、液塑限、渗透、直剪快剪及颗分试验。

土粒相对体积质量采用经验统计值,黏土为 2.74~2.76;壤土为 2.72~2.73;砂壤土为 2.70~2.71。

2)设计治导线和工程布置

根据 1994~2000 年清 2—清 4 断面滩岸坍塌及河势变化情况,依据上下游、左右岸统筹兼顾,因势利导的整治原则,既考虑上弯十四公里护滩工程的不同来溜,又考虑工程平稳导溜、调整流向并有效地送溜到下弯清 4 工程河湾;黄河口治理研究所编制的清 3 控导工程可研报告,对工程规划治导线,在黄河水利委员会原"河口治理规划"的基础上,根据现状河势变化和治河经验,通过方案比较,推荐方案Ⅲ,工程设计治导线基本按可研推荐意见进行布置。在充分考虑了河湾要素和现状河势、河岸边界条件的前提下,确定工程布置如下:

十四公里护滩工程与清 3 控导工程两河湾间距 14 km,弯曲幅度 520 m,工程之间直线段长 3.0 km。

清 3 与清 4 控导工程两河湾间距 4.7 km,弯曲幅度 600 m,两工程之间直线段长 2.8 km。清 3 控导工程的设计治导线采用复合圆弧曲线,曲线上下均连接直线段以迎溜入弯和送溜出弯。圆弧曲线半径 $R_1 = 5\,500$ m,中心角 $\alpha_1 = 10.66°$,曲线长 $L_1 = 1\,023$ m;$R_2 = 4\,990$ m,中心角 $\alpha_2 = 6.5°$,曲线长 $L_2 = 566$ m;上首直线段长 769 m,下首直线段长 242 m,工程长度总计 2 600 m。

续建清 3 控导工程,坝(垛)顶高程为 6.1 m。考虑到河势以及弯道半径的大小,所以建筑物结构类型有传统结构人字垛以及护根为混凝土插板桩的人字垛组。在工程顶冲主溜的弯顶段和送溜段的 11~16 号坝采用护根为混凝土插板桩的人字垛,以提高其安全性,减少出险几率;其他坝段采用传统结构人字垛,各垛的前沿顶点与设计治导线相切,垛迎水面与治导线的夹角为30°,垛间距均为100 m,人字垛长77 m。

连坝坝顶高程6.1 m,沿滩岸修筑的连坝顶宽10 m,边坡1:2;考虑管理维护的需要,连坝背河侧设置护坝地宽30 m,并在连坝后设管理房一处,房台顶高程8.0 m,房台长×宽为30 m×25 m;为满足防汛抢险需要,修建长720 m、宽6 m、高0.5 m的防汛路一条,路面铺设碎石。

3)结构设计

A. 建筑物结构型式

黄河河口地区土地资源丰富,滩面宽阔,具有柳、苇量大的资源优势,考虑到河口人员少、交通不便、料物供应困难等对抢险不利的情况,确定建筑物结构型式为传统土石结构人字垛,以及护根为混凝土插板桩结构的人字垛。

B. 施工水位确定

施工水位是指施工期间与平均流量相应的水位,按照《2000年汛前河道整治工程设计施工流量、水位的确定分析》,利津站以下施工流量为100 m³/s,相应水位为10.14 m,清3断面距利津站河道长度为65 km,按水面比降1/10 000推算,清3工程相应水位为3.64 m,选用施工水位为3.70 m。

C. 冲刷坑深度计算

冲刷坑深度采用理论计算和1990年以来典型年份横断面套绘图及工程所处位置等因素综合分析确定。

(1)参阅武汉大学水利水电学院编的《水力计算手册》,可知水流斜冲防护坡产生的冲刷计算公式为

$$\Delta h_p = \frac{23 v_j^2 \tan \dfrac{\alpha}{2}}{\sqrt{1 + m^2} \, g} - 30d$$

式中:Δh_p 为从河底算起的局部冲深,m;α 为水流流向与岸坡交角,(°),取30°~45°;m 为防护建筑物迎水面边坡系数,取1.5;d 为坡角处土壤计算粒径;v_j 为水流偏斜时,水流局部冲刷流速,m/s,$v_j = Q/(BH) = 3\,500/(395 \times 3) = 2.95\,(\text{m/s})$。

计算结果石垛前冲刷坑深度为2.98~4.60 m,该工程选取的计算冲刷坑深度为4.60 m。

(2)工程实测冲刷水深。根据清2、清3、清4断面演变分析,与平滩水位相应,冲刷前平均水深为2.05~3.44 m,河槽深泓点最大水深为7.32 m,冲刷坑深3.88~5.27 m。经分析比较,为避免偶然性,考虑工程安全,确定本工程采用相应最大冲刷水深8.0 m进行设计。

D. 连坝

所有人字垛、插板桩坝的背水侧布置连坝。连坝顶宽为10 m,坝顶高程与垛、坝岸顶齐平,为6.1 m,边坡1:2。连坝背河侧设宽30 m的护坝地。

E. 人字垛结构

土石结构人字垛:由土坝基和乱石裹护体组成,垛顶高程6.1 m,坝垛与连坝轴线交角30°,人字垛坝头为圆弧形,半径 $R = 16.2$ m,迎、背水面直线段与圆弧相切。迎水面直

线段长 51.6 m,背水面直线段长 23.45 m。断面结构由坦石、抛石、柳石枕、铅丝笼等构成。坦石顶宽 1.0 m,外坡坡度 1:1.5,内坡坡度 1:1.3,坦石外侧采用丁扣石干砌,里层为乱石,为防止河水淘刷土坝基,坦石后铺设土工布,土工布上铺水平宽 0.2 m 碎石保护层;根石顶高程 4.6 m,设计顶宽 2.0 m,由于新修工程,土质较差,开挖施工困难,根石平铺于河床上,利用水力自然冲刷,并不断填补根石至稳定深度和设计顶宽,为增强坝垛整体抗冲能力,根石部分由抛石、柳石枕、铅丝笼组成,平铺顶宽 4.15 m、高 1.6 m。

插板桩结构人字垛:平面布置与土石结构人字垛基本相同,迎水面直线段长 51.6 m,其中 20.355 m 及坝头圆弧段采用插板桩护根,背水直线段长 23.45 m,除插板桩护根部分外,其余裹护段结构与土石结构人字垛相同。插板桩顶高程 4.6 m,为保证其稳定性,顶部由拉杆与后面的锚桩连接,锚桩顶高程 4.6 m。为防止水流淘刷坝脚,插板桩与坝体间散抛厚度 1 m 的乱石,平铺顶宽 1.85 m。

坝基防护:传统的做法是坝身与坝基结合处修筑黏土坝胎,该工程采用土工布取代黏土坝胎。土工布铺设在坡度 1:1.3 的边坡上,为避免砌石时损坏土工布,土工布上铺厚度 20 cm 的砂砾垫层(粒径小于 4 cm),土工布在坡顶埋入锚固沟。

土工布在坦石底部沿土坝坡铺至距坝顶高程 0.5 m 处,以达到透水保土护坝的目的。土工布顶高程为 5.60 m,锚固长度为 2 m,土工布外为坦石护坡。土工布铺设底高程在 3.0~3.6 m。土工布铺设时要留一定宽松度,避免施工时将土工布拉裂。土工布性能如表 6-2 所示。

表 6-2 土工布主要质量指标

项目	单位面积质量	厚度	GBR 顶破强度	断裂强度		断裂伸长度		撕破强力		渗透系数	等效孔径
				T	W	T	W	T	W		
	(g/m²)	(mm)	(N)	(N/5 cm)	(N/5 cm)	(%)	(%)	(N)	(N)	(cm/s)	(mm)
指标	500	4.0	3 500	1 300	1 000	760	770	880	570	0.4	0.2

土工布防护层抗滑稳定性是采用《水利水电工程土工合成材料应用技术规范》(SL/T 225—98)中的不等厚防护层安全系数计算公式进行计算的。计算情况分为:①建成无水;②水位骤降(以水位骤降 2 m 计)。

根据有关资料,土与土工布之间的摩擦系数与土的颗粒大小、形状、密实度以及含水量等因素有关,需进行试验予以确定。本次设计摩擦系数暂采用 0.35。散抛乱石内摩擦角采用 $\varphi = 40°$,$C = 0$。计算结果为建成无水时抗滑稳定安全系数为 1.357,水位骤降时抗滑稳定安全系数为 2.134,均满足稳定要求。

土工布的选用应本着既满足设计要求,又经济合理的原则,采用规格为 500 g/m² 的针刺无纺土工布,还应进行必要的分析计算。

目前,常用土工布单位面积质量一般为 200~500 g/m²,厚度为 2.5~4.0 mm,渗透系数为 0.1~0.4 cm/s,抗拉强度为 300~1 300 N/5 cm,等效孔径 QS_{95} 为 0.05~0.2 mm。

本工程选用 500 g/m² 的针刺无纺土工布,主要是考虑到石头粒径较大,施工时容易造成土工布的损坏。此外,用土工布代替黏土坝胎在山东黄河河道整治工程使用较少,缺少观测资料。因此,选用较厚的土工布,确保工程安全。采用反滤土工布首先是可节约工程投资,其次是施工质量可靠,还可加快施工进度等。

4)插板桩结构

在工程顶冲主溜的弯顶段和送溜段护根部位采用混凝土插板桩结构护根。桩宽 1.0 m,桩厚 0.30 m,上部现浇 0.3 m 高的连梁,每块插板桩的一端设安装槽,另一端预埋安装导向安装螺栓,以便施工时相互咬合,纵向钢筋顶部预留 0.25 m,作为现浇连梁的预埋钢筋。在插板桩中心预埋 $\phi76$ cm 充水管,顶端伸出 30 cm,底部焊接横向喷水管,管有开孔,孔间距为 13 cm,梅花形布置。

A. 插板桩桩长设计

插板桩采用 C30 钢筋混凝土结构,与设置在插板桩顶部的连梁共同维持稳定,基本长度按以下方法计算确定:

(1)按承受水平荷载和垂直荷载时插板桩稳定要求计算桩长。

(2)根据《公路桥涵地基与基础设计规范》(JTG D63—2007)规定。摩擦桩入土深度不得小于 4 m;若有冲刷时,桩入土深度应自设计冲刷线起算。摩擦桩轴向受压容许承载力按下式确定,即

$$[R_a] = \frac{1}{2}(u \sum_{i=1}^{n} \alpha_i L_i q_{ik} + \alpha_r A_p q_{rk}) \qquad (6-7)$$

式中:$[R_a]$ 为单桩轴向受压承载力允许值,kN;u 为桩的周长,m;n 为土的层数;L_i 为承台底面或局部冲刷线以下各土层厚度,m;q_{ik} 为与 L_i 对应的各土层与桩侧的摩阻力标准值,kPa;A_p 为桩端截面面积,m²;q_{rk} 为桩端处土的承载力标准值,kPa;α_i、α_r 为振动桩对各土层桩侧摩阻力和桩端承载力的影响系数。

(3)根据水平承载力要求,插板桩长在地面或局部冲刷线以下入土深度 $L \geq 4/\alpha$。

$$\alpha = \sqrt[5]{\frac{mb_1}{EI}} \qquad (6-8)$$

式中:b_1 为基础的计算宽度;E 为插板桩弹性模量;I 为插板桩断面惯性矩;m 为地基土的比例系数。

从以上三方面分析确定 14.0 m 板长可以满足稳定要求。

B. 结构及配筋计算

(1)外荷计算。

计算情况一:干河无水期,设计护岸墙墙顶高程 4.6 m,墙前河底高程按垛前冲刷坑深,即 0 m,墙前、墙后地下水位与墙前河底平。

计算情况二:行洪冲刷期,设计护岸墙墙顶高程为 4.6 m,墙前水位 5.6 m,冲刷坑深按最大冲刷水深 8 m 计算。

计算情况三：洪水回落期，设计护岸墙墙顶高程 4.6 m，墙前水位 4.6 m，墙后水位 5.6 m。

（2）内力计算。按《公路桥涵地基与基础设计规范》（JTG D63—2007）用 m 法进行计算，根据桩身强度要求选取板厚 0.3 m。

（3）配筋计算。根据以上三种情况的内力计算结果，插板桩板采用 C30 钢筋混凝土结构，按偏心受压构件进行配筋计算，并考虑吊装要求。插板桩板按对称配筋，结果为 5 ϕ 25 和 4 ϕ 28，$A_g = 49.17$ cm^2。

锚桩采用 C30 钢筋混凝土结构，经计算板厚 0.55 m 可以满足要求，背水面需配筋 9 ϕ 25，迎水面需配筋 5 ϕ 25，$A_g = 68.72$ cm^2。

经计算拉杆采用 ϕ 25 的钢筋，$A_g = 4.91$ cm^2，为防止钢筋锈蚀，采用 15 cm $\times$ 15 cm 的混凝土保护层。

插板桩坝平面布置及断面结构如图 6-8 所示。

3. 工程施工

2001 年 2 月 22 日正式开工，6 月 30 日竣工，工期 129 d。建设单位为胜利油田石油管理局黄河口治理办公室，施工单位为东营市黄河工程局，监理单位为清 3 控导工程监理部。主要工程量：土方 88 883 m^3，石方 14 378 m^3。其中，清基 10 941 m^3、基槽开挖 20 062 m^3、黏土坝胎 4 716 m^3、黏土子堰 437 m^3、坝基及连坝子堰填筑 46 412 m^3、土袋枕 6 312 m^3、乱抛石坝面 7 365 m^3、乱石排整 2 325 m^3、捆抛柳石枕 5 387 m^3、捆抛铅丝笼 1 371 m^3。传统坝抢险石方及抛护费按 57.5 万元计，工程稳定按 10 年考虑；插板坝抢险石方及抛护费按 7.5 万元计，工程稳定暂按 5 年考虑，管护人员工资按 5 万元计，共计 662.5 万元。总投资共计 2 042.15 万元。工程建设共投入挖掘机 2 台、铲运机 10 台、自卸车 3 台，生产管理人员 28 人、司机 50 人、民技工 148 人。

4. 工程运行

清 3 工程修建后，对控制尾闾河势、保持河道的单一稳定起到一定的作用，确保了孤南 24 油田的安全生产和滩区部分农、林业免遭淹没损失，为油田工业生产和黄河三角洲农业开发建设创造安澜的外部环境，具有较高的社会效益和治理效果。

（四）丁字路护岸

丁字路护岸工程长 180 m，中间取水口段长 55 m，拟采用悬臂式钢筋混凝土插板，以高压水直接冲入土中。在中间段取水口处插板入土顶标高与河床相平，设计时以两侧段悬臂式插板为控制情况进行计算。丁字路护岸工程所在地层剖面如表 6-3 所示，由工程所在地的水文资料计算得到此处顺岸插板冲刷深度较小，按板长 8 ~ 10 m、宽 1.0 m、厚 0.30 m，断面配筋 7 ϕ 25，顶部现浇圈梁，厚 0.3 m。

（五）生产村护岸

1. 工程建设过程

生产村护岸工程位于黄河左岸垦利县境内，是为避免滩岸坍塌、保证西河口打水船取水而修建的临时工程（1995 年）。

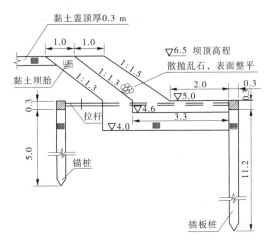

A—A插板桩坝断面图 1:100

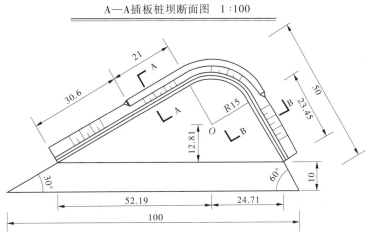

插板桩坝平面布置图 1:1 000

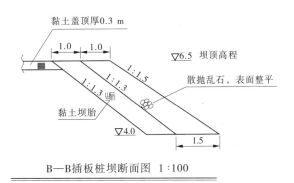

B—B插板桩坝断面图 1:100

说明：1.图中尺寸以m计，高程为黄海标高,m；
　　　2.施工顺序为先插板桩后抛石。

图6-8　插板桩坝平面布置及断面结构图

表 6-3　丁字路护岸工程土层分布及力学指标

土层	土层厚度（m）	土层名称	土的力学指标		
			重度（kN/m³）	内摩擦角（°）	黏聚力（kPa）
1	1.2	填土	—	—	—
2	3.3	粉质黏土	—	12	10
3	1.7	粉土	19.2	16	8
4	1.1	粉质黏土	—	—	—
5	1.3	粉土	19.6	15	6
6	3.7	粉土	20.1	18	6
7	3.2	黏土	—	10	10

生产村护岸工程原设计长度 1 190 m,护砌长度 800 m,布置 9 个坝垛。由于投资限制,工程分两年实施,1995 年首先在坍塌严重的滩岸修建了连续护岸工程,工程长度 365 m,在当年汛期起到了控制溜势的作用,1996 年汛前又在护岸工程的上游修建了 6 段坝垛,工程上延 395 m,但仍较原设计偏短 430 m。

1996 年,汛期来水流量大、含沙量低、持续时间长,生产村护岸工程普遍遭到破坏。"96·8"洪水期间,溜势发生了上提,主溜直冲 5 号、6 号坝及 1995 年工程上首,造成整个坝身掉蛰于河中,破坏最为严重,发生"抄后路"、"摘茄子"的重大险情,其他坝岸也均遭到不同程度的毁坏,根石走失、坦石坍落下蛰。1997 年,汛前又对着溜较重的 1~6 号坝进行了抛根加固和修复。

由于此段河势发生了较大的变化,1998 年 8 月,利津站洪峰流量 3 200 m³/s,溜势下延 100 余 m,1995 年修建的 365 m 护岸的坦石及坝胎完全冲毁,掉于河中,滩岸坍塌后退,最大坍塌宽为 30 m,形成新的凹型陡弯,如任其自由发展,大洪水时滩岸坍塌后退,主溜将直逼南防洪堤,造成平工变险工;中常洪水会引起对岸的西河口护滩工程主溜右移下延,造成打水船前淤积引水困难,同时还有可能引起下游河势的连锁反应,造成现有的控导护滩工程溜势上提下延,甚至脱溜,出现新的险情。为避免下游河势进一步恶化,保证对岸西河口打水船正常取水,防止洪水漫滩主溜直冲南防洪堤,威胁堤防安全,亟需对坍塌严重的护岸工程进行恢复加固。

2. 水力插板护岸工程

1999 年 5 月,在 7 号坝以下滩岸坍塌严重段新修护岸工程,设计采用水力插板,沿墙后每 5 m 设锚镦一个,每个锚镦有三根拉杆与插板桩桩顶连梁连接,锚镦位于墙后土壤破裂角范围之外,与墙相距 15 m。水力插板护岸工程总长 154 m、高程 8.5 m。插板桩长 12.0 m、厚 0.3 m、宽 1.0 m,圈梁高 0.3 m。水力插板护岸工程于 1999 年 5 月 25 日开工,7 月 5 日完工。

水力插板护岸工程建成后,当年就发挥了很大的作用。一是根基深,不出险;二是挑流作用强,改变了不利的河势;三是在以后的几年溜势外移,逐步脱险。

(六)崔家护滩

崔家护滩工程长 71 m,采用插板长 13.5 m、宽 1.0 m、厚 0.35 m,顶部现浇圈梁厚 0.3 m。1999 年实施,工程所处地层剖面如表 6-4 所示。

表6-4 崔家庄护岸工程地层分布及力学指标

土层	土层厚度（m）	土层名称	土的力学指标		
			重度（kN/m³）	内摩擦角(°)	黏聚力(kPa)
1	3.5	素填土	17.2	—	—
2	3.3	粉土	19.2	18	6
3	3.1	粉土	19.6	16	6
4	5.4	粉质黏土	—	12	10

由于崔家护滩工程所在地水文资料暂缺(冲刷深度),分别取岸前插板悬臂为 3.5 m、4.2 m、5.0 m 时进行板长计算,得到稳定时的板长及断面配筋,如表 6-5 所示。

表6-5 插板不同悬臂长度时的设计板长及断面配筋

插板悬臂长度(m)	设计板长(m)	设计板厚(mm)	横断面配筋
3.5	8.9	350	8 Φ 20
4.2	11.2	350	8 Φ 25
5.0	13.2	400	9 Φ 28

对以上结果进行整理,不难得到该工程所在地插板悬臂长度与板长的关系曲线,如图 6-9 所示。

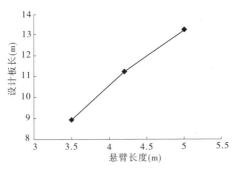

图 6-9 插板悬臂长度与设计板长的关系

第二节 应用水力插板建设多种工程

一、应用水力插板建设桩基工程

传统桩基工程增大承载能力的方法主要是依靠增加桩体长度,可是桩体长度增加,工程造价也增加。由于水力插板具有独特的进桩方式,可以通过多种形式的大脚桩和套筒桩来改变单纯依靠增加桩体长度增大承载能力的传统做法,形成一种独具特色的桩基工程建设模式。我们已进行了以下几方面的试验工作:

（1）单板大脚桩:入地部分向两侧加宽,通过增大桩体的端承面积和侧摩面积来增大承载能力,单板大脚桩结构如图 6-10 所示。

（2）连板大脚桩:入地部分通过滑道、滑板连接其他插板来增大承载能力,连板大脚桩结构图及工程实例如图 6-11 所示。

（3）大型套筒桩:采用异形插板建成独具特色的大直径混凝土桩,采用水力插板套筒桩建设桩基的方法,大型套筒桩结构如图 6-12 所示。

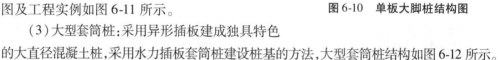

图 6-10 单板大脚桩结构图

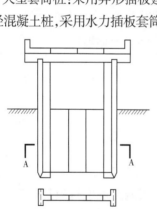

(a)连板大脚桩结构图

(b)已建工程

图 6-11 连板大脚桩结构图及工程实例

在水力插板套筒桩承台上建设水工建筑物,大型套筒桩工程实例如图 6-13 所示。

（4）二次成型大脚桩:通过二次喷射切割地层,注入水泥砂浆形成大脚桩。二次成型大脚桩结构图及施工过程如图 6-14 所示。

水力插板是一种桩基工程,但是它与传统的桩基工程相比又具有突出的特点:一是进桩速度快,二是能够整体连接,三是在作为桩基使用时能够突破传统模式采用多种方法增大承载能力。虽然在利用水力插板建设桩基方面进行的工作还较少,但从已经建设的水力插板桩基工程来看,这种水力插板桩基工程的建设模式具有广阔的应用前景。

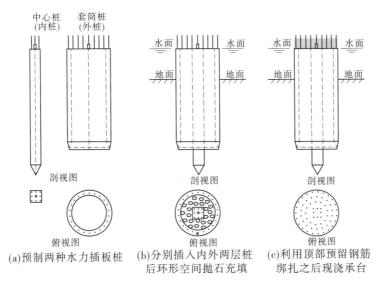

(a)预制两种水力插板桩   (b)分别插入内外两层桩   (c)利用顶部预留钢筋
　　　　　　　　　　　　　　　　后环形空间抛石充填　　　　　　绑扎之后现浇承台

图6-12　大型套筒桩结构图

(a)水中奇石

(b)水中石林

图6-13　大型套筒桩工程实例

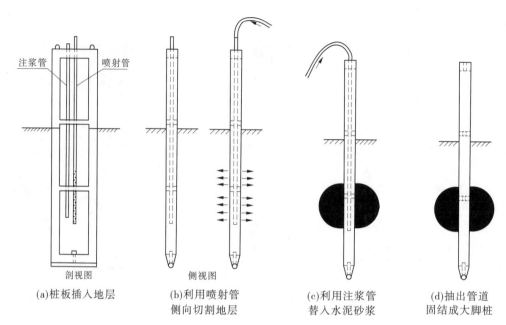

注浆管 喷射管

剖视图

(a)桩板插入地层

侧视图

(b)利用喷射管
侧向切割地层

(c)利用注浆管
替入水泥砂浆

(d)抽出管道
固结成大脚桩

图 6-14 二次成型大脚桩结构图及施工过程

二、应用水力插板建设港口码头

（1）已建水力插板港口码头的情况。图 6-15 所示码头原设计方案工程造价 860 万元，施工周期 8 个月。采用水力插板进行施工后，在完全达到原设计标准的前提下，工程造价 420 万元，施工周期 56 d，工程质量验收评定为优良工程。

图 6-15 水力插板港口码头现场图

（2）已建水力插板码头的施工方法。水力插板港口码头施工结构如图 6-16 所示。

（3）今后待建水力插板码头应尽量选择水力插板大脚桩进行建设，经济效益更加明显，安全稳定性能进一步增强，水力插板港口码头施工过程如图 6-17 所示。

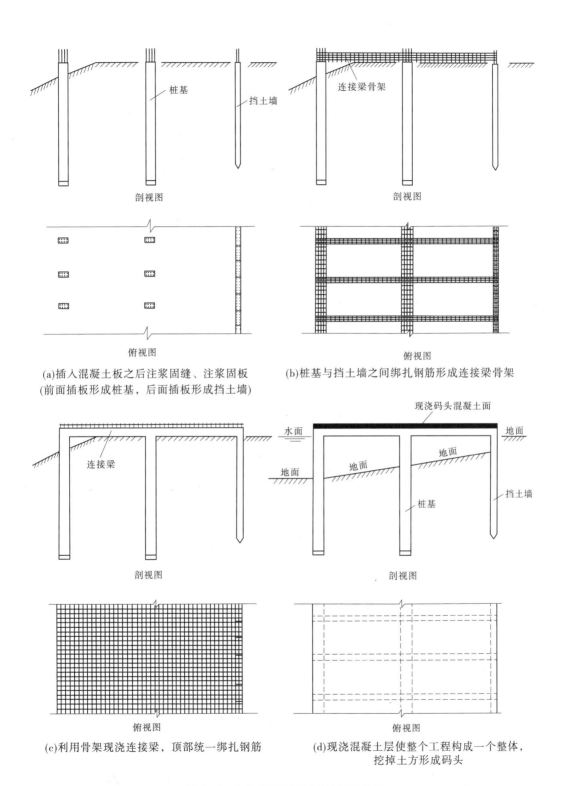

(a)插入混凝土板之后注浆固缝、注浆固板
(前面插板形成桩基，后面插板形成挡土墙)

(b)桩基与挡土墙之间绑扎钢筋形成连接梁骨架

(c)利用骨架现浇连接梁，顶部统一绑扎钢筋

(d)现浇混凝土层使整个工程构成一个整体，
挖掉土方形成码头

图6-16 水力插板港口码头施工结构图

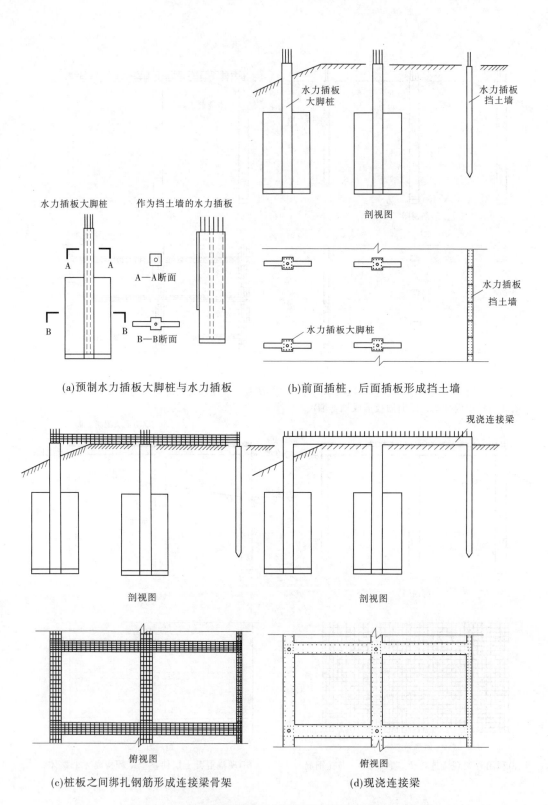

(a)预制水力插板大脚桩与水力插板

(b)前面插桩，后面插板形成挡土墙

(c)桩板之间绑扎钢筋形成连接梁骨架

(d)现浇连接梁

图6-17　应用大脚桩建设水力插板港口码头施工过程示意图

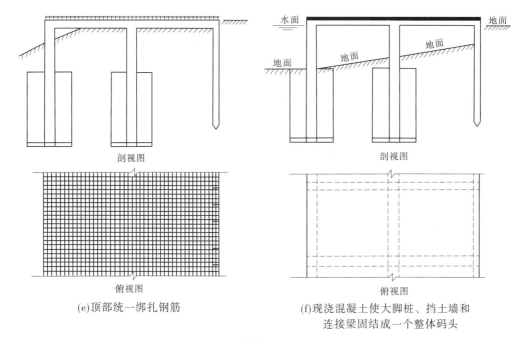

(e)顶部统一绑扎钢筋

(f)现浇混凝土使大脚桩、挡土墙和
连接梁固结成一个整体码头

续图6-17

三、应用水力插板建设水闸

使用传统方式建设水闸施工周期长、工程造价高,在黄河岸边建闸,水流平缓的地方容易淤积;在河道水流冲击严重的地方安全稳定问题又难以保证,采用水力插板建闸从根本上改变了这一状况,施工过程中取消了打围堰、打降水井、开挖基础坑、打基础等大量的工作量,采取类似摆积木一样的施工方法将一座水闸分解成若干块水力插板,预制成型的混凝土板依次插入地层,通过注浆固缝形成水闸的主体,地面以上部分通过绑扎钢筋现浇提升闸板的框架后,一座水闸建设成功。应用水力插板建设水闸不仅施工速度快、工程造价低,安全稳定性方面也更具有优势。如图6-18(a)所示的黄河引水闸,建设位置在黄河

(a)黄河引水闸

(b)水渠节制闸

(c)水库进排水闸

图6-18 已建水力插板水闸

主河槽的边上,取水能力20 m³/s,按照常规技术建设这座水闸的工程造价超过300万元,建设工期6个月。采用水力插板进行建设,从现场插板到建成只用了7 d,工程造价30万元,安全稳定性方面由于基础入地深10 m,抵抗黄河水冲刷淘空的能力明显增强。采用

水力插板建设工程虽然不可能都有这样大的差异,但是在一些特定的环境下的确是具有很大优势的。

(一)已建工程实例

已建水力插板水闸如图6-18所示。

(二)水力插板闸的施工建设方法

按照水闸的实际情况预制水力插板,水闸主要由4种专用插板组成:1号板为闸槽起点板,4号板为闸槽终点板,2号板为支承闸板的底板,3号板为双面带槽的水闸板,除上述4种专用板外其他均为普通水力插板。每座水闸1号板、4号板各一块,2号板、3号板按闸孔数量确定。水力插板水闸结构如图6-19所示。

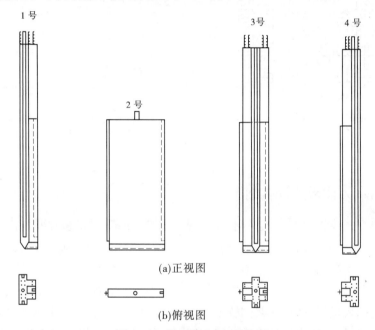

图6-19　水力插板水闸结构图

插完板后的水闸平面图,如图6-20所示。

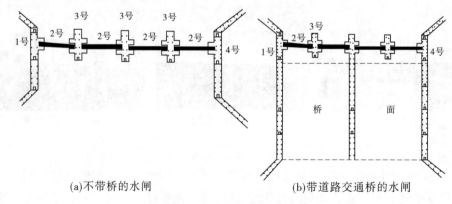

(a)不带桥的水闸　　　　　　　(b)带道路交通桥的水闸

图6-20　水力插板水闸平面图

四、应用水力插板建设涵洞

应用水力插板建设涵洞的方法就是按照水力插板的施工程序改变传统的涵洞建设方式,省掉了先打降水井然后现场大开挖、现浇方涵等大量的工作量。在地面环境和地质条件复杂的地区采用水力插板建设涵洞更具明显的优势。具体施工方法如下:①按照工程需要预制水力插板;②按照涵洞宽度将两排水力插板插入地下,注浆固缝之后形成两道钢筋混凝土地下连续墙;③利用混凝土板顶部预留的钢筋和新增加的钢筋绑扎在一起现浇涵洞顶层(可预留出取土口);④根据设计要求挖掉涵洞内部的土方,即形成涵洞,底层的处理根据工程需要进行。从应用水力插板已经建成的涵洞工程来看,应用水力插板的工程造价都可以大幅度降低,建设速度明显提高。

应用水力插板建设涵洞工程的情况,如图 6-21 所示。

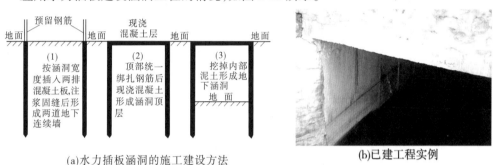

(a)水力插板涵洞的施工建设方法　　　　　　(b)已建工程实例

图 6-21　水力插板涵洞的施工建设方法及实例

五、应用水力插板建设提升泵站

提升泵站是水利工程中一种常用的工程设施,传统的提升泵站(见图 6-22)普遍存在

图 6-22　传统的提升泵站

的问题是工程造价高、施工周期长、节能效果不好。影响节能效果的根本原因是泵站的进水口和出水口都是固定的。进水口为了满足水位变化的需要,电机和水泵之间采用长轴连接。出水口为了满足水位变化的需要安装了固定的拍门,一前一后的这两种设施增加

了大量的无功能耗,应用水力插板建设提升泵站(见图 6-23)从根本上改变了这一状况。常见的正规泵房被取消,应用水力插板建成独特的泵前池和汇水池,整座泵站在泵前池中上下浮动(见图 6-24),全部出水口在水力插板汇水池中上下浮动(见图 6-25),电机与水泵直接连接消除了长轴连接带来的无功损耗。出水口上笨重的拍门被取消,全部出水口在汇水池中上下浮动最大限度地减少了水泵的提升高度,具有明显的节能效果。应用水力插板建设提升泵站工程造价可降低 1/3 以上,能耗降低 30% 以上。辛安水库建设的水力插板浮动泵站,如图 6-26 所示。

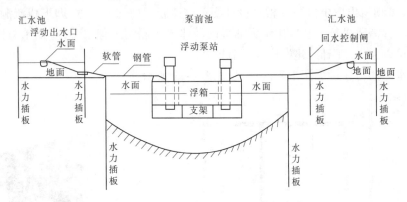

图 6-23　水力插板双向浮动泵站结构示意图

图 6-24　浮动泵站在水力插板泵前池中上下浮动

图 6-25　出水口在水力插板汇水池中上下浮动

图 6-26　辛安水库水力插板浮动泵站

六、应用水力插板建设河道防护堤

图 6-27、图 6-28 所示为建设在东营地区的水力插板河道防护堤与建设在松花江的河道防护堤。河道整治经常采用这种复式断面结构,紧贴河道的一道堤坝因为受水流的影响施工难度大,特别是一些受洪水、潮汐影响的河道,采用传统技术施工会遇到很多困难,采用水力插板进行建设能够从根本上改变这一局面。建设人工运河采用水力插板不仅具有施工速度快、工程造价低、安全稳定性好的特点,对于防止堤坝渗漏的问题更具有特殊的优势。

图 6-27　建设在东营地区的水力插板防护堤　　　图 6-28　建设在松花江的河道防护堤

七、应用水力插板建设水库围堤

图 6-29 所示为耿井水源利用水力插板建设的水库围堤。堤坝长 5.7 km,全部采用水力插板按照顺丁坝组合的方式进行建设,所用水力插板长 5 m、宽 1.6 m、厚 0.2 m,插入地层 2.5 m,地面以上高度 2.5 m,堤坝的安全稳定性、施工建设速度和工程造价都具有明显的优势。

图 6-29　耿井水源利用水力插板建设的水库围堤

八、应用水力插板导流拦沙堤坝建设引蓄黄河水的平原水库

建设平原水库引蓄黄河水必须解决沉沙清淤的问题,清除泥沙既花费资金又影响环境面貌,黄河水中的泥沙成为一害。采用水力插板建设导流拦沙堤坝的方法使高含沙的黄河水按照规定的路线流动,水中的泥沙自动沉积下来变成水库的堤坝(见图6-30),沉掉泥沙后的清水进入水库供生产和生活使用(见图6-31),这种水力插板导流拦沙堤坝使黄河泥沙变害为宝,为巧用黄河水建设平原水库走出了一条新路。水力插板导流拦沙堤坝建设引蓄黄河水的平原水库,如图6-32所示。

(a)投产运行初期环形沉沙池中泥沙很少

(b)投产运行一段时间泥沙增多,随着时间延长地面不断增高,
内侧水库的容量也不断增大

图6-30 黄河水中泥沙自动沉积下来变成水库的堤坝

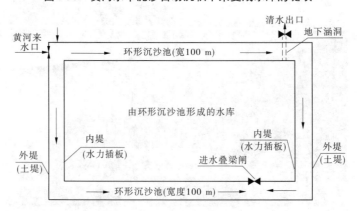

图6-31 耿井水源应用水力插板建设的沉沙蓄水两用水库平面图

图 6-32　水力插板导流拦沙堤坝建设引蓄黄河水的平原水库

九、应用水力插板建设水中人工岛

采用水力插板在水中建设人工岛具有施工速度快、工程造价低、安全稳定性好等方面的优势,根本原因在于水力插板独特的施工方式,只要插入水力插板圈围起来之后,人工岛的安全稳定问题就有了保障。图 6-33 所示为 1998 年建设在广南水库中的一个人工岛,广南水库的水面有 40 km^2,采用传统办法施工难度较大,而采用水力插板建设人工岛却很顺利地建成了这一工程。

图 6-33　应用水力插板建设水中人工岛现场图

十、应用水力插板建设引水渡槽桩基

水力插板作为桩基建设道路交通桥、港口码头均已获得成功,针对能否作为引水渡槽的桩基专门进行了试验。由于东营地区土壤承载力较小,而钢筋混凝土的引水渡槽在过水的时候重量很大,对桩基承载能力的要求很高,为此对插入地层的水力插板桩基进行了系统的承载能力试验,测取的数据证明其完全能够满足设计的要求,因此利用水力插板很快建成了这项工程。图6-34所示为建设在耿井水库供水渠道上的引水渡槽。

十一、应用水力插板建设水中栈桥

图6-35所示为1998年应用水力插板在广南水库中建成的一座栈桥,栈桥长100 m,所用的水力插板长8 m、宽2 m、厚0.2 m,混凝土板入地深度4 m。建成之后安全稳定,效果很好。

图6-34　应用水力插板建设引水渡槽桩基实例　　图6-35　广南水库中应用水力插板建成的栈桥

十二、应用水力插板建设大型污水处理池

图6-36所示为应用水力插板在孤五联合站建成的一座容积10万 m³ 的污水处理池,其具有施工速度快、工程造价低、防渗漏效果突出的鲜明特点,特别是在城市内部和高大建筑物旁边建设污水处理池,应用水力插板施工更具有特殊的优势。例如,1999 年在胜大集团品酒厂建设一座容量4 500 m³ 的污水处理池,污水池的深度为8 m,距离厂房只有5 m。在东营地区这种土质状况下开挖8 m深的污水池本身就是一大难题,要在距离高大建筑物只有5 m的地方建设该污水处理池更是一件难以想象的事情。可是采用水力插板施工却非常顺利地完成了这项任务,污水处理池的建设没有对厂房造成任何影响,为在城市内及高大建筑物前建设地下水池走出了一条新路。

十三、应用水力插板建设防洪抢险工程

采用传统技术在水中建设堤坝会遇到很多难题,洪汛期间在水流冲击严重的地方建设堤坝困难更大,而采用水力插板建设堤坝改变了传统的施工方式。1998 年夏天,黄河利津站预报流量达到3 000 m³/s,小垦利油田防洪堤坝出现险情,采用传统的抛投铅丝石笼的办法已经很难控制局面,在此情况下采用了长15 m、厚0.3 m的水力插板,顶着急流在险工河段的河槽中经过3 d时间建成了一条长105 m的水力插板挑流坝。这一段特殊的堤坝不仅保证了小垦利油田的安全,而且依靠它将黄河洪水从南岸直接顶到了北岸,从此结束了这个油田年年汛期都要组织大量人员到堤坝上防洪抢险的历史。在这种特殊环境下如果采用传统的施工方法建设堤坝是一件难以想象的事情。图6-37所示为小垦利油田在洪水冲击状态下采用水力插板3 d时间建成的105 m黄河挑流坝。这种施工技术实际上可以作为一种抢险措施来加以应用。

图 6-36　孤五联合站应用水力插板　　　　图 6-37　小垦利油田水力插板黄河挑流坝
　　　　　建成的污水处理池

　　综上所述,水力插板技术是一种通用的施工技术,可以根据不同工程的实际情况采取不同的方式来进行建设。随着时间的推移,水力插板的应用研究会不断深入,应用范围也将会逐步扩大。

第七章 水力插板技术推广应用前景

第一节 水力插板技术的优势

水力插板技术在水利工程、海洋工程、桩基工程和建筑工程方面都具有广阔的推广应用前景。它的优势主要表现在以下五个方面。

一、施工建设速度快

水力插板技术属于一种桩基工程技术，除桩体结构形状可以任意变化外，施工建设的速度及方法的优势也十分明显。松花江防洪堤坝工程选用水力插板的原因也在于此，这项工程选用水力插板的宽度为 1.66～2.6 m，施工过程中进桩速度达到 2 m/min，一套设备一天建设堤坝 136 m，施工速度方面的优势为提高工程质量和降低工程造价创造了条件。

二、整体连接性能好

水力插板技术是为了建设地下连续墙才研制出来的，它解决的第一个问题就是如何使分散的单块水力插板进入地层之后连接成为一块整板。1997 年申报的第一项发明专利的核心技术解决了这一问题。该项整体连接技术在 10 年的发展时间里始终没有停止过改进，先后形成了六代技术，涉及到 6 项专利，从而使水力插板在整体连接方面达到了如下水平：连接强度可以完全满足工程设计的需要，在注浆固缝之后，两板结合部的密封程度远远超过了钢筋混凝土板本体的性能，其原因在于两板之间在地下形成了一种带夹心钢板的混凝土。这一技术特征为从根本上消除了堤坝渗漏和管涌的问题，能够有效地防止溃堤垮坝和截渗防碱。

三、基础入地深度大

为了抵抗洪水的冲刷及风暴潮造成的破坏，基础入地深度具有极其重要的作用。俗话说"基础不牢地动山摇"也是这个道理。增加基础入地深度目前虽然也有多种办法，但在施工速度、工程造价和安全稳定性方面也都不同程度地面临着一些问题，而水力插板工程是在地面上预制成型的钢筋混凝土板，基础入地深度完全可以满足工程建设的实际需要。在已经建设的工程中，有的水力插板单板长度已达 34 m。该项技术的独特施工方法使得增加基础入地深度这项工作变得十分简单、快捷和节省投资。用于建设海洋工程由于基础入地已经超过了在风浪作用下能够产生地层液化的深度，有效地解决了影响海中堤坝安全稳定的一个老大难问题。

四、结构形状多样化

结构形状多样化主要指两个方面：一是水力插板本身的结构形状可以多样化，水力插板是在地面上预制成型的一种钢筋混凝土板，根据工程建设的实际需要可以充分发挥设计人员的想象空间，形成多种多样的桩板结构形状，而独特的进桩技术又解决了这些形状各异的桩板快速进桩的问题，这一技术特征为优化设计方案、控制工程造价创造了必要的条件；二是工程的结构形状可以多样化，应用水力插板建设工程与摆积木的方法十分相似，可以根据工程建设的实际需要应用水力插板建成多种多样的工程结构形式，以满足工程建设对安全稳定及控制工程造价等方面的需要。能够采用类似摆积木一样的施工方法的根本原因在于水力插板有一套独创的整体连接技术，如果没有这种连接技术则要实现多种多样的结构形式只是一句空话。结构形状多样化不仅为优化设计方案、控制工程造价创造了条件，而且可以满足在很多复杂环境中进行施工的特殊需要。

五、适用范围广

水利工程和海洋工程施工现场的自然环境都比较复杂，有的在陆地，有的在海上，有的在沿海滩涂的潮间带，给传统施工技术带来了很多困难，工程造价也大幅度增加。水力插板技术由于实现了工厂化、预制化生产，又试制成功了一整套独特的施工设备和机具，因而能够满足多种复杂环境下进行工程建设的需要。水中的施工速度与在陆地上没有太大的差别，由于省掉了筑围堰、打降水井、开挖基础坑、打基础等大量的工作量，所以在复杂的环境中进行水力插板施工的优势也更为明显。

第二节　水力插板技术具有广阔的应用前景

水力插板技术的优势决定了推广应用水力插板技术必然会取得很好的经济效益和社会效益，其在以下五个方面发挥了重要的作用。

一、应用水力插板建设护岸堤坝

护岸堤坝主要指内陆地区江、河、湖泊的防洪堤坝和沿海地区的防潮堤坝。人类与水患灾害作斗争都希望能够以较少的资金投入、较快的施工速度建成一种长治久安的堤坝工程，水力插板技术为实现这一目标创造了条件。

（一）应用水力插板建设护岸堤坝的优势

水力插板技术是在黄河三角洲地区遭受严重风暴潮灾害之后逐步形成的一种新技术，目前已累计获得34项国家专利。它是根据石油行业中喷射钻井、油田固井的原理与水利工程、海洋工程和桩基工程进行跨行业技术嫁接之后形成的一种工艺技术。应用水力插板建设工程可省掉传统施工过程中修筑围堰、开挖基础坑、打降水井、打基础等大量的工作量，同时具有预制化程度高、施工速度快、工程造价低、基础入地深度大、整体连接性好、抗水毁能力强、维修工作量小等方面的优势。

水力插板建设护岸堤坝具有以下特点：一是基础入地深度完全按照工程的实际需要

进行建设,目前使用的水力插板有的单板长度已达34 m,能够满足各种堤坝对基础入地深度的需要;二是堤坝迎水面为钢筋混凝土整体结构,能够抵抗任何风浪的冲击破坏;三是单块的水力插板进入地层之后经过注浆固缝固结成一块整板,从根本上消除了堤坝的渗漏和管涌问题,能够建成一种长治久安的护岸堤坝。另一个突出的特点是水力插板在江、河、湖泊和浅海水域中建设的堤坝工程造价与陆地上建设同类型工程的造价基本相同,目前除了水力插板世界上没有任何施工技术具有这种特点,这一特点为控制水上工程的造价创造了有利条件。

(二)应用水力插板在松花江建成了长治久安的防洪堤坝

2005年11月13日,吉林石化爆炸污染松花江事件引起了全国的震惊,与吉林石化相距很近的3个油田因为受松花江水的冲刷,部分油井已经紧贴江岸,如果井场被冲坏,油井套管折断,则更大的污染事件将会在松花江上演。为此,中国石油天然气集团公司和吉林油田分公司的领导作出决定,必须在2006年汛期之前把这几个油田保护起来。保护这3个油田需要在江边修建6.5 km防洪堤坝。松花江属于高寒地区,冻土层5月底还不能化透,7月初就进入汛期,留给现场施工的时间非常短,采用任何一种传统的施工技术都不可能按时完成任务,建设工期成为矛盾的焦点,经过一系列方案对比之后在别无选择的情况下确定了采用水力插板进行建设。工程建设期间,现场看不到传统的施工场面,5 100块水力插板以人们难以想象的速度依次插入地层,固结成整体,一套施工设备在这里一天能够建设136 m堤坝,从而使这个几乎无人相信会按时完工的项目却在松花江汛期到来之前如期建成,更为重要的是它用世界上独一无二的施工方法建成了一种长治久安的防洪堤坝:本项工程堤坝基础入地深度8 m,迎水面为钢筋混凝土整体结构,堤坝不存在任何渗漏问题和管涌问题,等距离设置的丁坝有效地防止了洪水冲刷江岸,工程造价低于其他任何一种参选的施工方案。松花江6.5 km防洪堤坝建设成功的重要意义在于它将用少量的资金投入、以最快的施工速度建成一种长治久安的防洪堤坝的理想变成了现实。这项工程的施工建设情况如图7-1～图7-3所示。

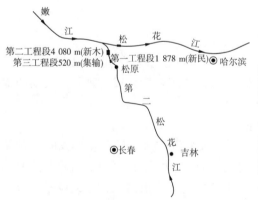

图7-1　松花江三段水力插板防洪
堤坝建设位置示意图

图7-2　工程建设前松花江水冲刷江岸造成的
"崩岸"现象已严重威胁到油田安全
(第一工程段插板之前的现场照片)

（a）水力插板插入地层（水面上为　　　　（b）插完混凝土板之后通过注浆固缝形成
　　提供喷射水源的动力水泵组）　　　　　　整体,利用顶部预留钢筋现浇帽梁

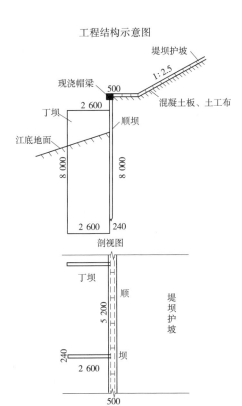

（c）建设在松花江主干流上的水力插板堤坝

图 7-3　松花江水力插板防洪堤坝施工建设状况　（单位:mm）

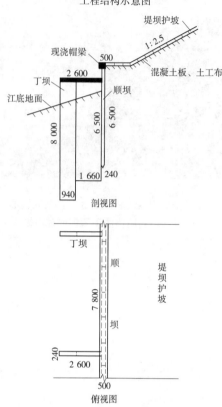

工程结构示意图

堤坝护坡

现浇帽梁

丁坝

江底地面

顺坝

混凝土板、土工布

剖视图

工程建成后的现状

丁坝

顺坝

堤坝护坡

俯视图

（d）建设在第二松花江上的水力插板堤坝

续图7-3

（三）建设长治久安的护岸堤坝是国内外共同奋斗的一个目标

与水患灾害作斗争是国内外共同面临的一项任务。美国是最大的发达国家，中国是最大的发展中国家，将这两个国家建设护岸堤坝消除水患灾害方面的情况作一下分析对比：1998年我国九江市因为长江洪水造成了水灾，2004年美国新奥尔良市因为飓风造成了严重水灾。通过现场考查，我们清楚地看到这两个城市发生水灾之前所建防洪堤坝的结构形状完全相同，造成堤坝决口也都是因为在高水位情况下（水面距坝顶仍有一段距离）堤坝出现渗漏和管涌，从而造成了溃堤垮坝，深入分析这两场水灾有着惊人的相似之处，水灾发生后两国也都在探索建设长治久安护岸堤坝的办法。什么是影响堤坝安全稳定的主要因素？俗话说"基础不牢地动山摇"，采用水力插板建设护岸堤坝解决的核心问题也正是基础问题。首先是让堤坝基础入地深度完全满足安全稳定的实际需要，然后采用一套独创的注浆固缝技术把插入地层的钢筋混凝土板固结成一块整板，使板间结合部的密封程度超过钢筋混凝土板本体的性能，从根本上消除堤坝的渗漏问题和管涌问题。如果我国九江市和美国新奥尔良市的防洪堤坝地下有"根"，不存在渗漏问题和管涌问题，则这两个城市的水灾都不会发生。在新奥尔良市发生水灾之后，美国对护岸堤坝地下生"根"的问题也引起了高度的重视,在密西西比河河口的防洪堤坝上,正在采取向下打入钢板桩的方式进行加固。在大水淹没新奥尔良市的堤坝决口处,也是大量打入钢板桩在修建防洪堤坝。下面将美国在密西西比河口防洪大坝(险工段)和新奥尔良市堤坝决口处打入钢板桩建设防洪堤坝的情况作一介绍(见图7-4)。

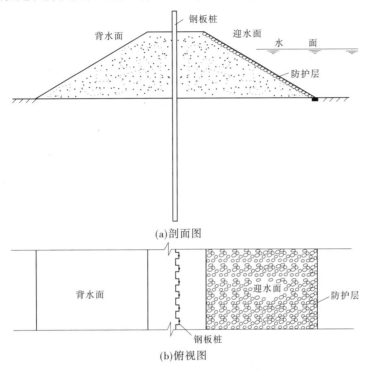

图7-4　美国打入钢板桩建设防洪堤坝的工程结构示意图

我国在松花江用水力插板建设的护岸堤坝与美国在密西西比河口和新奥尔良市用钢板桩建设的护岸堤坝有着异曲同工之妙,都是通过建设地下连续墙使堤坝生"根",从而防止发生溃堤垮坝问题。分析对比这两种建设方式,松花江水力插板护岸堤坝在控制工程造价、减少迎水面防护层被水冲坏和避免钢板腐蚀等方面具有优势,这种方式用于建设新的堤坝工程效果非常明显。如果是在已经建成堤坝的地方,为了提高防洪能力(如我国淮河两岸的防洪堤坝),采用美国的这种建设方式则具有简单易行的优点,在实施美国的这种建设方案的时候如果把堤坝中央这一排钢板桩换成水力插板效果会更好。

我国是一个水患灾害频繁的国家,在发生洪汛期间从电视上经常可以看到这样的场面:一是成千上万的人排着队不分白天黑夜地在大坝后面查找渗漏和管涌;二是指挥防洪的决策人在洪水距离坝顶还有一定高度的情况下因为害怕堤坝决口被迫作出分洪的决定,这种做法虽然减轻了防洪压力但也造成了很大的经济损失。如果采用松花江或新奥尔良这种地下生"根"的堤坝,这些事情就都不会发生。依靠科技创新建设长治久安的护岸堤坝是消除水患灾害的一条根本出路,用一年抗洪救灾的资金实现百年安全度汛是一件利国利民的大事,也是一件完全可以办到的事情。

(四)水力插板能够在沿海地区建设长治久安的防潮堤坝

十多年前在黄河三角洲地区因为风暴潮灾害摧毁了大量的防潮堤坝才产生了水力插板技术,经过长时间科技攻关,水力插板技术日臻成熟,但是因为它是一个新生事物,推广应用十分困难。通过松花江6.5 km的防洪堤坝建设可以清楚地看到,采用水力插板建设江、河、湖泊的防洪堤坝和沿海地区的防潮堤坝与目前国内外各种施工技术相比都具有明显的优势。

沿海很多地方建设防潮堤坝都可以采用松花江这种工程结构形式,但也有一些地区因水文地质条件不同对建设防潮堤坝提出了不同要求,水力插板都能够以灵活多变的结构形式来加以解决。下面以正在规划设计中的防潮堤坝为例加以说明。这条堤坝长2.5 km,高9.5 m,建设位置的地面高程为−2 m,上部地层4~5 m是淤泥,下部为正常的砂泥质地层,堤坝建成之后仍然是两面临水。很明显,在这种地区采用传统技术施工会遇到很多困难,而采用水力插板施工则完全是另外一种局面。采用水力插板建设这种堤坝的方法介绍如图7-5~图7-8所示。

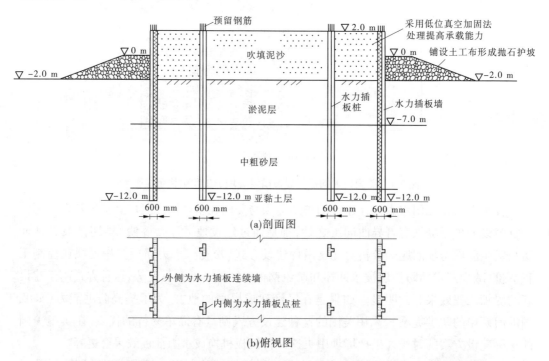

图 7-5　将预制的 T 形水力插板插入地层,注浆固缝后堤外抛石防护,堤内吹填泥沙

通过工程结构图可以看到这条堤坝的建设采用了多种技术,即抛石防护和吹填泥沙仍然属于堤坝建设技术,钢筋混凝土桩板进入地层和实现板间整体连接属于石油行业中的喷射钻井技术和固井技术,堤坝上部结构很明显已经属于建筑行业中修建框架结构楼房的技术。也正是因为水力插板具有一套类似摆积木一样的施工方法,才能够把这些看起来互不相关的技术科学组合成一个整体,有效地解决了建设海上防潮堤坝所遇到的多种难题,实现了用有限资金建设长治久安防潮堤坝的目标。沿海地区建设防潮堤坝既可

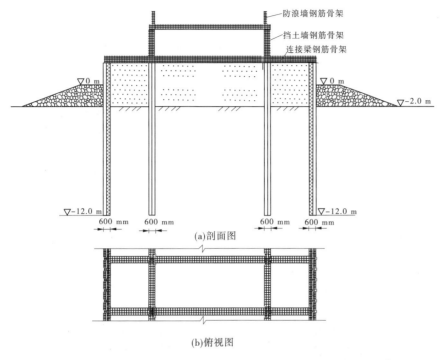

(a)剖面图

(b)俯视图

图 7-6　利用顶部预留钢筋统一绑扎形成挡土墙及连接梁骨架

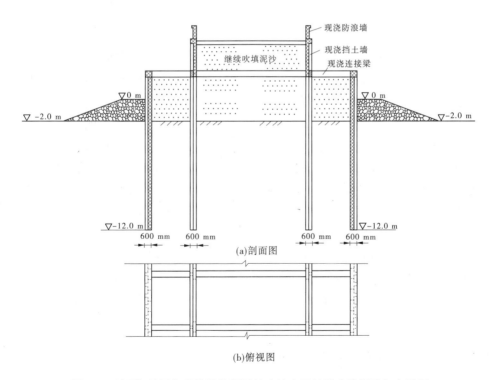

(a)剖面图

(b)俯视图

图 7-7　利用钢筋骨架现浇连接梁及挡土墙之后继续吹填泥沙加高堤坝

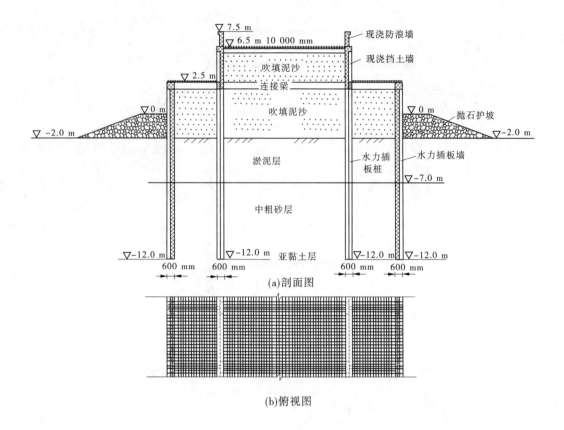

图7-8 顶部统一绑扎钢筋准备现浇混凝土形成全封闭的水力插板重力坝

以采用松花江这种建设方式,也可以选择其他多种方式。前面所述的全封闭水力插板重力坝不仅适用于水文地质条件比较复杂的地区建设防潮堤坝,而且完全可以用于建设海上堤坝。这种堤坝依靠它全封闭的钢筋混凝土外壳能够抵抗任何风浪的冲击破坏,吹填泥沙形成的内部坝体一方面可以增强堤坝的稳定性,另一方面又能够大幅度降低工程造价,一整套独创的施工设备和机具为建设海上水力插板堤坝创造了必要的条件。这种建设模式从思维观念到技术措施都具有新颖性,对于今后建设海上堤坝可能会产生重要影响,其原因是水力插板进入地层固结成一个整体抵抗风浪冲击破坏的能力要远远高于传统海上堤坝表面的栅栏板、扭工字块和扭王字块。虽然水力插板和这些构件都是钢筋混凝土预制件,但是一个如同地下生了根的树,另一个如同堆在地上的木头,尽管两者的材料相同但在风浪冲击下保持安全稳定的能力是绝对不同的。传统的堤坝主要依靠增大结构断面和提高防护层建设标准来解决安全稳定问题,这种做法既不利于控制工程造价,也不容易满足安全稳定的实际需要。

二、应用水力插板建设港口航道

(一)水力插板技术具备了建设港口航道的条件

建设两条拦沙堤坝形成港口航道是国内外共同采用的一种方法。应用水力插板建设海上堤坝的技术经过十多年的研究和试验,目前已经成熟。2008 年 8 月在山东省科技厅组织的鉴定会上,以全国港航系统知名专家谢世楞、顾心怿院士为首的鉴定委员会全体成员逐一考查了水力插板的技术特点,建设海上堤坝的专用设备和机具,应用水力插板已经建成的航道和在外海水域建成的试验堤坝之后对这项技术给予了充分的肯定和高度的评价。专家评审鉴定意见如下:

鉴定意见

2008 年 8 月 16 日,山东省科技厅在东营市组织专家召开了《水力插板成套技术研究与应用》成果鉴定会,鉴定委员会听取了项目组的工作报告和技术研究报告,审阅了相关材料,经现场考察,质疑答辩,形成如下鉴定意见:

一、提供的材料齐全完整,数据翔实,符合鉴定要求。

二、水力插板成套技术是借鉴了其他领域有关技术,自主研发的一种新技术、新工艺。该技术采用水力喷射的方法切割地层,将插板插入地下,然后注浆固缝使钢筋混凝土板在地下连成整体,组建成所需要的工程设施。

三、该技术将传统的施工方式变成了工厂化、预制化施工,具有应用范围广、施工速度快、工程造价低、基础入地深、创新性强、整体性、连续性好等特点。其中插板间连接结构构思新颖、独特。

四、通过长期大量的试验研究、技术开发和应用改进,先后在水力插板的制造工艺、方法,施工机具、设备研制和插板应用工程等方面,获得国家发明和实用新型专利 29 项,填补了国内外空白。

五、在总结实践经验的基础上,制定了有关水力插板工程技术规程,为工程的设计和施工提供了依据。

六、该项目在黄河河口地区河道整治工程、松花江防洪堤坝工程、水闸、泵站、涵洞、码头、航道桥梁、水库围堤建设等工程中进行了广泛应用,取得了显著的经济效益和社会效益,在水利工程,港口航道、建筑工程等领域具有广阔的应用前景。

鉴定委员会认为,该成果总体上达到国际先进水平,其中板间连接技术达到国际领先水平。

建议:进一步开展应用于海洋工程的冲刷防护和施工设备等研究。

(二)10 年科技攻关解决了水力插板建设海上堤坝的安全稳定问题

在砂泥质地层的海洋中建设堤坝,安全稳定是一个关键问题,采用水力插板建设海上堤坝又是一件前无古人的事情,必须经过一系列的试验。从 1998 年开始在 10 年时间内先后进行了 5 次海上建设工程试验,取得三胜两负的成果,经历了一个从失败到成功的转化过程。具体情况如下所述。

1.1998 年和 1999 年进行了 3 次试验的情况

1998 年和 1999 年进行了 3 次试验的情况,如图 7-9 所示。

（a）1998 年夏天在桩西海域建成试验堤坝 200 m，所用水力插板长 9 m、宽 1 m、厚 0.25 m、入地深 4.5 m，地面以上高 4.5 m，入地深度与地面以上高度比例为 1:1，堤坝形成后短时间内即被海浪推倒

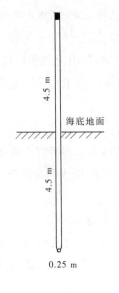

（b）1999 年夏天在孤东海域建成试验堤坝 200 m，水力插板长 12 m、宽 1.2 m、厚 0.4 m 工字形板。入地深度 6.7 m，地面以上高度 5.3 m，入地深度与地面以上高度比例为 1.26:1，堤坝形成半个月后在一次大风天气全部被海浪推倒

（c）1998 年在桩西海域采用长 16 m、宽 1 m、厚 0.3 m 的水力插板建设试验堤坝，混凝土板入地深度 10 m，地面以上高度 6 m，入地深度与地面以上高度比例为 1.6:1。这段堤坝由于大幅度增加了混凝土板的长度，建成至今已超过 10 年，经受了各种风浪的冲击始终保持安全稳定，这一试验成果证明混凝土板入地深度对安全稳定有重要影响

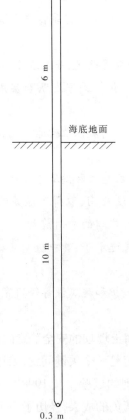

1999 年建设海上试验堤坝的施工情况

试验堤坝建成后经受海上风浪冲击的现场照片

图 7-9　1998 年和 1999 年进行试验的情况

2. 2004 年建成水力插板航道进行试验的情况

开发海上油田所用的海底管线在下水时需要有一段航道,原来的航道是用传统挖泥方式建成的,使用过程中泥沙淤积现象非常严重。2004 年采用水力插板建成两条拦沙堤坝形成航道之后至今没有清淤过一次却始终保持了畅通无阻,这一试验成果显示出水力插板拦沙堤的重要作用。水力插板航道如图4-14所示。

3. 2007 年在东营中心渔港外海水域建成水力插板航道拦沙堤坝进行系统试验的情况

1)东营中心渔港水力插板航道拦沙堤坝建设位置

东营中心渔港水力插板航道拦沙堤坝建设位置如图7-10所示。

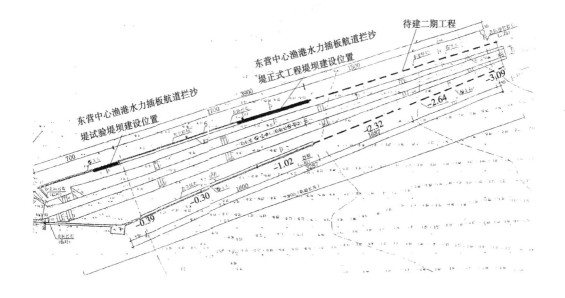

图7-10 东营中心渔港水力插板航道拦沙堤坝建设位置图

2)东营中心渔港航道拦沙堤坝施工建设情况

2007 年在东营中心渔港设计建设航道拦沙堤坝的线路上采用长 9 m、宽 1.2 m、厚 0.32 m 的水力插板建成了 115 m 试验堤坝,目的是为正式工程建设提供参考依据。试验堤坝的施工建设情况如图7-11所示。

2009 年 5 月在东营中心渔港建设水力插板航道拦沙堤正式工程堤坝,工程建成后的情况如图7-12所示。

东营中心渔港北防沙堤距离海岸线两千米以外是水力插板建设的航道拦沙堤,距离海岸线两千米以内是采用传统施工技术建设的斜坡抛石坝作为航道拦沙堤。2010 年 1 月渤海湾出现 40 年一遇的海上结冰问题,水力插板建设的航道拦沙堤始终保持稳定,冰层融化后经检查全部保持完好无损,而处在海岸线方向的斜坡抛石坝却遭到了严重破坏,充分证明水力插板建设海上堤坝在安全稳定性能方面占有明显优势,如图7-13所示。

（a）利用自行研制的施工设备将水力插板
插入海底地层

（b）桩板之间注浆固缝形成整体,顶部绑扎
钢筋现浇帽梁和安全标志桩

（c）在东营中心渔港建成的水力插板航道拦沙堤试验堤坝

图 7-11　试验堤坝的施工建设过程

图 7-12　东营中心渔港建成的水力插板航道拦沙堤正式工程堤坝

1. 东营中心渔港在距离海岸线两千米以外是采用水力插板建设的航道拦沙堤坝,经受渤海湾 40 年一遇海冰推挤破坏的情况下始终保持了安全稳定,冰层融化之后经过检查水力插板堤坝全部保持完好无损

2. 东营中心渔港同一条堤坝在距离海岸线两千米以内是采用传统技术建设的斜坡抛石坝,同样是经受这一次海冰影响却遭到了严重破坏

①受冰层推挤部分堤坝栅栏板错位变形

②海冰及风浪的冲击使部分坝体产生了沉陷

③冰层的推挤使浆砌石构筑的堤坝顶面受到了严重破坏

图 7-13

对比情况说明:同一时间采用两种技术建设的同一条堤坝在同样经受海冰影响的情况下,可以清楚地看到水力插板建设海上航道拦沙堤坝在安全稳定性能方面占有明显的优势。

(三)水力插板成套技术解决了建设海上堤坝的多种难题

受海洋环境的影响,建设海上堤坝普遍存在施工难度大、工程造价高、建设工期长、安全稳定不容易解决等方面的难题。应用水力插板建设海上堤坝经过十多年科技攻关重点解决了八个问题,从而使水力插板建设海上堤坝获得成功。

(1)水力插板与抛石护坡相结合解决了海上堤坝的安全稳定问题。采用传统施工技术建设海上堤坝主要存在基础不牢和坝体抗风浪冲击能力不够的问题。采用水力插板建设堤坝又存在抗折强度不够的问题。经过长期探索试验形成了一种水力插板与抛石护坡相结合的工程建设模式。两者结合之后实现优势互补取得了 1 + 1 大于 2 的效果。水力插板解决了地下基础不牢和上部坝体容易被风浪冲坏的问题,抛石护坡又解决了水力插板抗折强度不够的问题,两者互相保护使水力插板斜坡抛石坝站在海中具有推不倒、折不断、打不烂的鲜明特点。由于上、中、下三个部位的问题都得到了解决,因此是建设海上堤坝最理想的工程结构形式。

东营中心渔港航道拦沙堤所用的水力插板斜坡抛石坝工程结构断面图如图 7-14 所示。

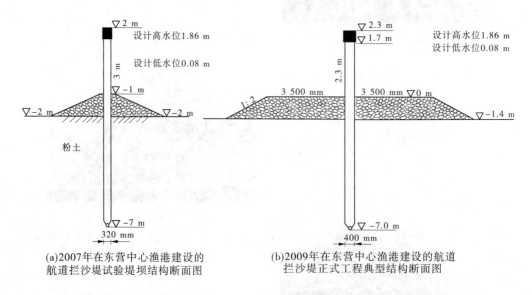

(a)2007年在东营中心渔港建设的
航道拦沙堤试验堤坝结构断面图

(b)2009年在东营中心渔港建设的航道
拦沙堤正式工程典型结构断面图

图 7-14

(2)认识到水力插板两侧的抛石护坡可以不做防护层,解决了工程造价居高不下的问题。按照传统技术建设海上堤坝,为了安全稳定必须投入大量资金建设防护层,这也是工程造价居高不下的重要原因。经过长期试验后认识到水力插板两侧的抛石护坡相当于墙根底下堆放的石头不做任何防护层而大小块石都能保持稳定,认识到这一自然规律对优化设计方案降低工程造价具有十分重要的意义。东营中心渔港航道拦沙堤水力插板两侧的抛石护坡不做防护层长期保持安全稳定的实测记录资料如下：

测量日期：2007年12月25日

北

西 -1.7　-1.2 -1.0 -0.6 -1.0 -1.0 -1.5 -1.3 -1.6 -0.9 -1.0 -1.1 -0.8 0.4 -0.5 -0.5 -0.8 -1.1 -1.0 -0.8 -0.5 -1.6　东
　　-1.3 -1.2 -1.5 0.1 -1.0 -0.4 -0.5 -1.2 0.0 -0.4 -0.1 -1.6 -0.9 -0.8 -0.3 -0.7 -1.0 -0.4 -0.2

测量日期：2008年1月4日

西 -1.7　-1.1 -0.8 -0.4 -0.9 -0.9 -1.5 -1.1 -1.6 -0.8 -0.8 -1.1 -0.9 0.4 -0.2 -0.4 -1.2 -1.1 -0.8 -0.6 -1.5　东
　　-1.5 -1.5 -1.4 0.0 -0.5 -0.6 -0.5 -1.1 0.0 -0.7 0.0 -1.6 -0.9 -0.7 -0.3 -0.7 -1.0 0.1 0.2 -1.5

测量日期：2008年3月24日

西 -1.7　-1.1 -0.8 -0.4 -0.9 -0.9 -1.5 -1.1 -1.6 -0.8 -0.8 -1.1 -0.9 0.3 -0.4 -0.2 -0.9 -1.2 -1.1 -0.6 -1.5　东
　　-1.5 -1.5 -1.4 0.0 -0.5 -0.6 -0.5 -1.1 0.0 -0.7 0.0 -1.6 -1.1 -0.9 -0.3 -0.7 -1.0 0.1 0.2 -1.5

测量日期：2008年5月9日

西 -1.7　-1.1 -0.8 -0.4 -0.9 -0.9 -1.5 -1.1 -1.6 -0.8 -0.8 -1.1 -0.9 0.3 -0.4 -0.2 -0.9 -1.2 -1.1 -0.6 -1.5　东
　　-1.5 -1.5 -1.4 0.0 -0.5 -0.6 -0.5 -1.1 0.0 -0.7 0.0 -1.6 -1.1 -0.9 -0.3 -0.7 -1.0 0.1 0.2 -1.5

测量日期：2008年6月5日

西 -1.7　-1.1 -1.0 -0.5 -0.9 -1.0 -1.5 -1.2 -1.3 -1.1 -1.0 -1.1 -0.5 0.5 -0.5 -0.3 0.7 -1.1 -0.8 -0.6 -1.5　东
　　-1.5 -0.3 -0.4 -0.2 -1.1 0.0 -0.6 -1.1 0.0 -0.4 -0.7 -0.4 -0.9 0.1 -0.1 -1.5

测量日期：2008年8月1日

西 -1.5　-1.2 -0.9 -0.6 -0.9 -1.0 -1.2 -1.2 -1.3 -1.0 -0.5 -0.6 -0.5 0.3 -0.7 -0.6 -0.1 -1.1 -0.8 -0.6 -1.3　东
　　-1.5 -1.6 -1.3 -0.2 -0.5 -0.5 -1.4 -0.7 -0.1 -0.5 -0.2 -1.6 -1.0 -0.7 -0.5 -1.1 0.1 -0.5 -1.4

测量日期：2009年3月14日

西 -1.5　-1.2 -1.0 -0.5 -0.8 -0.9 -1.6 -1.2 -1.5 -1.0 -1.0 -1.1 -0.5 0.5 -0.5 -0.3 0.7 -1.1 -0.8 -0.6 -1.3　东
　　-1.5 -1.2 -0.3 -0.4 -0.5 -1.3 -0.1 -0.4 -0.2 -1.0 -0.7 -0.4 -0.5 -1.0 0.1 -0.5 -1.4

（3）堤坝基础大幅度加深解决了地层液化影响安全的问题。海底沙泥质地层在外力作用下存在液化的问题。受风浪影响海底地层能够产生液化这一自然规律对航道的淤积和海上堤坝的安全稳定造成了严重影响，也是海上建设堤坝处于极端困难状态的一个根本原因。

1）用于试验海面风浪引起海底地层液化的航道

用于试验海面风浪引起海底地层液化的航道示意图如图4-15所示。

2）试验结果及解决办法的提出

2006年9月东营港在水深12.5 m海域挖成上图所示的试验航道，中国海洋大学工程学院负责观测记录。从2006年9月29日到12月12日，经过74 d时间3 m深度的航道被全部淤平，其中10月27日和11月29日两次大风分别淤积1.17 m和1.33 m。众所周知，在水深12.5 m海域水中泥沙含量受风浪的影响已经很小，挖成的航道平时能够保持稳定，在大风期间出现快速淤积是因为地层产生了液化。刮大风时海面上波峰与波谷之间高差增大，海底地面承受的交变载荷也相应增强，从而引起海底地层液化出现了泥沙流动淤积航道的问题,受风浪影响能够引起液化的地层深度一般在4 m以内。通过这项试验可以清楚地看到如果不修建拦沙堤坝只靠挖泥船清淤不可能建成稳定的航道。海底上部地层在大风期间能够由固态转变为液态这一自然规律对海中堤坝的安全稳定造成了严重影响,解决这一难题最有效的办法就是让堤坝基础入地深度超过能够引起液化的地层深度。水力插板堤坝的基础入地深度已经满足了这一要求,采用传统技术建设的海上堤坝要加深基础却难于登天,海中建设的堤坝如果只能将基础摆放在海底地面上,安全稳定方面将是一个致命的弱点。这也正是美国密西西比河河口、中国长江口和黄骅港建设海上航道拦沙堤坝处于极度困难状态的一个根本原因。通过世界上破除拦门沙建设海上航道几种方法的对比可以清楚地看到采用水力插板斜坡抛石坝是一种最佳选择(见图7-15)。

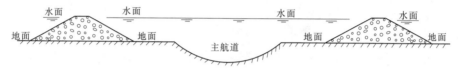

(a)采用抛石构筑的航道拦沙堤坝(美国密西西比河河口与中国黄骅港均为此种工程)

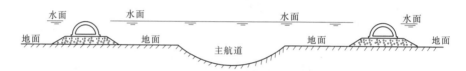

(b)采用抛石与摆放半圆形混凝土预制件构筑的航道拦沙堤坝(中国长江口航道工程)

(c)采用水力插板与抛石护坡构筑的航道拦沙堤坝(水力插板斜坡抛石坝是一种地
下生根的堤坝,在安全稳定性能、施工建设速度和工程造价方面占有绝对优势)

图7-15

(4)上部坝体为钢筋混凝土整体结构解决了风浪冲击和破碎波影响对堤坝造成破坏的问题。风浪冲击和破碎波影响对堤坝造成的破坏主要是上部坝体,水力插板堤坝的这一部分坝体正好是钢筋混凝土整体结构,能够抵抗各种风浪的冲击破坏,同时也减少了堤坝建成后的维修工作量。

(5)海上插板与抛石防护同步进行解决了施工过程中的水毁问题。建设海上堤坝,受天气变化的影响在施工过程中容易发生水毁问题。为了解决这一难题,在采用水力插板建设海上堤坝的过程中把插入混凝土板、抛石防护、注浆固缝和现浇帽梁四道工序组合成一个整体,严格按照规定的程序和标准向前推进,特别是插入混凝土板与抛石防护这两道工序必须做到同步进行同时完成,这就有效地杜绝了施工过程中发生水毁问题,为保证海上堤坝的顺利建成创造了条件。

（6）特殊的施工方法解决了深水海域建设堤坝困难的问题。深水海域建设堤坝安全稳定问题十分突出，同时也带来了施工难度大、工程造价高、建设工期长等一系列问题。水力插板斜坡抛石坝能够解决这一难题，除结构形状方面的优势外，"两变三不变"的施工方法也发挥了重要作用。"两变"是指桩板长度和抛石护坡的高度随着海底地面高程的变化而变化；"三不变"是不管海底地面高程如何变化，水力插板外露在抛石护坡顶面以上的长度不变、抛石护坡顶部的宽度不变、抛石护坡两侧的坡度不变。很明显，正是因为桩板外露在抛石面以上的长度不变，极大地减少了对水力插板抗折强度方面的担心，堤坝建设位置越向深水海域推进，抛石面以下的水力插板越长，整个水力插板堤坝的安全稳定性能也就会不断增强。其结果是深水海域中建设的堤坝反而比浅水海域中的堤坝更安全稳定。如果采用传统施工技术建设海上堤坝得出这样的结论，一定会被认为不可能，采取"两变三不变"方式建设水力插板斜坡抛石坝却是一个必然的结果，这也是在深水海域建设堤坝要改变被动局面的一条根本出路。

（7）独创的施工技术解决了整体连接、快速进桩及水下基础充填加固的问题。水力插板与普通板桩相比具有多方面的特点，正是这些特点才构成了建设海上堤坝的优势。其中，整体连接是水力插板的一个突出特点，也是与普通板桩的一个重要区别。实现整体连接的技术经过十多年的发展目前已获得 6 项国家专利，2008 年山东省科技厅组织专家鉴定确认板间连接技术达到了国际领先水平。这项技术的特点就是让地面上分散的、单块的水力插板在进入地层之后变成一块整板，板间结合部的密封程度和连接强度达到和超过钢筋混凝土板本身的性能。这就从根本上消除了堤坝的渗漏和管涌这一重大安全隐患，对于防止溃堤垮坝和截渗防碱都具有非常重要的作用。

进桩速度关系到建设水力插板工程的经济效益，同时又是提高工程质量的重要保证。快速进桩是水力插板的另一个特点，传统桩基工程已经形成了多种多样的进桩技术，但是进桩速度都无法满足水力插板的需要。为了提高水力插板的进桩速度，从 1997 年开始就建设试验站进行了长期的系统试验，同时又经过 90 多项工程的现场施工不断改进，从而使水力插板的进桩速度不断提高，成为这项技术向前发展的一个重要标志。在松花江建设的防洪堤坝水力插板长 8 m、宽 1.66 m、厚 0.24 m，每块板进入地层的时间为 5 min。在东营中心渔港建设海上航道拦沙堤坝水力插板长 9 m、宽 1.2 m、厚 0.4 m，每块板进入地层的时间在 10 min 以内。对于横断面面积如大的桩体，采用传统施工技术要达到如此快的进桩速度是难以想象的事情。

水力插板属于桩基工程中水冲桩的类型，提起水冲桩很多人都会想到一个问题，水力冲刺切割地层之后桩板与地层之间会留下一个缝隙影响基础的稳定，这也是水力插板建设海上堤坝遇到的一个大难题。针对这一情况，通过长期的试验形成了一种导流沉沙技术巧妙地解决了这个问题。具体作法是利用海上插板所用的操作平台从海底地面开始向上至 0.5 m 的高度用钢板制作成一个导流拦沙的"围裙"，混凝土板向下插入地层时返出的高含沙水在"围裙"控制下从已经插完的混凝土板两侧流过，水中挟带的粉质砂首先必须填满混凝土板与地层之间的缝穴然后才能向外流动。这种经水洗之后自然沉积下来形成的"铁板沙"强度远远超过了四周的原状土,对水力插板堤坝地下基础的安全稳定起到了非常重要的作用,这也是水力插板建设海上堤坝过程中的一次重大突破。

海上插板导流沉沙加固基础示意图如图 7-16 所示。

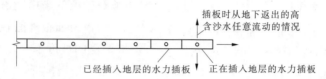

(a)原来施工时水力插板切割地层返出来的高含沙水向四面流动的状况

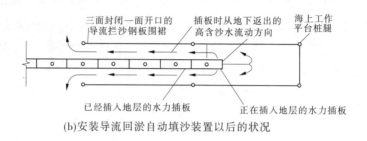

(b)安装导流回淤自动填沙装置以后的状况

图 7-16　海上插板导流沉沙加固基础示意图

(8)独特的专用设备解决了水力插板建设海上堤坝的施工问题。水力插板技术在国内外均属首创,应用水力插板建设海洋工程更是一件前无古人的事情。海上施工的环境相当复杂,有了施工技术如果没有专用设备和机具建设海上堤坝只是一句空话。为了解决这一问题,在形成建设海上堤坝工艺技术的同时对所需用的设备和机具也进行了系统的研究和试制,形成了独具特色的一整套专用设施,为建设水力插板海上堤坝创造了条件。以研究试制水力插板专用吊机为例,从 1998 年开始先后试制了 9 代产品,形成了独树一帜的水上作业吊机,并且获得了国家的发明专利。十多年来试制水力插板专用吊机的部分照片见图 3-1、图 3-3、图 3-5 和图 3-6。

水力插板专用吊机的演变过程反映了水力插板工艺技术的不断发展和提高。大到专用吊机,小到建设海上水力插板堤坝的脚手架、注浆固缝装置、扶正定位装置等设施全部根据海上施工的实际需要进行了系统地研制和改进,形成了专用设备和专用机具。十多年来,在极度艰难的环境中通过不间断的科技攻关使水力插板建设海上堤坝逐步形成了配套技术,一步一个脚印采取摸着石头过河的办法走上了一条新路,通过上述八个问题的解决使水力插板建设海上堤坝从一种主观愿望变成了客观现实。

三、应用水力插板建设海上高效养殖区

山东半岛南北两翼有大量滩涂和浅海水域,目前的开发利用水平比较低,主要原因是受风暴潮灾害的影响。1992 年和 1997 年两次风暴潮给山东沿海地区造成了重大的经济损失,仅以地处黄河三角洲的胜利油田为例,投入大量资金建成的防潮堤坝在两次风暴潮

中严重毁坏,经济损失达9亿元。在与风暴潮灾害作斗争的过程中认识到防潮堤坝的施工建设技术必须改进和创新,应该把发展海洋经济和防止自然灾害结合起来,通过建设高效养殖区来防止风暴潮灾害。应用已经形成的堤坝建设技术,这一目标不仅能得以实现而且具有十分可观的经济效益和社会效益。

（一）应用水力插板可以在沿海水域建成一种安全稳定的防潮堤坝

现有的防潮堤坝建设位置一般都在陆地与海洋交界的地方,如果在水深2～3 m的海域建设堤坝,一方面工程造价大幅度增加,另一方面建设堤坝阻断了海水正常流动又会给海洋环境带来不利影响。

出现在黄河三角洲地区的水力插板技术经过10多年的研究、改进和发展,目前已获得30多项国家专利,建成了90多项工程,其中各种堤坝30多km。应用水力插板建设堤坝,具有预制化程度高、施工速度快、工程造价低、堤坝根基深、整体连接好、抗水毁能力强、平时少维修等明显的优势。水力插板技术以其独创的施工方法和结构形式,可以建成多种多样的防潮堤坝。建议的在东营北部海域建设的这种透水防潮堤坝具有堤坝和桥的两种功能,既能像堤坝一样防止风暴潮灾害,又能像桥一样保证海水从下面正常通过,从而把建设海上高效养殖区和防止风暴潮灾害科学地结合起来,形成一种建设海上山东的新模式。应用水力插板在海上建设堤坝的施工情况如图7-17～图7-19所示。

(a)　　　　　　　　　　　　(b)

图7-17　利用独创的海上施工设备将水力插板插入海底地层

图7-18　通过板间结合部注浆固缝和顶部现浇帽梁
使进入地层的水力插板形成整体

(a) 应用两排水力插板建成的航道

(b) 在外海水域建成的航道拦沙堤坝

(c) 应用水力插板建成的具有桥和堤坝两种功能的水上工程

图 7-19　海上已建工程情况

(二)东营北部海域创建高效养殖区的条件

1. 采用水力插板透水防潮堤坝可以在东营北部海域创造网箱养鱼的条件

网箱养鱼是一种高密度养殖,具有高效益、高风险的特点,近 10 年来发展很快,然而东营北部海域却因为没有避风条件无法开展这项工作。水力插板透水防潮堤坝能够在宽广的海面上为网箱养鱼创造必要的条件。

(1)透水防潮堤坝建设位置水深 3~5 m,可以满足网箱养鱼所必需的海水深度;

(2)透水防潮堤坝建成之后能够保持海水正常流动和交换,可满足网箱内高密度养鱼的需要;

(3)透水防潮堤坝能够有效地抵抗风暴潮灾害,为网箱养鱼提供了安全保障;

(4)透水防潮堤坝建设位置水质状况良好,交通方便,水文地质条件有利于工程建设。

拟建高效养殖区海域为砂泥质地层,以粉砂质地层为主,该地区是我国著名的渔场之一,盛产螃蟹、蛤、毛虾、海蜇等水产品,是鱼类、贝类养殖基地和重要的鲈鱼出口基地。

这一海域近海盐度一般为 30‰,最大值为 32.6‰,水温变化大,夏季表层水温可达 22~29 ℃,冬季降至 0.3~4.3 ℃,pH 值一般为 7.85~8.5,属正常范围,溶解氧平均 6.20 mol/L,磷酸盐平均 0.32~0.59 μmol/L,无机结合氮 2.8~13.5 μmol/L。上述要素虽然受水温、径流和生物作用的影响有所变化,但均在生物生存和发育的适应范围内,拟建的高效养殖区受陆上污染源影响相对较小。总的来说,生物生存的水化条件较为优越,养殖区域的选址是合理、可行的。

2.创建高效养殖区的推荐方案

为了积极稳妥地推动这项工作,建议首先在东营北部海域建成一个高效养殖示范区,即在东营港西面(东营市河口区管辖的海域)开展这项工作。具体做法是在水深3～5 m海域采用水力插板形成一片既能消除风暴潮灾害又能保持海水正常流动的高效养殖示范区,在示范区内有计划地安排网箱养鱼和贝类养殖,通过示范区的带动作用把建设高效养殖区和防止风暴潮灾害这项工作积极稳妥地向前推进。

高效养殖示范区透水防潮堤坝施工建设方法如图7-20所示。

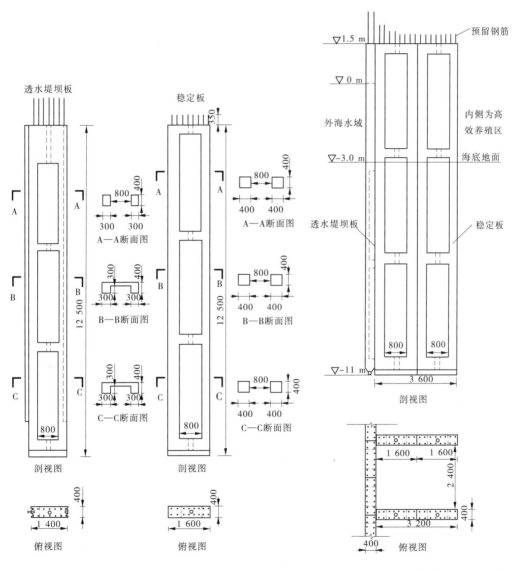

(a)预制两种水力插板　　　　　　(b)插入两种混凝土板注浆固缝形成整体

图7-20　高效养殖示范区透水防潮堤坝施工建设方法　(单位:mm)

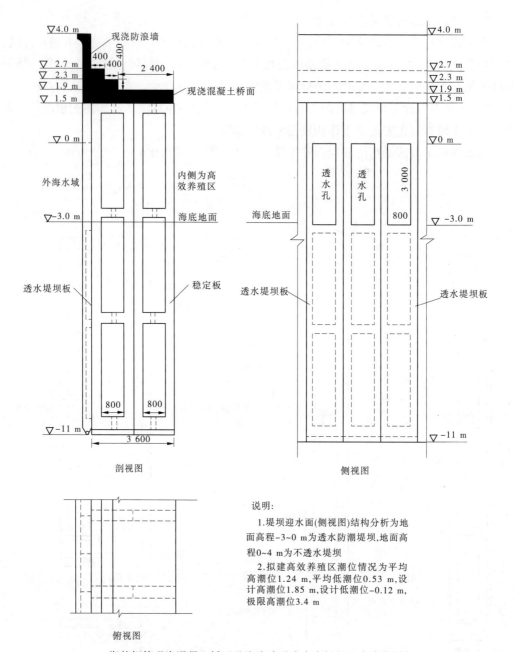

剖视图

侧视图

俯视图

说明：

1.堤坝迎水面(侧视图)结构分析为地面高程−3~0 m为透水防潮堤坝,地面高程0~4 m为不透水堤坝

2.拟建高效养殖区潮位情况为平均高潮位1.24 m,平均低潮位0.53 m,设计高潮位1.85 m,设计低潮位−0.12 m,极限高潮位3.4 m

(c)绑扎钢筋现浇混凝土桥面及防浪墙形成水力插板透水防潮堤坝

续图 7-20

3.高效养殖区的养殖模式

利用水力插板透水防潮堤坝建成一个水流平稳的高效养殖区。采取上层网箱养鱼,下层养殖贝类、海参的养殖模式。养殖方式及可供养殖的品种有以下几种。

1) 网箱养鱼

网箱养鱼是一种投资少、效益高,具有极大发展前途的集约化养殖方式。发展网箱养鱼必须具备以下条件：①选择风浪小、具备一定海水流动速度的水域设网箱，海区水质必须符合《海水水质标准》(GB 3097—82)，水深要满足网箱养鱼的需要，底质最好是砂质壤土，交通方便，便于管理；②要有适应网箱养鱼要求的苗种数量；③要有足够的饵料来源；④要有合格的养殖人员。东营北部海域水力插板透水防潮堤坝圈围水域的特点和这个地区的实际情况完全具备了网箱养鱼的条件。

可供网箱养殖的鱼类品种主要有牙鲆、河豚、鲈鱼、真鲷、黑鲷、美国红鱼等高价值品种。现将上述鱼类特点介绍如下：

(1)牙鲆。地方名左口、比目鱼、偏口、牙片，为近海温水性底栖鱼类，喜栖息于沙泥底带；食物以小型非经济鱼类为主；牙鲆生长的适温范围为 2~27 ℃，适盐范围为 28‰~31‰；苗种来源于人工育苗。

(2)河豚。现在进行较大规模养殖的有 3 种，即红鳍东方豚、假晴东方豚和暗纹东方豚。前二者为海水鱼，后者生活于海洋，在淡水中产卵。三者中以红鳍东方豚价值最大，每年都有部分自然捕捞及养殖的商品鱼出口日本。红鳍东方豚的最适生长水温是 16~23 ℃，水温降至 9 ℃以下其活动减弱并停止摄食；主要摄食小鱼，其次为虾、蟹类和乌鱼类；苗种来源于人工育苗。

(3)鲈鱼。鲈鱼耐盐范围广，可生活于盐度为 34‰ 的海水中，也可溯河生活于半咸水或淡水中，适温范围也很广，可耐受 2 ℃的低温和 31 ℃的高温；主要摄食野杂鱼虾；苗种来源于莱州湾，野生苗种能满足生产需求。

(4)真鲷。真鲷又名红加吉。为近海暖水性底层鱼类，最适生长水温 20~28 ℃，14 ℃时食欲减退，4 ℃以下死亡；食性以杂鱼为主；苗种来源于人工育苗。

(5)黑鲷。黑鲷为海产名贵鱼，对盐度变化的适应性很强，生存盐度范围为 4.0‰~35.0‰，生存适温为 3~34 ℃，较耐低溶解氧，杂食性。

(6)美国红鱼。美国红鱼是非常优良的养殖品种，适温范围广，生存温度范围为 2~33 ℃，耐盐能力强，在海水和淡水中均能生长，耐低氧能力强，引起死亡的临界溶解氧含量为 2.2 mg/L；对饵料的接受能力强；养殖时可投喂冰冻小杂鱼虾，也可以投喂人工配合饵料。

2)贝类养殖

适合底播养殖的贝类主要有文蛤、青蛤、硬壳蛤、蚶、蛤仔等，上述贝类的生活特性如下：

(1)文蛤。文蛤俗称花蛤，肉味清鲜，有天下第一鲜之称。文蛤为广温性贝类，栖息于潮间带及水深 5~6 m 的海域。生长适温为 15~25 ℃，适宜的海水相对体积质量为 1.014~1.024。

(2)青蛤。青蛤为滤食性贝类，以硅藻为主。青蛤对水温、盐度的适应能力较强，在表层水温为 0~30 ℃的我国沿海均有分布，适宜的海水相对体积质量为 1.013~1.024。

(3)硬壳蛤。硬壳蛤在国际市场十分畅销，每磅价格 3 美元左右。其耐受温度范围 -2~35 ℃，耐受盐度范围 18‰~48‰。

(4)蚶。蚶科贝类在我国沿海广为分布，已发现有 30 种左右，其中泥蚶、毛蚶和魁蚶适应范围广、产量高、经济价值大，是重要的养殖对象。

（5）蛤仔。俗称蚬子、花蛤等，因其营养丰富，味道鲜美，颇得人们喜爱。蛤仔喜栖于中低潮区泥沙滩涂上。生长适宜温度范围 5～35 ℃。

近年来，海参在虾池中试养成功，采用水力插板形成的高效养殖区为海参养殖创造了良好的条件，可以在养殖区内积极探索海参等海产珍品的养殖。

通过以上所述的网箱养鱼和底播贝类养殖方式，在水力插板透水防潮堤坝圈围的海域形成一种综合、高效、立体的生态养殖模式，从而使经济效益最大化。鱼类的粪便、残饵为底栖贝类提供饵料，底栖贝类又可以净化养殖区域的水质，形成一种科学的良性循环。通过水力插板堤坝建设技术逐步把沿海地区宽广的水面变成高效养殖区，为人类利用海洋获取蛋白质探索一条新路。

（三）创建高效养殖区综合效益分析

东营北部沿海地区创建高效养殖区防止风暴潮灾害这一项目既有可观的经济效益又有十分明显的社会效益。

1. 创建高效养殖区具有可观的经济效益

传统的水产养殖方式由于受水中含氧量的限制不可能实现高密度养殖，在水力插板透水防潮堤坝圈围的海域海水能够保持正常的流动状态，解决了高密度养殖水中含氧量不足的问题，水力插板堤坝又消除了风暴潮灾害影响网箱养鱼的问题，所以能够在宽广的海面上建成以网箱养鱼为主的高效养殖区。根据山东威海地区开展网箱养鱼提供的资料，1 亩（1 亩 = 1/15 hm²，下同）水面的网箱养鱼每年可获利 10 万元以上，经济效益比传统养殖方式高出几十倍。在与潍坊接壤的莱州北部海域，渔民利用芙蓉岛的地理环境搞网箱养鱼，全部养河豚。1 亩水面的网箱养鱼年产值超过 20 万元，每年获利 12 万元以上。这个芙蓉岛依靠山体自然形状形成的海湾虽然可以起到一定的避风减浪作用，但并不能完全消除风暴潮灾害的影响，所以在该处搞养殖的渔民反映，在这里放网箱养鱼如同进了赌场，如果一年不遭受风暴潮灾害，效益就非常好，只要发生风暴潮不仅没有效益，连饲料费、人工费都得赔进去。水力插板透水防潮堤坝创造了一个不受风暴潮影响又能保持海水正常流动的特殊环境，如同进赌场不输钱，这种新的养殖方式将会对沿海地区的水产养殖产生重要影响。

2. 创建高效养殖区防止风暴潮灾害为发展沿海经济创造了条件

发展沿海经济必须防止风暴潮灾害。建设在东营北部浅海中的这种透水防潮堤坝能够抵御各种风暴潮灾害，使沿海地区保持一个平静的水面，建设海上高效养殖区形成的这一道安全屏障为消除沿海地区的风暴潮灾害创造了条件。

随着国民经济的发展和海洋荒漠化问题的加剧，创建高效养殖区和防止风暴潮灾害具有十分重要的意义。水深 3～5 m 海域目前的开发利用水平都很低，推荐应用水力插板建设高效养殖区，依靠高效养殖区防止风暴潮灾害。由于它是一种新生事物，建议首先建成一个具有示范作用的高效养殖区，然后逐步进行推广。开展这项工作需要争取各方领导和各有关部门的理解和支持。

四、应用水力插板形成一种建设桩基工程的新模式

水力插板技术本身属于一种桩基工程技术，由于我们发明水力插板技术的主要目标

是建设水利工程,对桩基工程的应用还没有作更深入的研究和试验。但是,由于水力插板技术本身的技术特点,决定了它在桩基工程方面具有广阔的应用前景,从已经建成的多项工程中也得到了充分的证明。水力插板用于桩基工程方面的特殊优势主要来源于它独特的进桩技术和整体连接技术,这两项技术能够改变桩基工程主要依靠增加桩体入地深度来提高承载能力的传统做法。从已经建设的工程来看,各种类型的水力插板大脚桩和套筒桩对于提高桩基承载能力都具有非常明显的作用,而这些特殊形状的桩基如果离开水力插板技术是无法建成的。在入地深度相同的情况下承载能力大幅度增加对于降低工程造价、提高安全稳定性必然会产生重大的影响,水力插板也必然会成为一种建设桩基工程的新模式。

五、应用水力插板独特的施工方式建设多种多样的工程设施

水力插板工程施工主要包括两个环节:一是预制水力插板,二是插入地下形成工程建筑物。在施工现场,传统的施工建设方式变成了工厂化、预制化生产,这一变化为建设港口码头、道路交通桥、提升泵站、水中人工岛、污水处理池、地下涵洞、地上水闸、渡槽、水渠等工程设施创造了极为有利的条件。以建设在丁字路黄河边上的一座引黄水闸为例,按照传统技术施工已经建成的一座同等流量的水闸,投资为396万元;而采用水力插板施工,投资30万元,施工建设周期只有7 d。更重要的是,这座水闸的建设位置处在黄河的主河槽边,必须承受黄河水的冲刷,传统模式建设的水闸安全稳定性是一个突出问题。这座水力插板引黄水闸的基础入地深为10 m,有效地解决了这一难题。这座水闸虽然是一个特殊环境条件下的例子,但也反映了一些水力插板用于工程建设方面的优势。

应用水力插板建设地下涵洞同样也能反映它的特殊优势。建设地下涵洞传统的做法都是首先打降水井,然后大开挖、铺垫层、绑扎钢筋现浇方涵覆土之后形成涵洞,普遍存在施工周期长、占地面积大、工程造价高的问题。应用水力插板建设地下涵洞就是将整个的施工程序颠倒过来:首先预制水力插板,按照规定的涵洞宽度插入地下形成两道地下连续墙,其次绑扎钢筋现浇顶层形成整体,最后才挖掉洞中泥土形成涵洞。这一改变有效地解决了传统施工方式中存在的几个问题。

附录 水力插板获国家专利情况

　　1997年发明的水力插板技术应用在黄河北丁字路建成第一项工程——打水船码头之后,当时申报了"水力插板墙及其工艺"这样一项发明专利。由于技术处于不断的发展完善和改进之中,十多年来,初期发明的一部分专利技术由于技术过时有的已被新的专利技术所取代,目前累计向国家专利局申报了34项专利。这些专利技术主要分为三种情况,第一种是水力插板的基本专利技术,以"水力插板及使用方法"这项发明专利为代表对水力插板的核心专利技术进行保护。第二种是水力插板应用技术,水力插板在建设不同的工程时形成了不同的专利技术内容,如"水力插板桥"、"水力插板闸"、"插板涵洞"等专利。第三种是以"水力插板平衡吊机"这项发明专利为代表,随着水力插板技术的发展研究和试验成功的各种专用设备和机具。水力插板已累计获得国家专利34项(见附表0-1),其中有6项因技术过时已放弃,现将受保护的28项专利列附录分述。

附表0-1　水力插板获得国家专利简明情况

序号	名称	类型	专利号	申请日期 (年-月-日)	发明(设计)人	专利权人	备注
1	水力插板及使用方法	发明	ZL 200610070402.4	2006-11-24	何富荣	何富荣	
2	水力插板桩板及其加固与形成大脚桩的方法	发明	ZL 200710013586.5	2007-2-10	何富荣	何富荣	
3	海上高效养殖区建设方法	发明	ZL 200610146261.X	2006-12-15	何富荣	何富荣	
4	水力插板平衡吊机	发明	ZL 200810016043.3	2008-5-14	何富荣、孙寿森、马学明、付永林	何富荣	
5	水力插板限位滑道与限位滑板	实用新型	ZL 200720022755.7	2007-5-31	何富荣	何富荣	
6	水力插板防潮堤坝	实用新型	ZL 200420051617.8	2004-6-18	何富荣	何富荣	
7	水力插板航道拦沙堤坝	实用新型	ZL 200620080738.4	2006-1-23	何富荣	何富荣	
8	水力插板围海透水防浪墙	实用新型	ZL 200620080739.9	2006-1-23	何富荣	何富荣	
9	设有伸缩缝的水力插板	实用新型	ZL 200720017598.0	2007-1-18	何富荣	何富荣	

序号	名称	类型	专利号	申请日期（年-月-日）	发明（设计）人	专利权人	备注
10	水力插板喷射管	实用新型	ZL 200420040429.5	2004-5-12	何富荣	何富荣	
11	水力插板滑道、滑板	实用新型	ZL 200420040430.8	2004-5-12	何富荣	何富荣	
12	水力插板透水防潮堤坝	实用新型	ZL 200420097442.4	2004-11-5	何富荣	何富荣	
13	水力插板套筒桩	实用新型	ZL 200420051943.9	2004-6-30	何富荣	何富荣	
14	水力插板闸	实用新型	ZL 200820019434.6	2008-3-22	何富荣	何富荣	
15	水力专用插板	实用新型	ZL 200790000004.3	2007-6-28	何富荣	何富荣	
16	插板码头	实用新型	ZL 03253702.6	2003-9-20	何富荣、唐光裕、应华素	何富荣、唐光裕、应华素	
17	堤坝和桥梁插入施工的组合桩体	实用新型	ZL 200420039147.3	2004-3-18	何富荣、唐光裕、张振荣、应华素	东营桩建水力插板技术有限公司	
18	插板航道	实用新型	ZL 03271476.9	2003-8-18	何富荣、唐光裕、应华素	何富荣、唐光裕、应华素	
19	插板堤坝	实用新型	ZL 03271478.5	2003-8-18	何富荣、唐光裕、应华素	何富荣、唐光裕、应华素	
20	插板涵洞	实用新型	ZL 03253600.3	2003-9-20	何富荣、唐光裕、应华素	何富荣、唐光裕、应华素	
21	水力插板桥	实用新型	ZL 03214683.3	2003-1-17	何富荣、应华素、谭显孟、孙守森	东营桩建水力插板技术有限公司	
22	水力插板喷射管与过水管	实用新型	ZL 200820019633.7	2008-3-25	何富荣	何富荣	
23	水力插板导流回淤自动填沙装置	实用新型	ZL 200820171763.2	2008-9-19	何富荣	何富荣	
24	海上水力插板施工脚手架	实用新型	ZL 200920022548.0	2009-2-23	何富荣	何富荣	
25	水力插板墙及其工艺	发明	ZL 97104494.5	1997-6-23	何富荣、邓国利、马俊德	东营桩建水力插板技术有限公司	因技术过时已放弃

序号	名称	类型	专利号	申请日期 (年-月-日)	发明(设计)人	专利权人	备注
26	双向浮动泵站	实用新型	ZL 00215962.7	2000-8-18	何富荣、谭显孟、应华素	何富荣、谭显孟、应华素	因技术过时已放弃
27	快装水闸	实用新型	ZL 00248479.X	2000-9-1	何富荣、张振荣、潘振元	何富荣、张振荣、潘振元	因技术过时已放弃
28	水、陆、滩三用吊机	实用新型	ZL 01244317.4	2001-8-8	何富荣、付百明、张振荣、谭显孟、应华素	何富荣、付百明、张振荣、谭显孟、应华素	因技术过时已放弃
29	全地形双杆平衡吊	实用新型	ZL 03215039.3	2003-2-14	何富荣、应华素、谭显孟、孙寿森	东营桩建水力插板技术有限公司	因技术过时已放弃
30	水力插板平衡吊机	实用新型	ZL 200820022522.1	2008-5-14	何富荣、孙寿森、马学明、付永林	何富荣	因有了发明专利已放弃
31	建设海上深水航道的方法	发明	200610070562.9	2006-12-4	何富荣、程义吉	何富荣	国家专利局已受理,未发证书
32	水力插板桥与堤坝及施工建设方法	发明	200710013928.3	2007-3-17	何富荣	何富荣	国家专利局已受理,未发证书
33	滩海作业吊机	发明	200710015789.8	2007-5-31	何富荣	何富荣	国家专利局已受理,未发证书
34	海上水力插板施工平台	发明	200910014551.X	2009-2-23	何富荣	何富荣	国家专利局已受理,未发证书

附录一 水力插板及使用方法

授权公告日:2008 年 5 月 14 日 专利号:ZL 200610070402.4 授权公告号:CN 100387785C

一、摘要

一种水力插板包括钢筋混凝土工程板、工具板。钢筋混凝土工具板下端为平面形、锥形或单面斜角形。水量分配管上半部分镶嵌在水力插板内,下半部分设置有水流喷射孔,孔的直径为 2 ~ 8 mm,犬牙变错,均匀分布,每个喷射孔在钢筋混凝土插板横断面相对的地层面积为 9 ~ 36 cm^2,钢筋混凝土工具板下部的水量分配管下端安设有与其走向相一致的金属切割刀片。使用方法包括(A)、(B)、(C)、(D)工序,(D)工序时在内腔室中的空心方钢中插入注浆管道,自下而上地注满水泥浆,整个板间结合部将形成一种带有夹心钢板的钢筋混凝土整体结构;(A)工序时将钢筋混凝土工具板切开地层后起出,在切开的地层中插入简化形工程板,切割与插入交替进行,最终地层中形成简化形工程板整体结构。

二、权利要求书

(1)一种水力插板包括钢筋混凝土工程板、工具板。钢筋混凝土工程板、工具板一侧安设有滑道,另一侧安设有滑板,顶部安设有提升吊环和埋设有预留钢筋,滑道、滑板的两侧设置有半圆形、半正方形、半长方形、半菱形或半椭圆形凹槽,两块板插入地下后即可形成横截面为整圆形、整正方形、整长方形、整菱形或整椭圆形结构的垂向隔水道,钢筋混凝土工具板内垂直安设有过水管,底部横向安设有与过水管相连通的水量分配管,其特征在于钢筋混凝土工具板下端为平面形、锥形或单面斜角形。水量分配管上半部分镶嵌在水力插板内,下半部分设置有水流喷射孔,孔的直径为 2 ~ 8 mm,犬牙交错,均匀分布,每个喷射孔在钢筋混凝土插板横断面相对的地层面积为 9 ~ 36 cm^2,钢筋混凝土工具板下部的水量分配管下端安设有与其走向相一致的金属切割刀片。

(2)根据权利要求书中(1)所述的水力插板的特征在于其钢筋混凝土工具板还设计成上小下大的大脚式桩板结构。

(3)一种水力插板的使用方法包括:(A)工序,用起吊设备将钢筋混凝土工具板起吊,通过过水管和水量分配管以水力喷射的方式插入地层,将另一块钢筋混凝土插板的滑板从已插入地层的插板的缺口空心方钢滑道中插进,插入地层;(B)工序,各板间的整体连接,首先用冲水管冲洗隔水道,然后插入长条形膜袋并注满水泥浆,使板间形成与板外完全隔绝的内腔室;(C)工序,在所述内腔室中的空心方钢中插入注浆管道,自下而上地注满水泥浆,整个板间结合部将形成一种带有夹心钢板的钢筋混凝土整体结构;(D)工序,现浇顶部横梁或不浇顶部横梁,现浇时,利用预留钢筋和新增横向钢筋,统一绑扎后现浇混凝土,形成横向整体,根据工程需要,有些工程可不浇横梁,钢筋混凝土插板上也不预留钢筋。所述(A)工序为将钢筋混凝土工具板切开地层后起出,在切开的地层中插入简化形工程板,切割与插入交替进行,最终地层中形成简化形工程板整体结构。

(4)根据权利要求书中(3)所述的水力插板的使用方法,其特征在于所述的(A)、

（B）、（C）、（D）各工序后，再在水力插板两侧抛投毛石，形成建设海上航道的拦沙堤坝。

三、说明书

（一）技术领域

本发明涉及堤坝、港口航道、水中人工岛、道路交通桥、水闸、涵洞、输水渠道等水利工程以及钢筋混凝土地下整体工程，尤其涉及一种水力插板及使用方法。

（二）背景技术

目前，各种利用水力冲刺进入地层的钢筋混凝土桩板构筑的工程普遍存在的缺点是：①进桩方式完全依靠单一的水力冲刺，一方面进桩较慢，另一方面遇到地下障碍物难以通过和排除。②桩板结合部很难形成一个具有高强度与高密封程度的整体结构。中国专利ZL 200420040430.8"水力插板滑道、滑板"虽然提出一种桩板连接技术，但是两板结合部没有设置隔水道，无法形成密封的内腔室，致使注入两板结合部底部的水泥浆因为存在漏失问题而不能正常上返到桩板顶部，难以达到预定的封固效果。③各种水冲桩板及目前的水力插板，其每一块桩板上都需要设置过水管道、喷射水管道或水力喷水头，从而使加工费用和钢材消耗大量增加。施工过程中每一块桩板都要连接一次高压供水管线，这样不仅延长了施工时间，而且增大了施工成本。④现有的桩基工程完全依靠增加桩体入地深度来增大承载能力、工程造价大幅增加。⑤现有的港口航道拦沙堤坝都是将毛石和混凝土预制块摆放在海底地面上堆积而成，在风浪冲击下安全稳定性不好，工程造价也很高。

（三）发明内容

本发明要解决的技术问题是提供一种能够快速插入地层并能够有效排除地下障碍物的水力插板及使用方法，采用桩板之间连接强度和密封程度完全达到插板本体性能指标的连接技术，采用不设置过水管和喷射水管的工程板能够在工具板的配合下进入地层的施工技术，能够有效地解决现有技术中存在的缺点和不足之处，达到提高进桩速度、增强排除地下障碍物的能力，降低钢材消耗，节省每块插板拆装一次供水管线的施工时间，实现插板之间高强度整体连接，以达到提高施工速度、降低工程造价、增强安全稳定性能、改变现有工程施工建设模式的目的。

本发明所述的水力插板，包括钢筋混凝土工程板、工具板。钢筋混凝土工程板、工具板一侧安设有滑道，另一侧安设有滑板，顶部安设有提升吊环和埋设有预留钢筋，滑道、滑板的两侧设置有半圆形、半正方形、半长方形、半菱形或半椭圆形凹槽，两块板插入地下后即可形成横截面为整圆形、整正方形、整长方形、整菱形或整椭圆形结构的垂向隔水道，工具板内垂直安设有过水管，底部横向安设有与过水管相连通的水量分配管，钢筋混凝土工具板下端为平面形、锥形或单面斜角形。水量分配管上半部分镶嵌在水力插板内，下半部分设置有水流喷射孔，孔的直径为 2~8 mm，犬牙交错，均匀分布，每个喷射孔在钢筋混凝土插板横断面相对的地层面积为 9~36 cm²，钢筋混凝土工具板下部的水量分配管下端安设有与其走向相一致的金属切割刀片。

其中，所述钢筋混凝土工具板还设计上小下大的大脚式桩板结构。

本发明所述的水力插板的使用方法包括：（A）工序，用起吊设备将钢筋混凝土工具板起吊,通过过水管和水量分配管以水力喷射的方式插入地层,将另一块钢筋混凝土插板的滑板从已插入地层的插板的缺口空心方钢滑道中插进,插入地层;(B)工序,各板间的整体连接,首先用冲水管冲洗隔水道,然后插入长条形膜袋并注满水泥浆,使板间形成与板外完全隔绝的内腔室;(C)工序,在所述内腔室中的空心方钢中插入注浆管道,自下而上地注满水泥浆,整个板间结合部将形成一种带有夹心钢板的钢筋混凝土整体结构;(D)工序,现浇顶部横梁或不浇顶部横梁,现浇时,利用预留钢筋和新增横向钢筋,统一绑扎后现浇混凝土,形成横向整体,根据工程需要,有些工程可不浇横梁,钢筋混凝土插板上也不预留钢筋。所述(A)工序为将钢筋混凝土工具板切开地层后起出,在切开的地层中插入简化形工程板,切割与插入交替进行,最终地层中形成简化形工程板整体结构。

其中,所述(A)(B)(C)(D)各工序后,再在水力插板两侧抛投毛石,形成建设海上航道的拦沙堤坝。

本发明与现有技术相比具有如下优点:

(1)水力插板具有水力切割、整体连接、现浇横梁和垂直提升的功能,能够使插板在地下形成牢固的整体,板间结合部的密封程度和连接强度能够达到或超过插板本体的性能,避免了现有各种桩基工程普遍存在桩板之间渗水、漏水或连接不好的问题。

(2)通过水量分配管对高压水流的合理分配使正常状态下的进桩速度大幅度加快,在地下存在树干、块石等障碍物的情况下采用钢筋混凝土工具板能够有效排除。

(3)钢筋混凝土地下整体工程目前都是通过开挖土方之后绑扎钢筋现浇混凝土的方法来进行建设的,本项施工技术由于形成了一套独创的地下桩板连接技术和可以使板间结合部的连接强度和密封程度达到或超过桩板本体性能的特殊优势,从而可以将整体的地下工程在地面预制成为若干块钢筋混凝土插板,应用水力插板技术通过类似摆积木一样的施工方式依次将钢筋混凝土插板插入地下,然后在桩板之间实施整体连接技术,使其形成一个整体工程。例如,地下涵洞、地下交通隧道等工程都能够按这种方式进行建设。改变传统的工程建设模式可以大幅度提高施工速度、降低工程造价并确保工程的安全稳定性和质量标准,形成一种钢筋混凝土地下整体工程建设的新模式。

(4)不需要在每一个水冲桩板上都安装过水管道及喷水头、喷水管,可以节省加工制作费用和钢材消耗费用。

(5)施工过程中避免了每一块桩板都要连接一次供水管线,节省了施工时间,可降低施工成本。

(6)顶部预留钢筋可通过增加横向钢筋,统一绑扎后现浇混凝土帽梁增大连接强度。

(7)水力插板作为桥桩、码头桩等承载桩基使用时,可将桩板进入地层的部分预制成大脚桩,并在插入地层后立即利用板内的过水管注入水泥浆,使桩板与地层之间的间隔全部固结成混凝土整体,从而大幅度提高单桩承载能力,降低整个工程的造价,解决了目前国内外桩基工程建设单纯依靠增加桩体入地深度来增大承载能力这一长期难题。

(8)采用现有技术建设港口航道的拦沙堤坝目前是一个国内外共同面临的重大难题,普遍面临着施工难度大、工程造价高、安全稳定性差等不容易解决的问题。采用水力插板插入海底地层中,两侧抛投毛石形成护坡这种地下生"根"的航道拦沙堤坝具有推不倒、折不断、打不烂的鲜明特点,工程造价降低70%以上,施工速度提高70%以上。

(四)具体实施方式

参阅附图 1-1 ~附图 1-18,一种水力插板包括钢筋混凝土工程板、工具板,钢筋混凝土工程板 1、工具板 11 一侧安设有滑道 5,另一侧安设有滑板 6,顶部安设有提升吊环 8 和埋设有预留钢筋 9,滑道 5、滑板 6 的两侧设置有半圆形、半正方形、半长方形、半菱形或半椭圆形凹槽,两块板插入地下后即可形成横截面为整圆形、整正方形、整长方形、整菱形或整椭圆形结构的垂向隔水道 7,工具板 11 内垂直安设有过水管 2,底部横向安设有与过水管相连通的水量分配管 3,钢筋混凝土工具板 11 下端为平面形、锥形或单面斜角形。水量分配管 3 上半部分镶嵌在水力插板内,下半部分设置有水流喷射孔 10(见附图 1-5),孔的直径为 2 ~8 mm,犬牙交错,均匀分布,每个喷射孔在钢筋混凝土插板横断面相对的地层面积为 9 ~36 cm²,钢筋混凝土工具板下部的水量分配管 3 下端安设有与其走向相一致的金属切割刀片 4(见附图 1-6)。

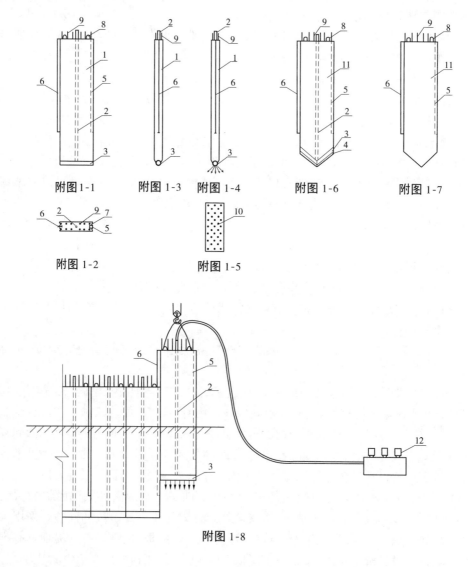

附图 1-1   附图 1-3   附图 1-4   附图 1-6   附图 1-7

附图 1-2   附图 1-5

附图 1-8

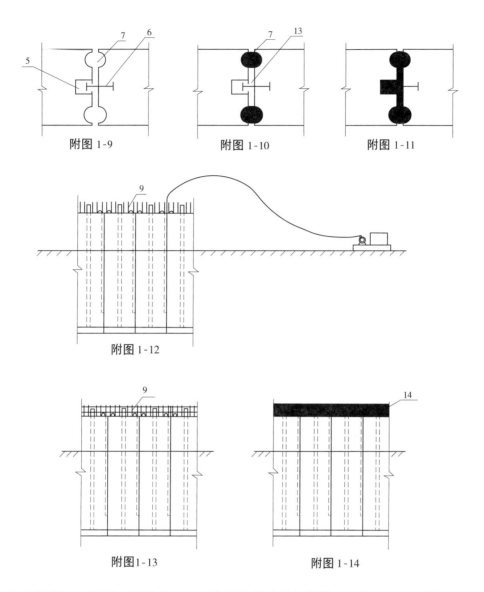

附图1-9   附图1-10   附图1-11

附图1-12

附图1-13   附图1-14

钢筋混凝土工具板还设计成上小下大的大脚式桩板结构(见附图1-16~附图1-18)。

本发明所述的水力插板的使用方法包括:(A)工序,用起吊设备将钢筋混凝土工具板起吊,通过水管2和水量分配管3以水力喷射的方式插入地层,将另一块钢筋混凝土插板的滑板6从已插入地层的插板的缺口空心方钢滑道5中插进,插入地层;(B)工序,各板间的整体连接,首先用冲水管冲洗隔水道7,然后插入长条形膜袋并注满水泥浆,使板间形成与板外完全隔绝的内腔室13;(C)工序,在所述内腔室13中的空心方钢中插入注浆管道,自下而上地注满水泥浆,整个板间结合部将形成一种带有夹心钢板的钢筋混凝土整体结构(见附图1-11);(D)工序,现浇顶部横梁或不浇顶部横梁14,现浇时,利用预留钢筋9和新增横向钢筋,统一绑扎后现浇混凝土,形成横向整体,根据工程需要,有些工程可不浇横梁,钢筋混凝土插板上也不预留钢筋9。所述(A)工序为将钢筋混凝土工具板

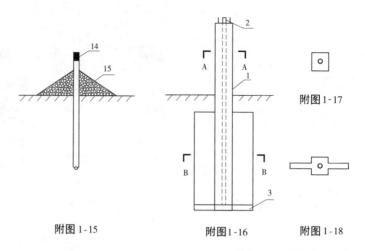

附图1-15　　　　　　附图1-16　　　附图1-18

切开地层后起出,在切开的地层中插入简化形工程板1,切割与插入交替进行,最终地层中形成简化形工程板整体结构。水力喷射液由地面泵12提供。

(A)、(B)、(C)、(D)各工序后,再在水力插板两侧抛投毛石,形成建设海上航道的拦沙堤坝(见附图1-15)。

建设在水中特别是建设在海洋中的水力插板工程,在完成上述工序之后根据工程的实际需要可以在水力插板的两侧抛投部分毛石,形成一定高度的护坡15以进一步增强稳定性和抗折强度(见附图1-15)。

水力插板作为建设桥桩、码头桩等承载桩基使用的情况下,在地面预制桩板时将桩板的入地部分通过绑扎钢筋和现浇混凝土,向两翼展开形成大脚桩(见附图1-16～附图1-18),使单桩进入地层后具有的侧摩面积和端承面积远远大于传统的桩体,并将桩板与地层之间的间隔全部注满水泥浆固结成混凝土整体,从而使单桩的承载能力大幅度增加,达到缩短桩基长度,降低工程造价的目的。

(五)附图说明

附图1-1为本发明结构示意图;附图1-2为附图1-1所示结构的俯视图;附图1-3为附图1-1所示结构的侧视图;附图1-4为按附图1-1所示的水量分配管喷射水流示意图;附图1-5为按附图1-4所示的水量分配管的喷射孔分布展开示意图;附图1-6为按附图1-1所示的钢筋混凝土工具板结构示意图;附图1-7为按附图1-1所示的钢筋混凝土工具板另一种结构示意图;附图1-8为本发明施工状态示意图;附图1-9为按附图1-8所示的钢筋混凝土工具板结合部的俯视图;附图1-10为钢筋混凝土工具板结合部形成内腔室示意图;附图1-11为钢筋混凝土工具板形成带有夹心钢板的混凝土整体结构示意图;附图1-12为按附图1-10所示的内腔室注入水泥浆施工示意图;附图1-13为顶部预留钢筋统一绑扎横向钢筋示意图;附图1-14为现浇混凝土连接梁示意图;附图1-15为钢筋混凝土工具板两侧抛投毛石形成护坡或海上航道拦沙堤坝示意图;附图1-16为按附图1-1所示的大脚桩板示意图;附图1-17为附图1-16所示结构的A—A剖视图;附图1-18为附图1-16所示结构的B—B剖视图。

附录二　水力插板桩板及其加固与形成大脚桩的方法

授权公告日:2009 年 4 月 15 日　专利号:ZL 200710013586.5　授权公告号:CN 101024953A

一、摘要

水力插板桩板及其加固与形成大脚桩的方法,水力插板桩板包括框架板和槽形板及其下端安设的水力分配管,框架板或槽形板桩板上垂向设置有安装加沙导管和过水管的通孔。加固方法包括:(A)工序,将水力插板桩板用水力喷射切割地层方式插入地层;(B)工序,在水力插板桩板插入地层前,在其通孔中安装入加沙导管和过水管;(C)工序,卸掉过水管,将加沙导管与地面输沙管道相连,由水流挟带粉质砂土经输沙管及加沙导管进入水力插板桩板与地层之间的空间,水流返出地面,粉质砂土沉积充填,其间形成与地层相融合的加固层;(D)工序,卸下输沙管道和加沙导管备用。大脚桩的形成方法包括用水力方式将水力插板桩板插入地层预定深度,在安装过水管的通孔中安装设有侧向孔的喷射管,向其四周喷射水流,扩大空间,将水泥砂浆灌注到地层扩大的空间,形成大脚桩。

二、权利要求书

(1)一种水力插板桩板包括框架板和槽形板及其下端安设的水力分配管,其特征在于框架板或槽形板上垂向设置有安装加沙导管和过水管的通孔。

(2)根据权利要求书中(1)所述的水力插板桩板,其特征在于水力插板桩板还可为作为桥桩或码头桩包括起点板、中间板和终点板的组合式结构,起点板和终点板的内侧设有滑道或滑板,中间板的两侧分别设有滑道和滑板,起点板、中间板和终点板上均设有水力分配管和安设过水管、加沙导管的通孔。

(3)一种水力插板桩板的加固方法,包括:(A)工序,将水力插板桩板用水力喷射切割地层方式插入地层;其特征在于还包括(B)工序,在水力插板桩板插入地层前,在其通孔中安装加沙导管和过水管,高压水流经过水管和水力分配管切割地层,将水力插板桩板插入地层预定位置;(C)工序,卸掉过水管,将加沙导管与地面输沙管道相连接,由水流挟带粉质砂土经输沙管及加沙导管进入水力插板桩板与地层之间的空间,水流返出地面,粉质砂土沉积、充填其间,形成与地层相融合的加固层;(D)工序,卸下输沙管道和加沙导管备用,如此反复,完成水力插板桩板的插入及加固。

(4)一种水力插板桩板大脚桩的形成方法,包括用水力方式将水力插板桩板插入地层预定深度,在安装过水管的通孔中安装设有侧向孔的喷射管,向其四周喷射水流,切割周围地层,扩大空间,然后将水泥砂浆由地面输沙管和加沙导管灌注到地层扩大的空间,形成水力插板桩板大脚桩。

三、说明书

(一)技术领域

本发明涉及桥桩、码头桩以及多种桩基工程,尤其涉及一种水力插板桩板及其加固与形成大脚桩的方法。

（二）背景技术

现有的水力插板桩板是利用水力喷射切割地层之后使桩板进入地层,桩板与地层之间的间隙依靠泥沙自然沉积来逐步填满,恢复桩基承载能力有一个过程,因此对桩板初期的承载能力有一定影响。尤其是选用水力插板框架板和槽形板建设桩基工程,具有桩板自重减轻,承压面积增大,有利于优化结构和控制工程造价。但是,由于桩板进入地层切割的地层面积增大,需要泥沙充填的空间体积相应增大,单纯依靠自然淤积回填的方法有时难以满足工程的需要。对于一些在软地层上建设的桩基工程和一些对桩基承载能力需要大幅度提高的工程,传统的做法是依靠爆炸扩孔,形成大脚桩或单纯依靠加深桩腿入地深度提高承载能力,但造价高、速度慢。

（三）发明内容

本发明要解决的技术问题是提供一种既有效克服上述现有技术中存在的缺点或不足之处,又具有施工方法简单、施工费用少、增大桩基承载能力效果显著的水力插板桩板及其加固与形成大脚桩的方法。

本发明所述的水力插板桩板包括框架板和槽形板及其下端安设的水力分配管,框架板或槽形板桩板上垂向设置有安装导沙管和过水管的通孔。

其中,水力插板桩板还可为作为桥桩或码头桩包括起点板、中间板和终点板的组合式结构,起点板和终点板的内侧设有滑道或滑板,中间板的两侧分别设有滑道和滑板,起点板、中间板和终点板上均设有水力分配管和安设过水管、加沙导管的通孔。

水力插板桩板的加固方法,包括:（A）工序,将水力插板桩板用水力喷射切割地层方式插入地层;还包括（B）工序,在水力插板桩板插入地层前,在其通孔中安装加沙导管和过水管,高压水流经过水管和水力分配管切割地层,将水力插板桩板插入地层预定位置;（C）工序,卸掉过水管,将加沙导管与地面输沙管道相连接,由水流挟带粉质砂土经输沙管及加沙导管进入水力插板桩板与地层之间的空间,水流返出地面,粉质砂土沉积、充填其间,形成与地层相融合的加固层;（D）工序,卸下输沙管道和加沙导管备用,如此反复,完成水力插板桩板的插入及加固。

水力插板桩板大脚桩的形成方法,包括用水力方式将水力插板桩板插入地层预定深度,在安装过水管的通孔中安装设有侧向孔的喷射管,向其四周喷射水流,切割周围地层,扩大空间,然后将水泥砂浆由地面输沙管和加沙导管灌注到地层扩大的空间,形成水力插板桩板大脚桩。

本发明与现有技术相比具有如下优点:

（1）缩短了水力插板进入地层之后增强承载能力的时间,使插入地层的桩板很快具有足够的承载能力。

（2）改变了桩基工程单纯依靠增加桩体入地深度来增大承载能力的传统做法,形成了一套可以大幅度提高承载能力的技术措施,一是采用了框架板或槽形板作为桩板,能够大幅度增加端承面积和侧摩面积,有效地增大承载能力,同时也降低了材料消耗,控制了工程造价,这种结构形状的桩基除水力插板外,目前各种传统的桩基工程技术是难以做到的;二是可以通过带喷射孔的钢管对地层进行侧向喷射切割扩大空间,然后利用加沙导管灌注水泥砂浆形成水力插板大脚桩,达到大幅度提高承载能力的目的。

(四)具体实施方式

参阅附图2-1～附图2-17,一种水力插板桩板加固与大脚桩施工方法,水力插板桩板包括框架板和槽形板及其下端安设的水力分配管,框架板或槽形板上垂向设置有安装加沙导管和过水管的通孔2、3。

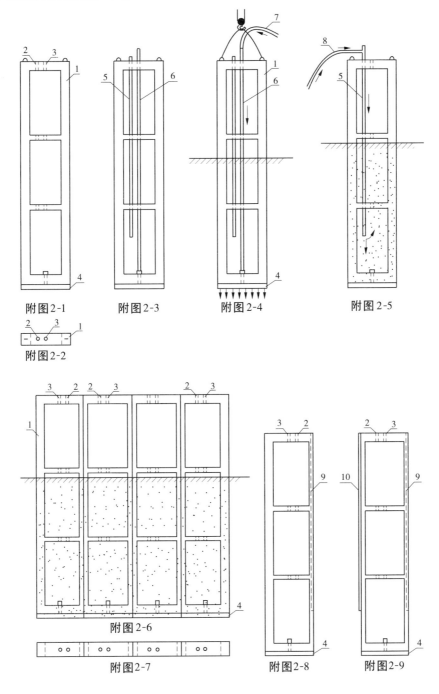

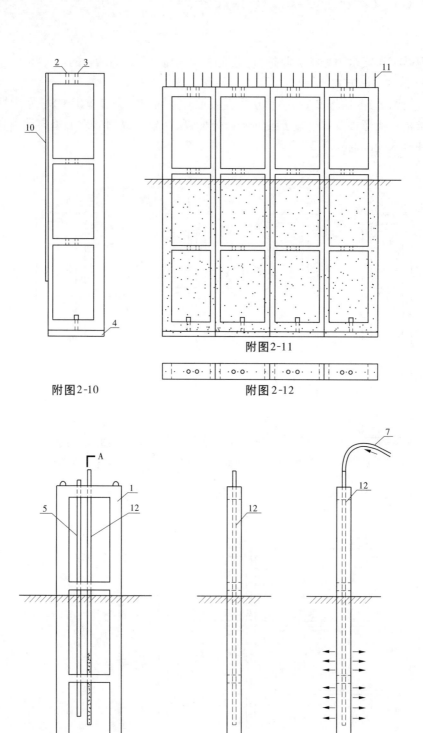

附图2-10

附图2-11

附图2-12

附图2-13

附图2-14

附图2-15

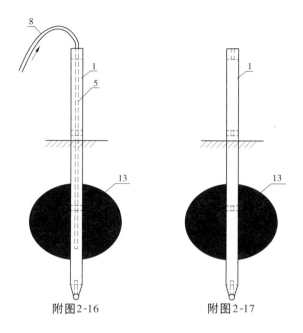

附图2-16　　　　　　　附图2-17

水力插板桩板还可为作为桥桩或码头桩包括起点板、中间板和终点板的组合式结构，起点板和终点板的内侧设有滑道9或滑板10，中间板的两侧分别设有滑道9和滑板10，起点板、中间板和终点板上均设有水力分配管和安设过水管和加沙导管的通孔2、3。

水力插板桩板的加固方法，包括：（A）工序，将水力插板桩板1用水力方式将过水管6与地面水管7相连接，喷射切割地层，将其插入地层；还包括（B）工序，在水力插板桩板1插入地层前，在其通孔2、3中安装加沙导管5和过水管6，高压水流经过水管6和水力分配管4切割地层，将水力插板桩板1插入地层预定位置；（C）工序，卸掉过水管6，将加沙导管5与地面输沙管道8相连接，由水流挟带粉质砂土经输沙管及加沙导管进入水力插板桩板与地层之间的空间，水流返出地面，粉质砂土沉积、充填其间，形成与地层相融合的加固层；（D）工序，卸下输沙管道8和加沙导管5备用，如此反复，完成水力插板桩板的插入及加固。

水力插板桩板大脚桩的形成方法，包括用水力方式将水力插板桩板1插入地层预定深度，在安装过水管6的通孔3中安装设有侧向孔的喷射管12，向其四周喷射水流，切割周围地层，扩大空间，然后将水泥砂浆由地面输沙管和加沙导管灌注到地层扩大的空间，形成水力插板桩板大脚桩13。

在水力插板桩板1进行加设横梁时，还可预留顶部钢筋11。

（五）附图说明

附图2-1为本发明结构示意图；附图2-2为附图2-1所示结构的俯视图；附图2-3为附图2-1所示结构插入加沙导管和连接过水管示意图；附图2-4为附图2-1所示结构插入地层施工状况示意图；附图2-5为附图2-3所示结构插入地层之后卸掉过水管连接加沙管道充填泥沙示意图；附图2-6为附图2-1所示桩板组合的桥墩结构示意图；附图2-7为附图2-6所示结构的俯视图；附图2-8为按附图2-6所示的多块桩板中的起点板结构示意

图;附图 2-9 为按附图 2-6 所示的多块桩板中的中间板结构示意图;附图 2-10 为按附图 2-6所示的多块桩板中的终点板结构示意图;附图 2-11 为按附图 2-6 所示的桩板顶部预留钢筋结构示意图;附图 2-12 为附图 2-11 所示结构的俯视图;附图 2-13 为按附图 2-3所示的过水管替换为侧向钻孔喷射管示意图;附图 2-14 为附图 2-13 所示结构的A—A 剖视图;附图 2-15 为喷射管射水切割地层示意图;附图 2-16 为利用加沙导管灌注水泥砂浆形成水力插板大脚桩示意图;附图 2-17 为附图 2-16 所示结构形成完整大脚桩结构示意图。

附录三 海上高效养殖区建设方法

授权公告日:2009 年 9 月 2 日   专利号:ZL 200610146261.X   授权公告号:CN 101200883A

一、摘要

一种海上高效养殖区建设方法,包括:(A)工序,在海上选择水深和水质适合于网箱养殖的区域,建设圈闭的海上防浪堤坝;(B)工序,海上防浪堤坝的建设是将其上设有透水孔,顶部设有吊环和预留钢筋,内部设有过水管,下端设有与过水管连通的水量分配管及喷射孔,一侧设有滑道和隔水道,另一侧设有与滑道相配合的滑板和相对应的隔水道的水力插板透水板,在高压水流从过水管通过水量分配管的喷射孔喷射水流,切割开海底地层,在滑道、滑板配合下逐块插入地层,形成连续的防浪透水堤坝;(C)工序,在防浪透水堤坝内侧,用其上端设有吊环,其内设有过水管,其下端设有与该过水管相连接的水量分配管及喷射孔的水力插板稳定板,在防浪透水堤坝内侧,间隔地紧靠水力插板透水板横向插入地层,形成稳定的防浪透水堤坝;(D)工序,实施整体连接技术;(E)工序,绑扎顶部钢筋,现浇混凝土,形成顶部连接梁,最终形成具有整体结构的海上防浪透水堤坝及圈闭的高效养殖区。

二、权利要求书

(1)一种海上高效养殖区建设方法,包括:(A)工序,在海上选择水深和水质适合于网箱养殖的区域,建设圈闭的海上防浪堤坝;其特征在于还包括(B)工序,海上防浪堤坝的建设是将其上设有透水孔,顶部设有吊环和预留钢筋,内部设有过水管,下端设有与过水管连通的水量分配管及喷射孔,一侧设有滑道和隔水道,另一侧设有与滑道相配合的滑板和相对应的隔水道的水力插板透水板,在高压水流从过水管通过水量分配管的喷射孔喷射水流,切割开海底地层,在滑道、滑板配合下逐块插入地层,形成连续的防浪透水堤坝;(C)工序,在防浪透水堤坝内侧,用其上端设有吊环,其内设有过水管,其下端设有与该过水管相连接的水量分配管及喷射孔的水力插板稳定板,在防浪透水堤坝内侧,间隔地紧靠水力插板透水板横向插入地层,形成稳定的防浪透水堤坝;(D)工序,实施整体连接技术,首先灌注混凝土隔水道,使两板结合部形成由滑道、滑板配合组成的隔离腔室,再将该隔离腔室注满水泥浆,形成带有夹心钢板的混凝土整体结构;(E)工序,绑扎顶部钢筋,现浇混凝土,形成顶部连接梁,最终形成具有整体结构的海上防浪透水堤坝及圈闭的高效养殖区。

(2)根据权利要求书中(1)所述的海上高效养殖区建设方法,其特征在于隔离腔室是将隔水道冲洗后,放入长条形膜袋,注满水泥浆,凝固后形成。

(3)根据权利要求书中(1)或(2)所述的海上高效养殖区建设方法,其特征在于防浪透水堤坝还可用在内侧再增加一排等距离分布的水力插板大脚桩横向插入地层的水力插板稳定板作为桩基,其上安装横梁、铺设桥面板,桥面板上绑扎钢筋,现浇混凝土层,形成供行人和车辆通行的海上通道。

三、说明书

(一)技术领域

本发明涉及海上以网箱养殖为主的高效养殖区建设,尤其涉及一种采用透水防浪堤坝建设海上高效养殖区。

(二)背景技术

利用海洋水体不断流动的特性发展网箱养殖,其具有高密度、高效益和高风险的显著特点。目前,为防止风暴潮灾害对网箱养殖的影响而采取的各种措施普遍存在的缺点和不足之处是:①选择天然地形作为避风屏障进行网箱养殖局限性、风险性很大;②建设深水网箱一次性投资很大;③建设传统的堤坝围海养殖一是周期长、投资大,二是阻断了海水的正常流动和交换无法进行高密度养殖。

(三)发明内容

本发明的目的是提供一种海上高效养殖区建设方法,既可以有效地消除海上风暴潮灾害的影响,又能够有效地保持海水的正常流动和交换,为发展高效养殖特别是发展高密度、高效益的网箱养殖创造一个特别优越的生态环境。

本发明所述的海上高效养殖区建设方法,包括:(A)工序,在海上选择水深和水质适合于网箱养殖的区域,建设圈闭的海上防浪堤坝;(B)工序,海上防浪堤坝的建设是将其上设有透水孔,顶部设有吊环和预留钢筋,内部设有过水管,下端设有与过水管连通的水量分配管及喷射孔,一侧设有滑道和隔水道,另一侧设有与滑道相配合的滑板和相对应的隔水道的水力插板透水板,在高压水流从过水管通过水量分配管的喷射孔喷射水流,切割开海底地层,在滑道、滑板配合下逐块插入地层,形成连续的防浪透水堤坝;(C)工序,在防浪透水堤坝内侧,用其上端设有吊环,其内设有过水管,其下端设有与该过水管相连接的水量分配管及喷射孔的水力插板稳定板,在防浪透水堤坝内侧,间隔地紧靠水力插板透水板横向插入地层,形成稳定的防浪透水堤坝;(D)工序,实施整体连接技术,首先灌注混凝土隔水道,使两板结合部形成由滑道、滑板配合组成的隔离腔室,再将该隔离腔室注满水泥浆,形成带有夹心钢板的混凝土整体结构;(E)工序,绑扎顶部钢筋,现浇混凝土,形成顶部连接梁,最终形成具有整体结构的海上防浪透水堤坝及圈闭的高效养殖区。

其中,隔离腔室是将隔水道冲洗后,放入长条形膜袋,注满水泥浆,凝固后形成。防浪透水堤坝还可用在内侧再增加一排等距离分布的水力插板大脚桩横向插入地层的水力插板稳定板作为桩基,其上安装横梁、铺设桥面板,桥面板上绑扎钢筋,现浇混凝土层,形成供行人和车辆通行的海上通道。

本发明与现有技术相比较具有如下优点:

(1)本发明是在海上建设一种似坝非坝、似桥非桥的特殊工程设施,在消除风暴潮灾害方面具有堤防的功能,在允许海水正常通过、顶部可供行人和车辆通行方面又具有桥的功能。通过建设这种透水防浪堤坝能够在宽阔的海洋水面上圈围出适于高效养殖,特别是网箱养殖的海域来。养殖区内保持了海水的正常流动又消除了风暴潮灾害,可合理安排网箱养殖、围网养殖、利用海底地面进行贝类养殖,形成一种综合、高效、立体的生态养殖模式。鱼类的残饵、粪便为底栖贝类提供饵料,底栖贝类又可以净化养殖区内的水质,形成一种良性循环使经济效益最大化,为发展沿海地区海产养殖,特别是目前普遍认为不具备网箱养殖条件的宽广海域发展高效养殖走出一条新路,为科学合理地利用海洋天然优势,解决目前人们担心的海洋"荒漠化"问题提供一种新模式。

(2)海上建成透水防浪堤坝,相应的沿海地区也得到了保护,有利于经济建设。

(3)以透水防浪堤坝为依托可建成行人和车辆通行的进海通道,也可以统一规划以它为依托建成海上交通道路和带动渔港、杂货码头等工程设施的建设,使一种工程同时发挥多方面的作用。

(四)具体实施方式

参阅附图3-1～附图3-12,一种海上高效养殖区建设方法,包括:(A)工序,在海上选择水深和水质适合于网箱养殖的区域,建设圈闭的海上防浪堤坝;(B)工序,海上防浪堤

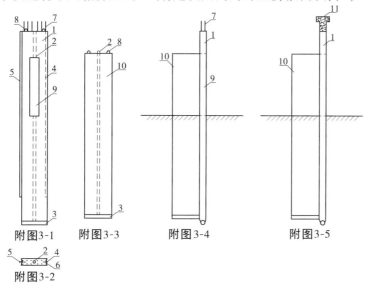

附图3-1　　附图3-3　　附图3-4　　附图3-5

附图3-2

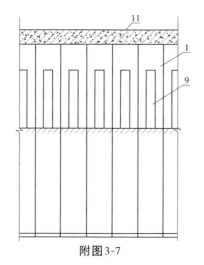

附图3-7

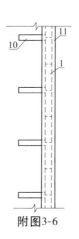

附图3-6

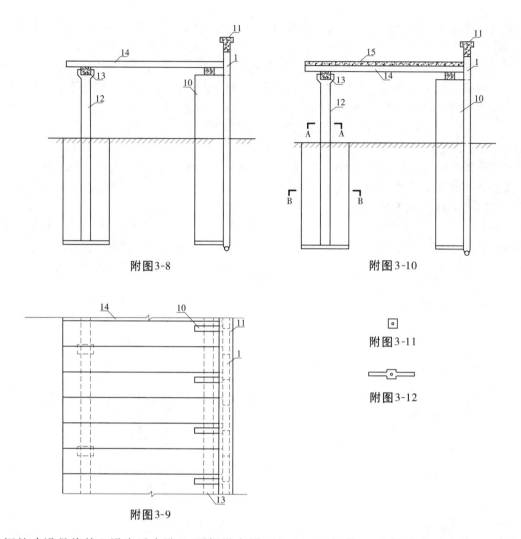

附图3-8

附图3-10

附图3-9

附图3-11

附图3-12

坝的建设是将其上设有透水孔9,顶部设有吊环8和预留钢筋7,内部设有过水管2,下端设有与过水管连通的水量分配管及喷射孔3,一侧设有滑道4和隔水道6,另一侧设有与滑道相配合的滑板5和相对应的隔水道6的水力插板透水板,在高压水流从过水管通过水量分配管的喷射孔3喷射水流,切割开海底地层,在滑道、滑板配合下逐块插入地层,形成连续的防浪透水堤坝;(C)工序,在防浪透水堤坝内侧,用其上端设有吊环8,其内设有过水管2,其下端设有与该过水管2相连接的水量分配管及喷射孔3的水力插板稳定板10,在防浪透水堤坝内侧,间隔地紧靠水力插板透水板1横向插入地层,形成稳定的防浪透水堤坝;(D)工序,实施整体连接技术,首先灌注混凝土隔水道6,使两板结合部形成由滑道、滑板配合组成的隔离腔室,再将该隔离腔室注满水泥浆,形成带有夹心钢板的混凝土整体结构;(E)工序,绑扎顶部钢筋,现浇混凝土,形成顶部连接梁11,最终形成具有整体结构的海上防浪透水堤坝及圈闭的高效养殖区。

隔离腔室是将隔水道6冲洗后,放入长条形膜袋,注满水泥浆,凝固后形成。防浪透水堤坝还可用在内侧再增加一排等距离分布的水力插板大脚桩12横向插入地层的水力

· 188 ·

插板稳定板作为桩基,其上安装横梁 13,铺设桥面板 14,桥面板上绑扎钢筋,现浇混凝土层 15,形成供行人和车辆通行的海上通道。

（五）附图说明

附图 3-1 为设有透水孔的一种水力插板结构示意图;附图 3-2 为附图 3-1 所示结构的俯视图;附图 3-3 为一种水力插板稳定板结构示意图;附图 3-4 为水力插板透水板和稳定板插入地层的结构示意图;附图 3-5 为按附图 3-4 所示的现浇混凝土形成顶部连接梁结构示意图;附图 3-6 为附图 3-5 所示结构的俯视图;附图 3-7 为附图 3-5 所示结构的侧视图;附图 3-8 为内侧稳定板、大脚桩作为桩基建成海上通道结构示意图;附图 3-9 为附图 3-8 所示结构的俯视图;附图 3-10 为按附图 3-8 所示的道路交通桥顶部现浇钢筋混凝土层示意图;附图 3-11 为按附图 3-10 所示的道路交通桥内侧桩基 A—A 剖视图;附图 3-12 为按附图 3-10 所示的道路交通桥内侧桩基 B—B 剖视图。

附录四　水力插板平衡吊机

授权公告日:2010 年 4 月 14 日　专利号:ZL 200810016043.3　授权公告号:CN 101062751A

一、摘要

一种水力插板平衡吊机包括连接框架、双体浮箱、升降桩腿、转盘、绞车、吊杆及滑轮绳索系统,其特征在于双体浮箱上安装有连接框架,该连接框架上部两端安装有转盘,转盘上安装有绞车和吊杆及绳索滑轮支撑架。双体浮箱两端安装有升降桩腿和承压浮箱。转盘、绞车和吊杆为对称设计,形成双机平衡吊。本发明具有自动平衡和起吊作业效率高等特点,广泛应用于江河湖海的水力插板工程中或类似场合。

二、权利要求书

(1)一种水力插板平衡吊机包括连接框架、双体浮箱、升降桩腿、转盘、绞车、吊杆及滑轮绳索系统,其特征在于双体浮箱上安装有连接框架,该连接框架上部两端安装有转盘,转盘上安装有绞车和吊杆及绳索滑轮支撑架。双体浮箱两端安装有升降桩腿和承压浮箱。转盘、绞车和吊杆为对称设计,形成双机平衡吊。

(2)根据权利要求书中(1)所述水力插板平衡吊机,其特征在于双体浮箱的下端设有圆形凹陷,承压浮箱可藏于其中。

(3)根据权利要求书中(1)所述水力插板平衡吊机,其特征在于吊杆下端为圆规式结构,与转盘活动连接安装。

(4)根据权利要求书中(1)所述水力插板平衡吊机,其特征在于连接框架与双体浮箱为垂直安装。

(5)根据权利要求书中(1)所述水力插板平衡吊机,其特征在于转盘安装于连接框架中央,其上安装两个吊杆,形成双杆平衡吊。

三、说明书

(一)技术领域
本发明涉及吊机,特别涉及一种水力插板平衡吊机。

(二)背景技术
完成水力插板施工任务必须依靠起吊设备,特别是要进入水中施工,陆上的吊机进不去,水上的浮吊又因为受风浪影响工作状态不稳定;而且还受吃水深度影响,很多浅海水域无法进入,同时浮吊的台班费用高,又增加了施工成本。再者,现有单杆吊机在起吊作业时前倾力较大,不利于安全稳定,施工完毕之后整个吊机的转移及拆装运输也相当困难。

(三)发明内容
本发明要解决的技术问题是为克服或避免上述现有技术中存在的缺点或不足之处而提供一种水力插板平衡吊机,完成水上插板施工作业及一般的起吊作业任务,通过两个吊杆互相平衡解决了起吊作业时的安全稳定问题,工作时吊机和底盘通过钢丝绳滑轮组加压升至空中用插销固定在 4 个桩腿上使吊机起吊作业时免受风浪的影响。施工过程中移动位置时 4 个桩腿下部的承压浮箱收缩进入底盘中,整个水力插板平衡吊机成为一双体浮船。施工前,分件运输,现场组装;施工后,分件拆装、运输、转移十分方便。

本发明所述的水力插板平衡吊机包括连接框架、双体浮箱、升降桩腿、转盘、绞车、吊杆及滑轮绳索系统。双体浮箱上安装有连接框架,该连接框架上部两端安装有转盘,转盘上安装有绞车和吊杆及绳索滑轮支撑架。双体浮箱两端安装有升降桩腿和承压浮箱。转盘、绞车和吊杆为对称设计,形成双机平衡吊。

其中,双体浮箱的下端设有圆形凹陷,承压浮箱可藏于其中。吊杆下端为圆规式结构,与转盘活动连接安装。连接框架与双体浮箱为垂直安装。

根据上述原理,转盘安装于连接框架中央,其上安装两个吊杆,形成双杆平衡吊。

本发明与现有技术相比较具有如下优点或有益效果:

(1)施工作业时吊机升空固定在 4 个桩腿上,相当于海上的石油钻井平台,解决了水上浮吊受风浪影响摇摆不定影响施工的问题。

(2)两个吊杆平衡安装在底盘上解决了起吊作业时单方向受力太大容易倾斜的问题。

(3)双吊杆交叉作业提高了工作效率。

(4)采用钢丝绳滑轮组加压升降吊机与传统的液压升降或齿轮齿条升降的方式相比具有加工制作方便、投入资金少、升降速度快、操作安全稳定的鲜明特点。

(5)采用双体浮箱作为船体,具有受风浪阻力小、在水上漂浮行走安全、稳定性好的特点。

(6)分件预制、分件运输、现场组装的结构形式有利于满足不同状况下的工作需要。

(四)具体实施方式

参阅附图 4-1~附图 4-6,一种水力插板平衡吊机包括连接框架 3、双体浮箱 1、升降桩腿 2、转盘 4、绞车 5、吊杆 6 及滑轮绳索系统,双体浮箱 1 上安装有连接框架 3,该连接框架上部两端安装有转盘 4,转盘上安装有绞车 5 和吊杆 6 及绳索滑轮支撑架。双体浮箱 1 两端安装有升降桩腿 2 和承压浮箱 10,转盘 4、绞车 5 和吊杆 6 为对称设计,形成双机平衡吊。

其中,双体浮箱 1 的下端设有圆形凹陷,承压浮箱 10 可藏于其中。吊杆 6 下端为圆规式结构,与转盘 4 活动连接安装。连接框架 3 与双体浮箱 1 为垂直安装。

转盘 4 安装于连接框架 3 中央,其上安装两个吊杆 6,形成双杆平衡吊。

水力插板平衡吊机到达施工位置进入工作状态前,首先用自身的两个吊钩 7 提升钢丝绳 8 对升降桩腿 2 顶部的滑轮 9 进行加压,使桩腿 2 克服底部承压浮箱 10 产生的浮力,将承压浮箱 10 压到水底地面上,通过继续加压使整个吊机离开水面升至空中,然后用插销插入升降桩腿 2 上设置的插销孔 11 中,使吊机底盘固定在 4 个升降桩腿 2 上,整个吊机进入正常起吊作业的工作状态。

工作完毕后以同样的方式由两个吊钩 7 提升钢丝绳 8 对滑轮 9 进行加压,当加压力量与吊机重量平衡时从桩腿 2 上插销孔 11 中拔出插销,4 个桩腿依靠底部承压浮箱 10 产生的浮力使桩腿 2 自动上浮承压浮箱 10 进入双体浮箱 1 上预留的空洞中,整个水力插板平衡吊机变成一个双体浮船漂浮在水面上,进入下一个工作位置开始新的施工作业。

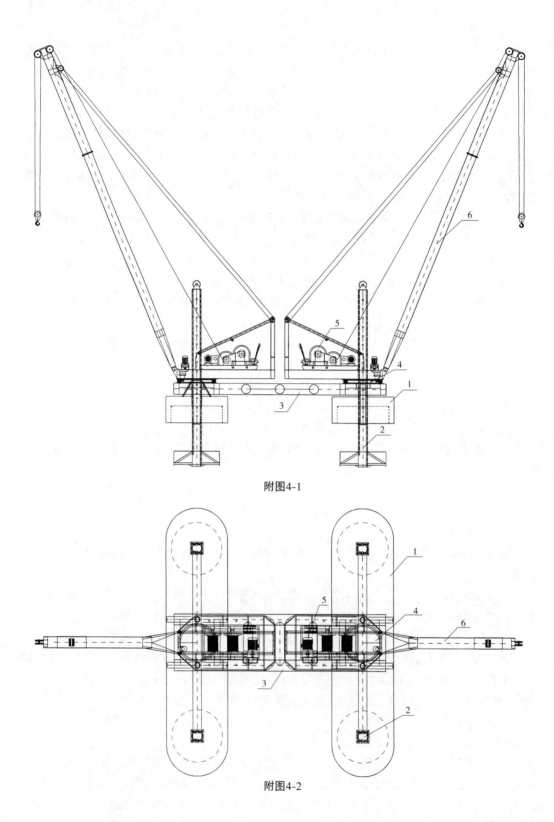

附图4-1

附图4-2

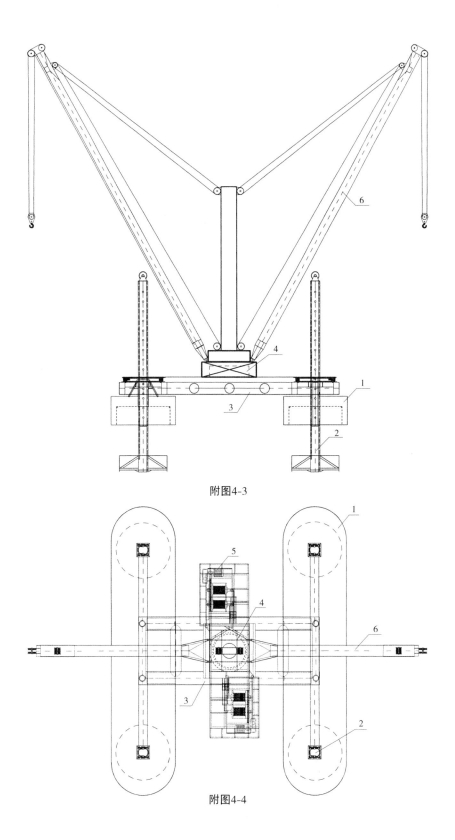

附图4-3

附图4-4

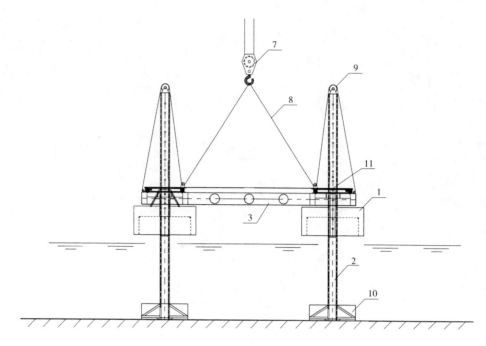

附图4-5

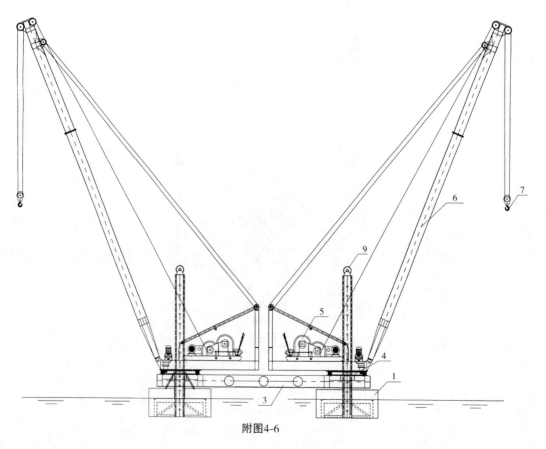

附图4-6

（五）附图说明

附图 4-1 为本发明的一种结构示意图；附图 4-2 为附图 4-1 所示结构的俯视图；附图 4-3 为本发明的另一种结构示意图；附图 4-4 为附图 4-3 所示结构的俯视图；附图 4-5 为吊机采用钢丝绳滑轮组加压升至空中进入工作状态前通过插销固定使桩腿上的承压浮箱至水底地面的结构示意图；附图 4-6 为工作完毕后 4 个桩腿下部的承压浮箱收缩进入吊机底盘形成一个双体浮船漂浮在水面上的状态图。

附录五　水力插板限位滑道与限位滑板

授权公告日:2008 年 5 月 14 日　专利号:ZL 200720022755.7　授权公告号:CN 201058979Y

一、摘要

一种水力插板限位滑道与限位滑板,包括预埋在水力插板一侧的空心方钢制作的限位滑道和另一侧由工字钢或 T 形钢制成的限位滑板,限位滑道和限位滑板两侧设有隔水道,插入地层时,限位滑板进入限位滑道中,插入地层后隔水道及两块水力插板之间的结合部由水泥浆封闭和固结,连接成整体,还包括连接于限位滑板外露部分顶部的限位板,连接于限位滑板和限位滑道埋入部分的加固构件。限位滑道顶端开口处为引导限位滑板易于进入的喇叭口,上部为一段限位窄缝的结构。利用此实用新型建成的堤坝、桥桩具有水平、垂直都非常齐整,固结强度高,整体性强等特点,广泛应用于堤坝、桥梁的建设中。

二、权利要求书

(1)一种水力插板限位滑道与限位滑板,包括预埋在水力插板一侧的空心方钢制作的限位滑道和另一侧由工字钢或 T 形钢制成的限位滑板,限位滑道和限位滑板两侧设有隔水道,插入地层时,限位滑板进入限位滑道中,插入地层后隔水道及两块水力插板之间的结合部由水泥浆封闭和固结,连接成整体,其特征在于还包括连接于限位滑板外露部分顶部的限位板,连接于限位滑板和限位滑道埋入部分的加固构件。限位滑道顶端开口处为引导限位滑板易于进入的喇叭口,上部为一段限位窄缝的结构。

(2)根据权利要求书中(1)所述的水力插板限位滑道与限位滑板,其特征在于连接于限位滑道上的加固构件为整个限位滑道从上到下等距离分布安装的钢筋环或钢筋条。

(3)根据权利要求书中(1)所述的水力插板限位滑道与限位滑板,其特征在于连接于限位板上的加固构件为限位滑板埋入部分从上到下等距离钻孔穿入或焊接的钢筋环或钢筋框。

(4)根据权利要求书中(1)所述的水力插板限位滑道与限位滑板,其特征在于限位板垂直安装于限位滑板顶部外侧,限位滑板进入限位滑道后,该限位板坐落于限位滑道顶端。

(5)根据权利要求书中(1)所述的水力插板限位滑道与限位滑板,其特征在于隔水道安设于限位滑道和限位滑板的两侧,两块水力插板连接后,隔水道的组合形状为圆形、椭圆形、方形、长方形或菱形。

(6)根据权利要求书中(1)或(5)所述的水力插板限位滑道与限位滑板,其特征在于隔水道为两条,水力插板插入地层后,隔水道中插入有膜袋,膜袋中有固结的水泥浆,两条隔水道之间的水力插板结合面构成封闭的内腔室,内腔室中有固结的水泥浆,使水力插板形成一整体。

三、说明书

(一)技术领域

本实用新型涉及水力插板建设工程实现侧向整体连接所使用的限位滑道、限位滑板及上返水泥浆进行注浆固缝的技术措施,尤其涉及一种水力插板限位滑道与限位滑板。

(二)背景技术

中国专利ZL 200420040430.8公布了一种水力插板滑道、滑板,其结构是滑道为外侧割缝的空心方钢,滑板为T形钢,为建设海洋航道、沿海及江河堤坝和桥梁进行了革命性创造,但同时存在如下的缺点或不足之处是:①滑道外侧开割的长缝是为了保证长距离滑板正常通过的需要,其一般都要保持足够的宽度,而这一宽度又给插入水力插板提供了产生水平位移的空间,给插入的水力插板工程形成同一平面带来困难;②滑板顶部没有设限位机构,插入地层后水力插板顶部很难保持在同一高度上;③滑道与滑板从上到下没有采取加固措施,使整个滑道、滑板与水力插板现浇成整体时连接强度受到影响;④滑道与滑板两侧设置隔水或防漏设施,在实施两板之间的注浆固缝连接措施时,往往发生水泥浆漏失,无法上返到桩板顶部的现象,影响了工程的连接强度和密封性。

(三)发明内容

本实用新型的目的是提供一种改进的水力插板限位滑道与限位滑板,能够有效地克服或避免上述现有技术中存在的缺点或不足之处,有效地使水力插板强度提高,水平面一致,高度一致。

本实用新型所述的水力插板限位滑道与限位滑板,包括预埋在水力插板一侧的空心方钢制作的限位滑道和另一侧由工字钢或T形钢制成的限位滑板,限位滑道和限位滑板两侧设有隔水道,插入地层时,限位滑板进入限位滑道中,插入地层后隔水道及两块水力插板之间的结合部由水泥浆封闭和固结,连接成整体,还包括连接于限位滑板外露部分顶部的限位板,连接于限位滑板和限位滑道埋入部分的加固构件。限位滑道顶端开口处为引导限位滑板易于进入的喇叭口,上部为一段限位窄缝的结构。

其中,连接于限位滑道上的加固构件为整个限位滑道从上到下等距离分布安装的钢筋环或钢筋条;连接于限位滑板上的加固构件为限位滑板埋入部分从上到下等距离钻孔穿入或焊接的钢筋环或钢筋框;限位板垂直安装于限位滑板顶部外侧,限位滑板进入限位滑道后,该限位板坐落于限位滑道顶端。隔水道安设于限位滑道和限位滑板的两侧,两块水力插板连接后隔水道的组合形状为圆形、椭圆形、方形、长方形或菱形。隔水道为两条,水力插板插入地层后,隔水道中插入膜袋,膜袋中有固结的水泥浆,两条隔水道之间的水力插板结合面构成封闭的内腔室,内腔室中有固结的水泥浆,使水力插板形成一整体。

本实用新型与现有技术相比较具有如下优点:

(1)由于制作限位滑道的空心方钢外侧顶部有一段专门开割的窄缝,可以有效地控制水力插板在插入地层时产生过大水平位移而影响整个工程的建设质量。

(2)由于制作限位滑板的工字钢或T形钢顶部外侧设有一块宽度超过空心方钢的限位板,能够有效地控制水力插板插入地层的深度,避免了多块水力插板插入地层后桩顶出现高低不齐的现象。

（3）由于制作的限位滑道和限位滑板从上到下等距离分布设置有固结钢筋环，可以保证限位滑道、限位滑板与水力插板之间的固结强度。

（4）由于在限位滑道与限位滑板的两侧设置了隔水道，可以保证在向混凝土板之间注入水泥浆时不会产生漏失现象，确保滑道、滑板及两块水力插板之间固结成一个整体。

（四）具体实施方式

参阅附图5-1～附图5-12，一种水力插板限位滑道与限位滑板包括预埋在水力插板8一侧的空心方钢制作的限位滑道1和另一侧由工字钢或T形钢制成的限位滑板2，限位滑道和限位滑板两侧设有隔水道7，插入地层时，限位滑板进入限位滑道中，插入地层后隔水道及两块水力插板之间的结合部由水泥浆封闭和固结，连接成整体，还包括连接于限位滑板外露部分顶部的限位板3，连接于限位滑板和限位滑道埋入部分的加固构件5、6，限位滑道顶端开口处为引导限位滑板易于进入的喇叭口，上部为一段限位窄缝4的结构。

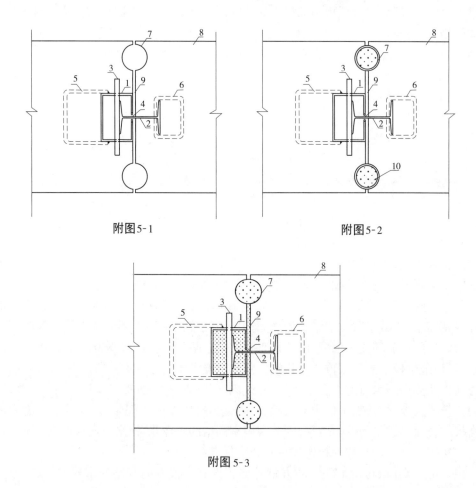

附图5-1　　　　　　　　　　　　　　　附图5-2

附图5-3

连接于限位滑道上的加固构件5、6为整个限位滑道上从上到下等距离分布安装的钢筋环或钢筋条。连接于限位板上的加固构件为限位滑板埋入部分从上到下等距离钻孔穿入或焊接的钢筋环或钢筋框。限位板3垂直安装于限位滑板2顶部外侧，限位滑板进入限位滑道1后，该限位板坐落于限位滑道顶端。隔水道7安设于限位滑道和限位滑板的

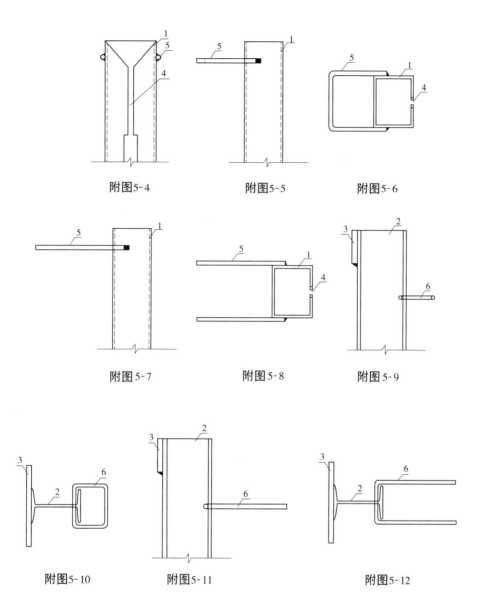

附图5-4 附图5-5 附图5-6

附图5-7 附图5-8 附图5-9

附图5-10 附图5-11 附图5-12

两侧,两块水力插板连接后隔水道7的组合形状为圆形、椭圆形、方形、长方形或菱形。隔水道为两条,水力插板8插入地层后,隔水道中插入膜袋10,膜袋中有固结的水泥浆9,两条隔水道之间的水力插板结合面构成封闭的内腔室,内腔室中有固结的水泥浆,使水力插板形成一整体。

（五）附图说明

附图5-1为本实用新型的一种结构示意图;附图5-2为附图5-1所示结构插入膜袋灌注固结水泥浆结构的示意图;附图5-3为按附图5-1所示的水泥浆封固整个水力插板结合部形成的具有夹心钢板的整体结构示意图;附图5-4为按附图5-1所示的限位滑道结构示意图;附图5-5为按附图5-1所示的限位滑道加固构件示意图;附图5-6为附图5-4所示结构的俯视图;附图5-7为按附图5-1所示的限位滑道加固构件的另一种结构示意图;

附图 5-8 为附图 5-7 所示结构的俯视图;附图 5-9 为按附图 5-1 所示的限位滑板加固构件结构示意图;附图 5-10 为附图 5-9 所示结构的俯视图;附图 5-11 为按附图 5-9 所示的限位滑板加固构件的另一种结构示意图;附图 5-12 为附图 5-11 所示结构的俯视图。

附录六　水力插板防潮堤坝

授权公告日:2006 年 1 月 11 日　专利号:ZL 200420051617.8　授权公告号:CN 2751068 Y

一、摘要

本实用新型公开了一种水力插板防潮堤坝,包括堤坝板、框架板及其上面安设的帽梁、横梁、斜拉墙和防浪墙。堤坝板相互连接插入迎水面地层中,背水面垂直于堤坝板插入框架板,堤坝板和框架板之间注浆固缝,顶部通过钢筋绑扎安设帽梁、横梁、斜拉墙和防浪墙。本实用新型的水力插板防潮堤坝减小了直立墙的高度,可形成一级或多级台阶式的堤坝,有效地解决了土压力产生的侧向推力,分级减轻水浪和冰凌对堤坝的冲击力,特别适应沿海地区的浅海水域中建设围海防潮堤坝、港堤工程及海中人工岛围堤。

二、权利要求书

(1)一种水力插板防潮堤坝,包括堤坝板、框架板及其上面安设的帽梁、横梁、斜拉墙和防浪墙,其特征在于堤坝板相互连接插入迎水面地层中,背水面垂直于堤坝板插入框架板,堤坝板和框架板之间注浆固缝,顶部通过钢筋绑扎安设帽梁、横梁、斜拉墙和防浪墙。

(2)根据权利要求书中(1)所述的水力插板防潮堤坝,其特征在于帽梁、横梁、斜拉墙和防浪墙为现浇钢筋混凝土结构。

(3)根据权利要求书中(1)所述的水力插板防潮堤坝,其特征在于堤坝板上部为安装有滑道、滑板的平板、T 形板或槽形板,下部为平板或框架板,顶端预留有纵向钢筋。

(4)根据权利要求书中(1)所述的水力插板防潮堤坝,其特征在于框架板的中间设有一级或多级横梁、斜拉梁,顶端预留纵向钢筋,侧面由滑道和滑板与堤坝板相连。

(5)根据权利要求书中(1)所述的水力插板防潮堤坝,其特征在于水力插板防潮堤坝上部可为现浇的混凝土坝面,后部可为交通道路或填土造田形成坝体护坡。

(6)根据权利要求书中(1)所述的水力插板防潮堤坝,其特征在于坝后仍然是海水的情况时,还可设置成在该海水的迎水面相互连接插入地层另一排堤坝板的结构。

三、说明书

(一)技术领域
本实用新型涉及堤坝,尤其涉及一种水力插板防潮堤坝。

(二)背景技术
众所周知,在沙泥质和淤泥质海岸建设防潮堤坝,特别是在潮间带和浅海水域中,目前普遍存在着根基浅、建设周期长、施工难度大、工程造价高等问题,在申请号为03271478.5 "插板堤坝"专利中,虽然较好地解决了根基浅、稳定性差和施工速度慢的问题,但临海面为直立坝,因直立墙的高度大,土压力产生的侧向推力大,迎海面风浪冲击力大,用丁坝支撑或加深桩长虽可缓解,但造价仍较高。

（三）发明内容

本实用新型要解决的技术问题是提供一种改进的水力插板防潮堤坝，它可以有效地克服或避免上述现有技术中存在的根基浅、建设周期长、施工难度大、工程造价高等问题。

本实用新型解决问题的技术方案是一种水力插板防潮堤坝，包括堤坝板、框架板及其上面安设的帽梁、横梁、斜拉墙和防浪墙，堤坝板相互连接插入迎水面地层中，背水面垂直于堤坝板插入框架板，堤坝板和框架板之间注浆固缝，顶部通过钢筋绑扎安设帽梁、横梁、斜拉墙和防浪墙。

其中，帽梁、横梁、斜拉墙和防浪墙为现浇的钢筋混凝土结构。堤坝板上部为安装有滑道、滑板的平板、T形板或槽形板，下部为平板或框架板，顶端预留有纵向钢筋。框架板的中间设有一级或多级横梁、斜拉梁，顶端预留纵向钢筋，侧面由滑道和滑板与堤坝板相连。水力插板防潮堤坝上部为现浇的混凝土坝面，后部可为交通道路或填土造田形成的坝体护坡。

根据上述原理，当水力插板防潮堤坝后仍然是海水时，还可设置成在该海水的迎水面相互连接插入地层另一排堤坝板的结构。

本实用新型与现有技术相比较具有以下的优点和有益效果：

（1）降低了直立墙的高度，减轻了坝体的土压力。

（2）可形成一级或多级台阶式的堤坝，有效地解决了土压力产生的侧向推力，分级减轻水浪和冰凌对堤坝的冲击力。

（3）桩基承载能力大、整体性能好、建设周期短、造价低。

（4）堤坝和防浪墙的后部可方便地填土或修筑交通道路。

（5）特别适应沿海地区的浅海水域中建设围海防潮堤坝、港堤工程及建设海上人工岛。

（四）具体实施方式

参阅附图6-1～附图6-9，一种水力插板防潮堤坝包括堤坝板1、框架板2及其上面安设的帽梁4、横梁5、斜拉墙6和防浪墙7，堤坝板1相互连接插入迎水面地层中，背水面垂直于堤坝板1插入与其相连接的框架板2，堤坝板和框架板之间注浆灌缝，顶部通过钢筋3绑扎安设帽梁4、横梁5、斜拉墙6和防浪墙7，使整个工程形成牢固的钢筋混凝土整体结构。

帽梁4、横梁5、斜拉墙6和防浪墙7为现浇的钢筋混凝土结构。堤坝板1上部为安装有滑道12、滑板13的平板、T形板或槽形板，下部为平板或框架板，顶端预留有纵向钢筋3。框架板2的中间设有一级或多级横梁14、斜拉梁15，顶端预留纵向钢筋3，框架板与框架板之间充填泥土后，上部铺土工布和毛石8。水力插板防潮堤坝上部可为现浇的混凝土坝面9，后部可为交通道路10或填土造田形成的坝体护坡11；坝后仍然是海水时，还可设置成在该海水的迎水面相互连接插入地层另一排堤坝板1的结构。

水力插板防潮堤坝的标高稍高于正常潮位即可，堤坝的帽梁、横梁、斜拉墙和退后一段现浇的防浪墙形成整体结构，防浪墙的顶部达到安全设防高度，达到降低直立堤坝高度的效果。

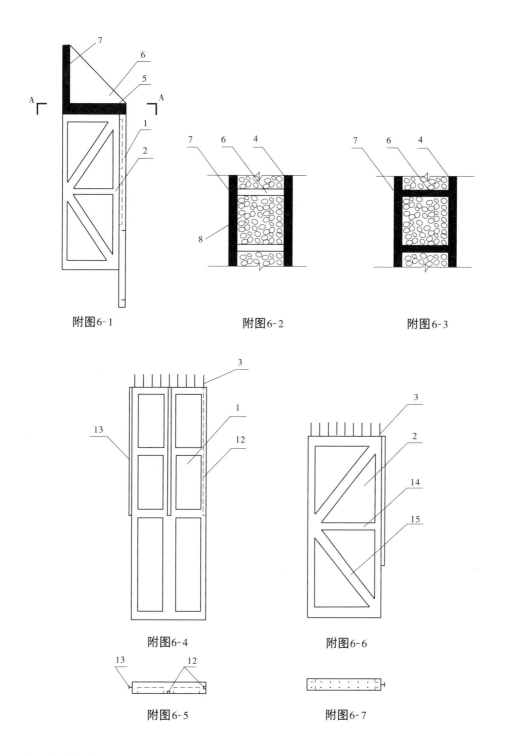

附图6-1　　　　　　　附图6-2　　　　　　　附图6-3

附图6-4　　　　　　　　　附图6-6

附图6-5　　　　　　　　　附图6-7

（五）附图说明

附图6-1 为本实用新型的结构主视图；附图6-2 为附图6-1 所示结构的俯视图；
附图6-3为附图6-1 所视结构的 A—A 剖面图；附图6-4 为本实用新型的堤坝板结构示意

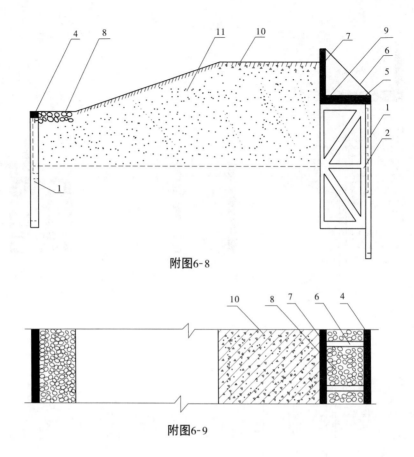

附图6-8

附图6-9

图;附图6-5为按附图6-4所示的堤坝板结构俯视图;附图6-6为本实用新型的框架板结构示意图;附图6-7为按附图6-6所示的框架板结构俯视图;附图6-8为本实用新型的另一种结构示意图;附图6-9为附图6-8所示结构的俯视图。

附录七　水力插板航道拦沙堤坝

授权公告日:2007 年 1 月 24 日　专利号:ZL 200620080738.4　授权公告号:CN 2745995Y

一、摘要

本实用新型公开了一种水力插板航道拦沙堤坝,包括通过滑板与滑道相互连接插入航道两侧地层中,注浆固缝的水力插板和其上现浇的混凝土帽梁以及两侧的砂、石护坡,水力插板设有侧向肋板,其横断面为 T 形结构,肋板方向相反地交错插入地层中,其顶端设置有现浇的混凝土帽梁,两侧设置有砂、石堆积的护坡。本实用新型具有整体性强、基础入地深度大、施工周期短、成本低、后续维修工作量小等特点,广泛应用于水中航道的拦沙堤坝建设中。

二、权利要求书

(1)一种水力插板航道拦沙堤坝,包括通过滑板与滑道相互连接插入航道两侧地层中,注浆固缝的水力插板和其上现浇的混凝土帽梁以及两侧的砂、石护坡,其特征在于所述水力插板设有侧向肋板,其横断面为 T 形结构,肋板方向相反地交错插入地层中,其顶端设置有现浇的混凝土帽梁,两侧设置有砂、石堆积的护坡。

(2)根据权利要求书中(1)所述的水力插板航道拦沙堤坝,其特征在于帽梁是通过水力插板上预留的竖向钢筋和新设置的横向钢筋相互绑扎后现浇混凝土形成的。

三、说明书

(一)技术领域

本实用新型涉及堤坝,尤其涉及一种水力插板航道拦沙堤坝。

(二)背景技术

众所周知,目前针对沿海地区为解决港口航道水深不够的问题和破除江河入海口拦门沙问题,国内外普遍采用两种办法:一种是用挖泥船疏浚加深航道,但是由于风浪潮流的作用航道疏浚工作要反复进行,很难形成深水航道;另一种是建设两条航道拦沙堤坝,在两条拦沙堤坝之间形成稳定的深水航道,美国密西西比河河口与中国长江口都是采用这种办法的,但现有的技术建设这种堤坝普遍存在着工程建设投资大、施工周期长等突出问题。因此,建设港口深水航道和破除江河入海口拦门沙是目前国内外普遍面临的一个技术难题。在专利号为 ZL 03271476.9"插板航道"的专利中虽然提出了应用水力插板建设航道拦沙堤坝的问题,较好地解决了堤坝基础入地深度不够、工程造价高、施工速度慢等问题,但坝体的宽度不是依靠 T 形板上方向不同的肋板向外展宽来实现的,堤坝两侧也没有采用吹填泥沙、抛投沙袋或毛石形成堤坝护坡来加强安全稳定性的问题,是一种单一的水力插板堤坝。因此,仍然存在工程造价比较高、安全稳定性需要加强的问题。

(三)发明内容

本实用新型要解决的问题是为建设港口深水航道及破除江河入海口拦门沙提供一种

水力插板航道拦沙堤坝，它可以有效地解决现行技术面临的上述问题。

本实用新型解决问题的技术方案是一种水力插板航道拦沙堤坝，包括通过滑板与滑道相互连接插入航道两侧地层中，注浆固缝的水力插板和其上现浇的混凝土帽梁以及两侧的砂、石护坡，水力插板设有侧向肋板，其横断面为 T 形结构，肋板方向相反地交错插入地层中，其顶端设置有现浇的混凝土帽梁，两侧设置有砂、石堆积的护坡。

其中，帽梁是通过水力插板上预留的竖向钢筋和新设置的横向钢筋相互绑扎后现浇混凝土形成的。两种 T 形水力插板是指肋板方向相反的两种 T 形板。通过滑道、滑板注浆固缝形成水中连续墙为插入混凝土板之后利用注浆管道从滑道预留空间插入滑道底部返出水泥浆自下而上将滑道、滑板固结成一个整体，从而使板间结合部的连接强度和密封强度达到和超过混凝土预制板本体的性能，从而形成一道水中连续墙。上部现浇帽梁为利用混凝土板顶部预留钢筋与新增加的横向钢筋经过统一绑扎之后现浇混凝土连接梁。两侧堤坝护坡为混凝土板插入地层之后在两侧通过吹填泥沙、抛投沙袋及毛石等形成的堤坝护坡。

本实用新型与现有各种航道拦沙堤坝建设技术相比较具有以下优点和有益效果：

（1）安全稳定性能明显增强，基础入地深度大，能够有效地防止堤坝基础被水流冲刷淘空的问题，上部临近水面及露出水面受风浪冲击最严重的部分为混凝土整体结构，具有很强的抗水毁能力，从根本上解决了传统的航道拦沙堤坝遭破坏的两个突出弱点。混凝土板墙两侧根据工程需要通过吹填泥沙、抛投沙袋及毛石形成一定高度的堤坝护坡，从而进一步增强了堤坝的安全稳定性。

（2）能够大幅度降低工程造价、缩短工程建设周期，在同等水深海域建设同样标高的航道拦沙堤坝，工程造价可降低 40% 以上，工程建设周期可缩短 50% 以上。

（3）工程投产后维修工作量少。

（4）特别适用于建设沿海港口深水航道及破除江河入海口拦门沙。

（四）具体实施方式

参阅附图 7-1 ～ 附图 7-8，一种水力插板航道拦沙堤坝，包括通过滑板与滑道相互连接插入航道两侧地层中，注浆固缝的水力插板 1、2 和其上现浇的混凝土帽梁 6 以及两侧的砂、石护坡 7，水力插板设有侧向肋板，其横断面为 T 形结构，肋板方向相反地交错插入地层中，其顶端设置有现浇的混凝土帽梁，两侧设置有砂、石堆积的护坡 7。当第一块水力插板 1 插入地层后，第二块水力插板 2 首先由滑板 3 进入前块混凝土板的滑道 4，然后插入地层形成一条肋板方向交叉向外突出的水力插板连续墙，然后利用滑道 4 预留的空间插入注水泥浆管道从底部注入水泥浆使其上返到混凝土板顶部使单块的混凝土板固结成一道整体的混凝土连续墙。然后利用顶部预留的钢筋 5 和新增加的横向钢筋绑扎在一起现浇混凝土形成帽梁 6。在混凝土连续墙两侧吹填泥沙、抛投沙袋及毛石形成堤坝护坡 7，即成为一条航道拦沙堤坝，在两条拦沙堤坝之间通过水流冲刷或适当的挖泥船疏浚即可形成稳定的深水航道 8。

水力插板航道拦沙堤坝的堤顶标高稍高于正常高潮位即可，通过它有效地阻挡风浪潮流挟带泥沙淤积航道。

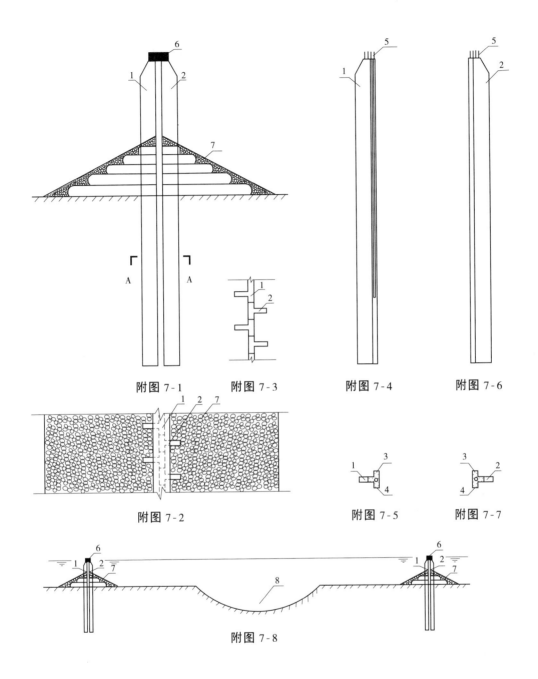

附图 7-1   附图 7-3   附图 7-4   附图 7-6

附图 7-2   附图 7-5   附图 7-7

附图 7-8

（五）附图说明

附图 7-1 为本实用新型的结构主视图；附图 7-2 为附图 7-1 所示结构的俯视图；附图 7-3 为附图 7-1 所示结构的 A—A 剖视图；附图 7-4 为本实用新型肋板方向向左的水力插板结构示意图；附图 7-5 为附图 7-4 所示结构的俯视图；附图 7-6 为本实用新型肋板方向向右的水力插板结构示意图；附图 7-7 为附图 7-6 所示结构的俯视图；附图 7-8 为速成的水力插板航道拦沙堤坝结构示意图。

附录八 水力插板围海透水防浪墙

授权公告日:2007年2月7日 专利号:ZL 200620080739.9 授权公告号:CN 2866594Y

一、摘要

一种水力插板围海透水防浪墙,包括通过滑道、滑板相互连接,插入水下地层中,连接处有水泥固缝的水力插板及其顶端现浇的混凝土帽梁。水力插板呈三段式结构,上部为可透水的框架段,中部为矩形过渡段,下部为带有肋板的T形插入段。水力插板T形插入段的肋板方向相反地插入地层中,水力插板的一侧还连接有方向相反地交叉插入地层的稳定板。本实用新型具有透水、消浪的功能和造价低、建造速度快的特点,特别适用于沿海水域建设高效养殖区,尤其是为开展具有高额回报率的网箱养鱼创造了一个优良的环境,为解决海洋"荒漠化"问题走出一条新路,同时还能够为防止沿海地区遭受风暴潮灾害发挥重要作用。

二、权利要求书

(1)一种水力插板围海透水防浪墙,包括通过滑道、滑板相互连接,插入水下地层中,连接处有水泥固缝的水力插板及其顶端现浇的混凝土帽梁。其特征在于水力插板呈三段式结构,上部为可透水的框架段,中部为矩形过渡段,下部为带有肋板的T形插入段。水力插板T形插入段的肋板方向相反地插入地层中,水力插板的一侧还连接有方向相反地交叉插入地层的稳定板。

(2)根据权利要求书中(1)所述的水力插板围海透水防浪墙,其特征在于水力插板下部设有肋板,形成T形结构插入水下地层中。

(3)根据权利要求书中(1)所述的水力插板围海透水防浪墙,其特征在于稳定板为顶端倾斜的矩形结构。

三、说明书

(一)技术领域
本实用新型涉及海中消浪墙,尤其涉及一种水力插板围海透水防浪墙。

(二)背景技术
众所周知,沿海地区防潮堤坝的建设位置一般都在陆地与海洋交界的地方,堤坝功能主要是防止风暴潮灾害。如果在水深3~5 m的海域建设一条与海岸线平行的堤坝,采用传统的施工技术建设这种堤坝主要存在两个问题:一是工程造价高;二是堤坝建成后阻断了海水的正常流动不利于发展海水养殖。在专利号为ZL 200420097442.4"水力插板透水防潮堤坝"的专利中,虽然较好地解决了防止风暴潮灾害和保持海水正常流动及工程造价高等问题,但为了解决透水堤坝板在海中的安全稳定性,施工建设时需要和一座板桩结构的道路交通桥同时建设,并且要形成一个整体。因此,工程造价仍然较高,工程建设周期仍然较长。

（三）发明内容

本实用新型要解决的技术问题是提供一种水力插板围海透水防浪墙，它可以有效地克服或避免现有技术中存在的问题。

本实用新型解决问题的技术方案是一种水力插板围海透水防浪墙，包括通过滑道、滑板相互连接，插入水下地层中，连接处有水泥固缝的水力插板及其顶端现浇的混凝土帽梁。水力插板呈三段式结构，上部为可透水的框架段，中部为矩形过渡段，下部为带有肋板的T形插入段。水力插板T形插入段的肋板方向相反地插入地层中，水力插板的一侧还连接有方向相反地交叉插入地层的稳定板。

其中，水力插板下部设有肋板，形成T形结构插入水下地层中。稳定板为顶端倾斜的矩形结构。顶部现浇帽梁为混凝土板插入地层之后利用顶部预留钢筋绑扎之后统一现浇成混凝土帽梁。滑道、滑板互相连接插入水下地层中，为每一块水力插板依靠其安置在混凝土板一侧的滑板插入前一块已进入地层混凝土板的滑道中，混凝土板在底部水力喷射切割地层和滑道的控制下插入水下地层中。注浆固缝为混凝土板插入地层之后，从两板结合部滑道预留的空间插入注水泥浆管道，使水泥浆从滑道底部向上返到混凝土板顶部，使板与板之间固结成一个整体。

本实用新型与现有技术相比较具有以下优点和有益效果：

（1）通过两种肋板方向相反的透水消浪水力插板在海中形成一道既能消除风暴潮灾害又能保证海水正常流通的围海消浪墙，结构形式简单，材料消耗小，工程造价低。

（2）水力插板采用工厂化、预制化生产，现场施工采用水力插板进桩技术，工程建设速度快。

（3）根据不同海域的实际情况，通过调整水力插板入地深度和稳定的宽度提高围海消浪墙的安全稳定性。

（4）适用于沿海水域消除风暴潮灾害和发展高效海水养殖，特别是为网箱养鱼提供了一个优良的环境，网箱养鱼的高额回报率将产生极大的经济效益。这项技术的推广应用将为解决海洋"荒漠化"问题走出一条新路。

（四）具体实施方式

参阅附图8-1～附图8-17，一种水力插板围海透水防浪墙，包括通过滑道、滑板相互连接，插入水下地层中，连接处由水泥固缝的水力插板及其顶端现浇的混凝土帽梁。水力插板呈三段式结构，上部为可透水的框架段，中部为矩形过渡段，下部为带有肋板的T形插入段。水力插板T形插入段的肋板方向相反地插入地层中，水力插板1、2的一侧还连接有方向相反地交叉插入地层的稳定板7。水力插板1、2是两种肋板方向相反的透水消浪水力插板，稳定板7为顶端倾斜的矩形结构。当第一块水力插板插入地层后，第二块水力插板首先由滑板3插入前一块水力插板的滑道4，水力插板在水力喷射切割地层的状态下插入地层，然后将稳定板7自滑板3插入地层，形成一条水力插板透水连续墙；然后利用滑道4预留的空间插入注水泥浆管道从底部注入水泥浆使其上返到混凝土板顶部使单块的水力插板固结成一道整体的透水消浪混凝土连续墙；最后利用顶部预留的钢筋5和新增加的钢筋绑扎在一起现浇帽梁6，形成一条完整的水力插板围海透水消浪墙。

水力插板围海透水消浪墙的顶部标高根据当地海域的实际情况设定,建设位置根据退潮之后海水深度能够满足网箱养鱼的需要来选定,形成一条与海岸线平行的具有透水、消浪功能的防灾安全屏障。海水通过的数量和消浪的程度,可以通过预制水力插板时调整其透水孔的大小来控制。本实用新型还可以转弯通过浅水区域与陆地连通,形成一个完整的高效养殖区。

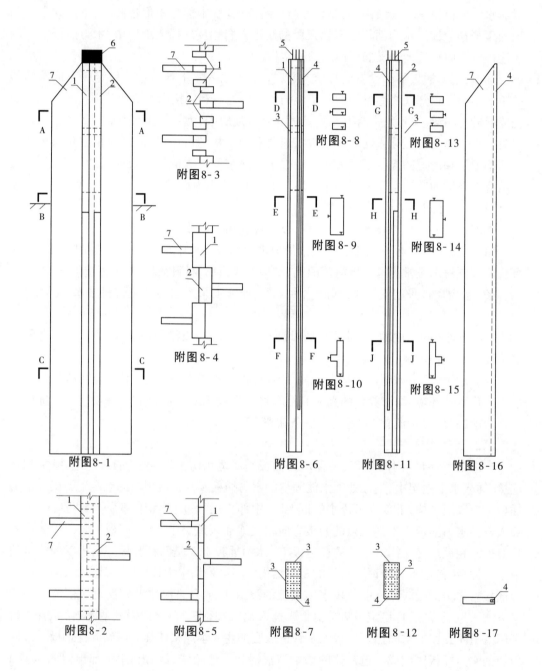

(五)附图说明

附图 8-1 为本实用新型的结构主视图;附图 8-2 为附图 8-1 所示结构的俯视图;附图 8-3 为附图 8-1 所示结构的 A—A 剖视图;附图 8-4 为附图 8-1 所示结构的 B—B 剖视图;附图 8-5 为附图 8-1所示结构的 C—C 剖视图;附图 8-6 为本实用新型所用水力插板肋板左视结构图;附图 8-7 为附图 8-6 所示结构的俯视图;附图 8-8 为附图 8-6 所示结构的 D—D 剖视图;附图 8-9 为附图 8-6 所示结构的 E—E 剖视图;附图 8-10 为附图 8-6 所示结构的 F—F 剖视图;附图 8-11 为本实用新型所用水力插板肋板右视结构图;附图 8-12 为附图 8-11所示结构的俯视图;附图 8-13 为附图 8-11 所示结构的 G—G 剖视图;附图 8-14 为附图 8-11 所示结构的 H—H 剖视图;附图 8-15 为附图 8-11 所示结构的 J—J 剖视图;附图 8-16为按附图 8-1 所示的稳定板结构示意图;附图 8-17 为附图 8-16 所示结构的俯视图。

附录九 设有伸缩缝的水力插板

授权公告日:2007 年 12 月 26 日 专利号:ZL 200720017598.0 授权公告号:CN 200996180Y

一、摘要

一种设有伸缩缝的水力插板包括基板及其上安设的滑道、滑板、过水管和水量分配管,还包括基板的中部或边部安设的伸缩缝及其间安设的滑道、滑板和止水带。本实用新型具有施工工序简单、速度快、造价低、工程安全稳定的特点,主要应用于水力插板配套工程中。

二、权利要求书

(1)一种设有伸缩缝的水力插板包括基板及其上安设的滑道、滑板、过水管和水量分配管,其特征在于还包括基板的中部或边部安设的伸缩缝及其间安设的滑道、滑板和止水带。

(2)根据权利要求书中(1)所述的设有伸缩缝的水力插板,其特征在于伸缩缝为基板上端至下部的纵向结构。

(3)根据权利要求书中(1)所述的设有伸缩缝的水力插板,其特征在于伸缩缝中的止水带两侧预制于基板中,顶部高出基板。

(4)根据权利要求书中(3)所述的设有伸缩缝的水力插板,其特征在于止水带是从类橡胶弹性材料中选出的。

(5)根据权利要求书中(1)所述的设有伸缩缝的水力插板,其特征在于止水带为 1 条或 2 条设置,其内外的空间填以如同沥青类的填充材料。

(6)根据权利要求书中(1)或(2)所述的设有伸缩缝的水力插板,其特征在于伸缩缝是只设止水带,而省略滑道、滑板的结构。

(7)根据权利要求书中(1)、(2)或(3)所述的设有伸缩缝的水力插板,其特征在于基板还可为顶部预留钢筋统一绑扎,现浇连接梁的结构。

三、说明书

(一)技术领域
本实用新型涉及水力插板,尤其涉及一种设有伸缩缝的水力插板。

(二)背景技术
处于地层恒温层以上的各种混凝土建筑物都存在一个受气温变化影响,出现热胀冷缩、影响工程质量的问题,需要通过设置伸缩缝来加以解决。水力插板施工过程中采用传统的混凝土工程建设伸缩缝的建造方法,在现场单独绑扎钢筋,安设止水带,现浇混凝土等。这就存在施工难度大、候凝时间长、伸缩缝入地深度浅、与两侧的水力插板工程不容易形成高强度整体结构等缺点或不足之处。

（三）发明内容

本实用新型的目的是提供一种既有效克服上述现有技术中存在的缺点或不足之处，又具有施工速度快、工程造价低、预制化程度高，且与水力插板工程建设技术配套的设有伸缩缝的水力插板。

本实用新型所述的设有伸缩缝的水力插板包括基板及其上安设的滑道、滑板、过水管和水量分配管，还包括基板的中部或边部安设的伸缩缝及其间安设的滑道、滑板和止水带。

其中，伸缩缝为基板自上端至下端的纵向结构。伸缩缝中的止水带两侧预制于基板中，顶部高出基板。止水带是从类橡胶弹性材料中选出的。止水带为1条或2条设置，其内外的空间填以如同沥青类的填充材料。伸缩缝是只设止水带，而省略滑道、滑板的结构。

本实用新型与现有技术相比具有如下优点：

（1）施工速度快、施工方法简单，工程建筑物的伸缩缝被预制在一块水力插板上，施工时和普通水力插板一样以相同的方式、相同的速度插入地层，省掉了在施工现场单独绑扎钢筋、安设止水带现浇混凝土等复杂的施工程序，节省了施工时间，有利于降低工程造价。

（2）伸缩缝的预制质量和插入地层的深度等得到了保证，有利于工程的安全稳定，实现标准化、规范化生产。

（四）具体实施方式

参阅附图9-1～附图9-11，一种设有伸缩缝的水力插板包括基板及其上安设的滑道、滑板、过水管和水量分配管，还包括水力插板1的中部或边部安设的伸缩缝10及其间安设的滑道3、滑板4和止水带2。

伸缩缝10为水力插板1自上端至下端的纵向结构。伸缩缝10中的止水带2两侧预制于水力插板1中，顶部高出基板。止水带2是从类橡胶弹性材料中选出的。止水带为1条或2条设置，其内外的空间填以如同沥青类的填充材料。伸缩缝10是只设止水带2，而省略滑道3、滑板4的结构。这可根据工程建设的实际需要制作，还可简化为只用一块橡胶止水带2的水力插板1。

当所建工程采用的水力插板顶部需要预留钢筋8现浇连接梁9时，带伸缩缝的水力插板顶部也同样需要预留钢筋8，并将橡胶止水带2向上外露一部分，外露的长度超过预留钢筋的高度，绑扎钢筋现浇顶部连接梁9时必须以水力插板伸缩缝为界向两侧分别绑扎钢筋支模板现浇混凝土，使连接梁的伸缩缝与水力插板上的伸缩缝位置保持完全一致。

（五）附图说明

附图9-1为本实用新型结构示意图；附图9-2为附图9-1所示结构的俯视图；附图9-3为按附图9-1所示的带伸缩缝水力插板与普通水力插板一起插入地层用于工程建设的结构示意图；附图9-4为按附图9-1所示的带伸缩缝的水力插板顶部预留钢筋示意图；附图9-5为附图9-4所示结构的俯视图；附图9-6为按附图9-4所示的带伸缩缝的水力插板与其他普通水力插板插入地层后的结构示意图；附图9-7为按附图9-4所示的水力插板顶部统一绑扎钢筋现浇连接梁示意图；附图9-8为附图9-1所示结构在带伸缩缝水力插板两块橡胶止水带中间不设滑道、滑板的结构示意图；附图9-9为附图9-8所示结构的俯视图；附图9-10为按附图9-1所示的带伸缩缝水力插板只设置一块橡胶止水带的结构示意图；附图9-11为附图9-10所示结构的俯视图。

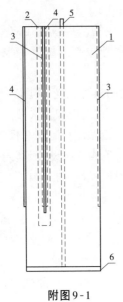

附图9-1

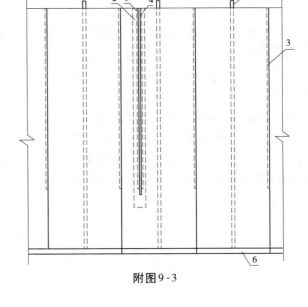

附图9-3

附图9-2

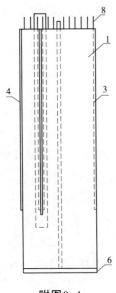

附图9-4

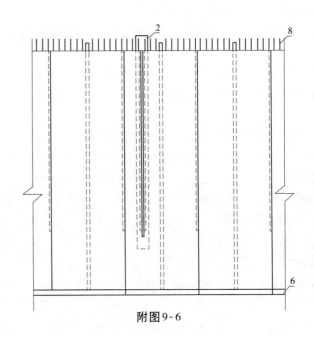

附图9-6

附图9-5

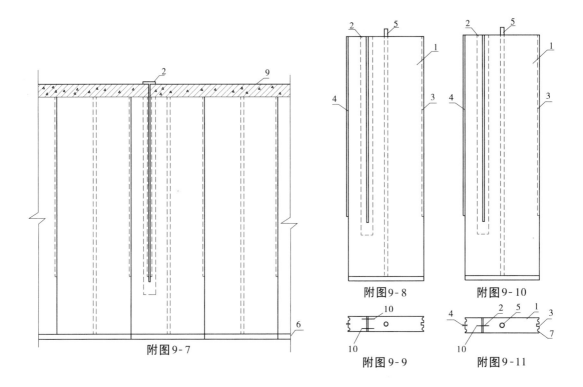

附图9-7

附图9-8 附图9-10

附图9-9 附图9-11

附录十 水力插板喷射管

授权公告日:2005 年 7 月 13 日   专利号:ZL 200420040429.5   授权公告号:CN 2709517Y

一、摘要

一种水力插板喷射管包括安设于水力插板上的中心管和与其相连的、底部设有喷射孔、端部安设堵板的喷射管,喷射管为单根或多根平行安设,由连接管相连通。本实用新型具有喷射管壁薄、钻孔难度小,节约材料,成本低,布孔方式合理,切割地层速度快、无盲区,提高水力插板施工速度,喷射管在插板之前现场快速安装,防止喷射管变形和喷射孔堵塞,使水动力充分利用等优点,主要应用于水力插板工艺中。

二、权利要求书

(1)一种水力插板喷射管包括安设于水力插板上的中心管和与其相连的,底部设有喷射孔、端部安设堵板的喷射管,其特征在于喷射管与水力插板为分体的、单根或多根安设的、插板前现场与预埋在水力插板中的中心管连接及安装的结构。

(2)根据权利要求书中(1)所述的水力插板喷射管,其特征在于喷射管单根安设时,由连接管与中心管相连通,多根安设时,平行设置,其间由固定管或固定板相固定,由连接板和连接管相连通。

(3)根据权利要求书中(1)或(2)所述的水力插板喷射管,其特征在于水力插板下部设置一缺口,缺口中露出预埋在其中的中心管端头。

(4)根据权利要求书中(1)所述的水力插板喷射管,其特征在于喷射管上的喷射孔在喷射管下部,水力切割距基本相同,是均匀分布。

三、说明书

(一)技术领域

本实用新型涉及与溪流、河道、海岸或其他海域的控制与利用有关的工程和设备,特别涉及一种水力插板喷射管。

(二)背景技术

现有的水力插板喷射管是将一根 89～114 mm 的油管预埋在插板下部,油管下部是进行成排钻孔制成的,其缺点或不足之处是:①管壁厚,钻孔制作难度大,浪费材料,成本高;②结构单一,不适应多种水力插板,尤其是厚度较大的水力插板工程的需要;③喷射管预埋在水力插板下部,施工中常发生堵孔现象,因此施工速度缓慢,工期加长;④喷射孔成排分布,切割地层有死角,边部喷射孔切割距大,影响水动力发挥,进桩慢;⑤喷射管预埋在插板下部,起吊时易变形。

(三)发明内容

本实用新型要解决的技术问题是提供一种改进的水力插板喷射管,它可以有效地克服和避免上述现有技术中存在的缺点或不足之处,降低制管难度,加快施工速度,缩短施工周期。

本实用新型所述的水力插板喷射管,包括安设于插板上的中心管和与其相连的、底部设有喷射孔、端部安设堵板的喷射管。喷射管与水力插板为分体的、单根或多根安设的、插板前现场与预埋在水力插板中的中心管连接及安装的结构。其中,喷射管单根安设时,由连接管与中心管相连通,多根安设时,平行设置,其间由固定管或固定板相固定,由连接板和连接管相连通。水力插板下部设置一缺口,缺口中露出预埋在其中的中心管的端头。喷射管上的喷射孔在喷射管下部,水力切割距基本相同,呈均匀分布。喷射孔的数量根据水力插板横断面积的大小来确定,面积越大喷射孔数量越多。喷射孔射水角度在被切割地层不留死角的情况下布设。喷射孔的直径由单孔切割面积来确定。

本实用新型与现有技术相比较具有如下优点:

(1)喷射管采用薄壁管,钻孔难度小,易于加工制作、节约原材料,成本低。

(2)喷射孔在喷射管下部均匀分布,布孔合理,切割地层无死区,水力插板的施工速度快。

(3)喷射管采用单根或多根优化配置,可适应各种水力插板,尤其是厚度较大的水力插板,采用多根配置更为合适,其缩短了喷射孔与地层之间的距离,减少了水动力损失,提高了进桩速度。

(4)喷射管在水力插板起吊后安装,避免了喷射孔堵塞,喷射水动力充分得到利用,节约能源的同时避免了喷射管在起吊时受重力挤压变形。

(5)由于避免了喷射孔堵塞,免去人工清孔程序,进一步提高了施工速度。

(四)具体实施方式

参阅附图 10-1 ~ 附图 10-5,一种水力插板喷射管包括安设于水力插板 8 上的中心管 7 和与其相连的、底部设有喷射孔、端部安设堵板 3 的喷射管 1,喷射管 1 与水力插板 8 为分体的、单根或多根安设的、插板前现场与预埋在水力插板 8 中的中心管 7 连接及安装的结构。其中,喷射管 1 单根安设时,由连接管 2 与中心管 7 相连通,多根安设时,平行设置,其间由固定管或固定板 4 相固定,由连接板 5 和连接管 2 相连通。水力插板 8 下部设置一缺口 9,缺口 9 中露出预埋在其中的中心管 7 的端头,插板前现场由连接管 2 与中心管 7 端头相连接。喷射管 1 上的喷射孔 6 在喷射管 1 下部,水力切割距基本相同,呈均匀分布。

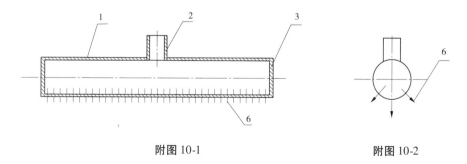

附图 10-1   附图 10-2

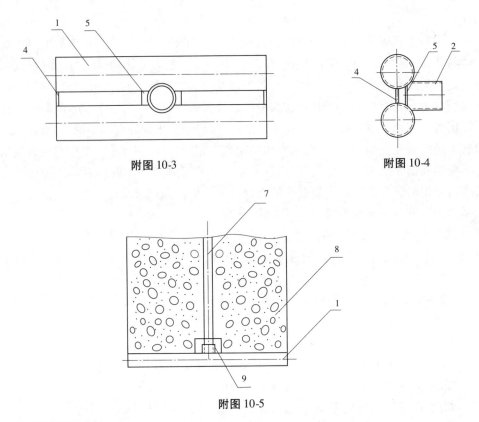

附图 10-3

附图 10-4

附图 10-5

(五)附图说明

附图 10-1 为本实用新型结构示意图;附图 10-2 为附图 10-1 所示结构的侧视图;附图 10-3 为按附图 10-1 所示的多管结构示意图;附图 10-4 为附图 10-3 所示结构的侧视图;附图 10-5 为附图 10-1 或附图 10-3 所示结构的连接示意图。

附录十一 水力插板滑道、滑板

授权公告日:2005 年 7 月 13 日 专利号:ZL 200420040430.8 授权公告号:CN 2709518Y

一、摘要

本实用新型公开了一种水力插板滑道、滑板,其为配合安装。滑道为外端开槽口的方形或长方形空心结构,下部安设限位板,滑板为由导向板和尾板构成的、与滑道相扣导向的 T 形结构。本实用新型具有较为简单的整体结构,制作和施工方便,节省工时,成本低;构件强度大,制作和存放时变形小;易于施工,滑板的导向板占据空间小,施工中注浆固缝管插入方便,节省注浆固缝工时的特点。若应用于施工潜水堤坝的水力插板施工工艺中,在滑道上部必须安装引入滑道,进行插板时,滑板可找准位置进入滑道。

二、权利要求书

(1)一种水力插板滑道、滑板配合安装,其特征在于滑道为外端开槽口的方形或长方形空心结构,下部安设限位板,滑板为由导向板和尾板构成的、与滑道相扣导向的 T 形结构。

(2)根据权利要求书中(1)所述的水力插板滑道、滑板,其特征在于所述滑板的导向板上设有循环孔,尾板上设有稳定孔。

(3)根据权利要求书中(1)或(2)所述的水力插板滑道、滑板,其特征在于滑道还可在其顶部设置建设潜水堤坝时用的引入滑道。

(4)根据权利要求书中(3)所述的水力插板滑道、滑板,其特征在于引入滑道由滑道槽口后部安设的内接管、滑道顶部安设的外接管构成。

(5)根据权利要求书中(1)所述的水力插板滑道、滑板,其特征在于引入滑道为可插入滑道的空心方钢,还可在其外侧设置防变形定位板。

(6)根据权利要求书中(5)所述的水力插板滑道、滑板,其特征在于防变形定位板为一侧开口、内侧与引入滑道外侧形状相一致的板状结构。

三、说明书

(一)技术领域

本实用新型涉及溪流、河道、海岸或其他海域的控制与利用有关的工程设备,尤其涉及一种水力插板滑道、滑板。

(二)背景技术

本实用新型公开了一种水力插板连接偶件,其结构是滑道为矩形空心方钢,滑板由两个矩形空心方钢和钢筋焊接而成,其缺点或不足之处是:①结构较为复杂,焊接点太多,变形大,施工时滑板进入滑道常出现因变形而抗肩的现象,造成施工不便,影响工期;②原滑板强度低,易变形损坏;③滑板前未设循环孔,固缝时水泥流动难出现死角区,后部未设稳定孔,滑板与混凝土板中钢筋连接不牢;④在施工潜水堤坝时,由于水力插板埋入水下,滑板进入滑道时难以找准位置,也无法实施注浆固缝。

(三)发明内容

本实用新型要解决的技术问题是提供一种改进的、高效的水力插板滑道、滑板,它可以有效地克服和避免上述现有技术中存在的缺点或不足之处。

本实用新型所述的水力插板滑道、滑板配合安装。滑道为外端开槽口的方形或长方形空心结构,下部安设限位板,滑板为由导向板和尾板构成的、与滑道相扣导向的 T 形结构。

其中,所述滑板的导向板上设有循环孔,尾板上设有稳定孔。

根据上述原理,滑道还可在其顶部设置建设潜水堤坝时用的引入滑道。引入滑道由滑道槽口后部安设的内接管、滑道顶部安设的外接管构成。引入滑道还可在其外侧设置防变形定位板。防变形定位板为一侧开口、内侧与引入滑道外侧形状相一致的板状结构。

本实用新型与现有技术相比较具有如下优点:

(1)由于采用较为简单的整体结构,制作和施工方便,节省工时,制作和存放时变形小、成本低。

(2)由于滑板的导向板上设置有循环孔,注浆固缝无死角区,水力插板缝强度高,无渗漏点,尾板设置有稳定孔,与混凝土板连接牢固。

(3)由于滑道底部设限位板,使板与板的标高一致。

(4)引入滑道的应用解决了现有技术中潜水堤坝无法施工的难题,扩大了工程应用范围。

(四)具体实施方式

参阅附图 11-1～附图 11-9,一种水力插板滑道 1、滑板 3 配合安装,滑道 1 为外端开槽口的方形或长方形空心结构,下部设限位板 2,滑板 3 为由导向板 4 和尾板 5 构成的、与滑道 1 相扣导向的 T 形结构。滑板 3 的导向板 4 上设有循环孔 7,尾板 5 上设有稳定孔 6。

根据上述原理,滑道 1 还可在其顶部设置建设潜水堤坝时用的引入滑道 8。引入滑道 8 由滑道 1 槽口后部安设的内接管 9、滑道 1 顶部安设的外接管 10 构成。引入滑道 8 还可在其外侧设置防变形定位板 11。所述防变形定位板 11 为一侧开口、内侧与所述引入滑道 8 外侧形状相一致的板状结构。在潜水堤坝施工时,将内接管 9 与外接管 10 连接,使引入滑道 8 与滑道 1 的槽口保持一致。由此,进行插板时,滑板 3 即可由引入滑道 8 导向,顺利地插入引入滑道 8 并实施注浆固缝。

(五)附图说明

附图 11-1 为本实用新型滑道结构示意图;附图 11-2 为附图 11-1 所示结构的俯视图;附图 11-3 为本实用新型滑板结构示意图;附图 11-4 为附图 11-3 所示结构的俯视图;附图 11-5 为本实用新型滑道、滑板装配结构示意图;附图 11-6 为本实用新型引入滑道及内接管结构示意图;附图 11-7 为本实用新型滑道及外接管结构示意图;附图 11-8 为本实用新型引入滑道的另一种结构示意图;附图 11-9 为附图 11-8 所示结构的俯视图。

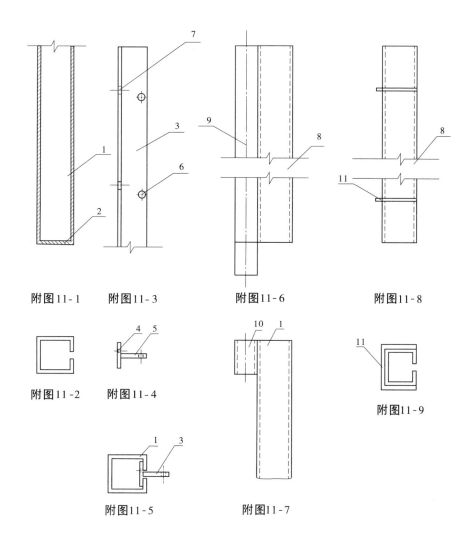

附图11-1　　附图11-3　　　　附图11-6　　　　　　附图11-8

附图11-2　　附图11-4　　　　　　　　　　　　　附图11-9

附图11-5　　　　附图11-7

附录十二　水力插板透水防潮堤坝

授权公告日:2005 年 12 月 14 日　专利号:ZL 200420097442.4　授权公告号:CN 2745995 Y

一、摘要

本实用新型公开了一种水力插板透水防潮堤坝,包括桥桩板及其上安设的桥面板、迎海面插入的堤坝板、现浇的防浪墙和桥面。插入水下地层中相互连接形成桥桩的桥桩板,其顶部安设有桥面板,临海面侧插入堤坝板,桥桩板和堤坝板之间注浆固缝形成整体。本实用新型具有封闭的混凝土坝体,能安全抵御风暴潮灾害对近海水面和沿海地区的影响、保持海水的正常流动和交换、解决在海上建设堤坝与影响海洋环境之间的矛盾,同时是一条高等级公路,对于改善交通条件、带动港口建设和海上旅游业的发展都将发挥很好的作用,广泛应用于防潮堤坝的建设工艺中。

二、权利要求书

(1)一种水力插板透水防潮堤坝,包括桥桩板及其上安设的桥面板、迎海面插入的堤坝板、现浇的防浪墙和桥面,其特征在于插入水下地层中相互连接形成桥桩的桥桩板,其顶部安设有桥面板,临海面侧插入堤坝板,桥桩板和堤坝板之间注浆固缝形成整体。

(2)根据权利要求书中(1)所述的水力插板透水防潮堤坝,其特征在于桥桩板为框架板、平板或槽形板,其顶部中心线预留有一排长度超过桥面板厚度的钢筋,该钢筋与桥面钢筋及预制防浪墙的钢筋绑扎在一起,通过现浇的混凝土使桥桩板、桥面板、桥面、堤坝板和防浪墙形成整体结构。

(3)根据权利要求书中(1)所述的水力插板透水防潮堤坝,其特征在于堤坝板上部为混凝土实心板,下部为透水的框架板,顶端预留有纵向钢筋。

(4)根据权利要求书中(1)所述的水力插板透水防潮堤坝,其特征在于堤坝板、桥桩板和桥面板为预制板,防浪墙和桥面为现浇的钢筋混凝土结构。

(5)根据权利要求书中(1)所述的水力插板透水防潮堤坝,其特征在于堤坝板迎海面的部位可以预制牛腿,形成横向连接梁。

三、说明书

(一)技术领域
本实用新型涉及堤坝,特别涉及一种水力插板透水防潮堤坝。

(二)背景技术
众所周知,在沙泥质和淤泥质海岸建设防潮堤坝,特别是在浅海水域中建设堤坝,目前普遍存在着施工难度大、建设周期长、工程造价高、堤坝根基浅、安全稳定性差等问题,在专利号为 ZL 03271478.5"插板堤坝"专利中,虽然较好地解决了根基浅、稳定性差、施工速度慢和工程造价高的问题,但堤坝的功能和传统的防潮堤坝一样,主要用于防止风暴潮灾害,在浅海水域中修筑堤坝往往还会给海洋环境带来一定的影响。

（三）发明内容

本实用新型的目的是提供一种改进的水力插板透水防潮堤坝，它能够有效地克服或避免上述现有技术中存在的缺点或不足之处，从堤坝顶部到海水低潮线全部为封闭的混凝土坝体，可以安全抵御风暴潮灾害对近海水面和沿海地区的影响、保持海水的正常流动和交换，解决在海上建设堤坝与影响海洋环境之间的矛盾。

本实用新型所述的水力插板透水防潮堤坝，包括桥桩板及其上安设的桥面板、迎海面插入的堤坝板、现浇的防浪墙和桥面。插入水下地层中相互连接形成桥桩的桥桩板，其顶部安设有桥面板，临海面侧插入堤坝板，桥桩板和堤坝板之间注浆固缝形成整体。

其中，桥桩板为框架板、平板或槽形板，其顶部中心线预留有一排长度超过桥面板厚度的钢筋，该钢筋与桥面钢筋及预制防浪墙的钢筋绑扎在一起，通过现浇的混凝土使桥桩板、桥面板、桥面、堤坝板和防浪墙形成整体结构。堤坝板上部为混凝土实心板，下部为透水的框架板，顶端预留有纵向钢筋。堤坝板、桥桩板和桥面板为预制板，防浪墙和桥面为现浇的钢筋混凝土结构。堤坝板迎海面的部位可以预制牛腿，形成横向连接梁。

本实用新型与现有技术相比较有如下优点：

（1）平行于海岸线的海水中利用水力插板技术建设一条透水防潮堤坝，从堤坝顶部到海水低潮线全部为封闭的混凝土坝体，可以安全抵御风暴潮灾害对近海水面和沿海地区的影响。

（2）透水防潮堤坝的另一个特点是从海水低潮线到海底地面之间全部为框架板，能够保持海水的正常流动和交换，解决了在海上建设堤坝与影响海洋环境之间的矛盾。这种堤坝为建设高效养殖区，特别是为发展经济效益最高的网箱养殖创造了极为有利的条件，在消除自然灾害的同时为海洋渔业的发展开辟了一条新路，利用很少的投资即可以使我国沿海地区大量难以开发利用的沙泥质海岸和淤泥质海岸变成发展海洋经济的黄金海岸。

（3）建设在浅海水域中的透水防潮堤坝本身就是一条高等级公路，对改善交通条件、带动港口建设和海上旅游业的发展都将发挥一定的作用。

（四）具体实施方式

参阅附图12-1～附图12-7，一种水力插板透水防潮堤坝，包括桥桩板1及其上安设的桥面板3、迎海面插入的堤坝板2、现浇的防浪墙5和桥面4。插入水下地层中相互连接形成桥桩的桥桩板1，其顶部安放有桥面板3，临海面侧插入堤坝板2，桥桩板和堤坝板之间注浆固缝形成整体。

其中桥桩板1是框架板、平板或槽形板，其顶部沿中心线预留一排长度超过桥面板厚度的钢筋6，该钢筋与桥面板铺设的钢筋、预制防浪墙的钢筋绑扎在一起，通过现浇的混凝土使桥桩板、桥面板、桥面堤坝板和防浪墙形成整体结构。堤坝板2上部为混凝土实心板，下部为透水的框架板，顶端预留纵向钢筋6。迎海面承受风浪冲击最大的部位可以根据工程需要预制牛腿形成横向连接梁。堤坝板、桥桩板和桥面板为预制板，防浪墙和桥面为现浇的钢筋混凝土结构。桥桩板1和堤坝板2插入地下部分必须达到足够的深度，确保在各种风浪冲击下工程能保持安全稳定。

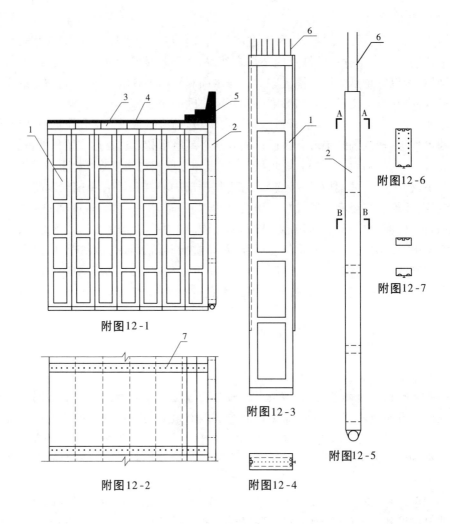

附图12-1

附图12-2

附图12-3

附图12-4

附图12-5

附图12-6

附图12-7

（五）附图说明

　　附图12-1为本实用新型的结构主视图；附图12-2为附图12-1所示结构的俯视图；附图12-3为本实用新型的堤坝板结构示意图；附图12-4为附图12-3所示结构的俯视图；附图12-5为本实用新型的桥桩板结构示意图；附图12-6为附图12-5所示结构的A—A剖视图；附图12-7为附图12-5所示结构的B—B剖视图。

附录十三　水力插板套筒桩

授权公告日:2005 年 11 月 9 日　专利号:ZL 200420051943.9　授权公告号:CN 2739233 Y

一、摘要

一种水力插板套筒桩包括外套筒桩和内套筒桩及外套筒桩上安设的钢筋、滑道、滑板、喷射管和中心管。内套筒桩安设于外套筒桩内下部,插入地层,内套筒桩和外套筒桩连接成一个整体结构的长桩体,其内腔为封固的水泥浆,桩体外用水泥浆与地层固结。本实用新型具有插入施工快、建设周期短、造价低、桩体不受损坏、桩基入地深度大、不需大型吊机等优点,特别能适应河流、湖泊、浅海水域等大型工程的建设。

二、权利要求书

(1)一种水力插板套筒桩,包括外套筒桩和内套筒桩及外套筒桩上安设的钢筋、滑道、滑板、喷射管和中心管,其特征在于内套筒桩安设于外套筒桩内下部,插入地层,内套筒桩和外套筒桩连接成一个整体结构的长桩体,其内腔为封固的水泥浆,桩体外用泥浆与地层固结。

(2)根据权利要求书中(1)所述的水力插板套筒桩,其特征在于外套筒桩的外部为圆形、方形或多边形,内部为圆形。

(3)根据权利要求书中(1)所述的水力插板套筒桩,其特征在于外套筒桩顶部设置有预留钢筋和现浇的盖板或承台。

(4)根据权利要求书中(1)所述的水力插板套筒桩,其特征在于外套筒桩上对称设置的中心管为两根或多根结构。

(5)根据权利要求书中(1)所述的水力插板套筒桩,其特征在于内套筒桩为圆形的水泥管或钢管,其下部设置喷射管,由中心管与顶部安设的反扣接头相连通。

(6)根据权利要求书中(1)或(5)所述的水力插板套筒桩,其特征在于内套筒桩顶部安设的连接头为反扣接头。

(7)根据权利要求书中(1)所述的水力插板套筒桩,其特征在于内套筒桩和外套筒桩的下部设置的喷射管为单排或多排结构。

三、说明书

(一)技术领域
本实用新型涉及堤坝、桥梁、码头等的桩基,尤其涉及一种水力插板套筒桩。

(二)背景技术
目前,在各种建筑的桩基工程施工中,一般采用钻孔形成的灌注桩或者打入施工的摩擦桩。这两种桩基工程普遍存在着施工速度慢、建造周期长、工程造价高、施工难度大,特别是地面环境复杂的海域或作为持力层的地层较深时施工难度更大的缺点,使这种堤坝、桥梁等大型桩基工程的建造受到一定的限制。

（三）发明内容

本实用新型要解决的技术问题是提供一种改进的水力插板套筒桩，它可以有效地克服或避免上述现有技术中存在的施工速度慢、建造周期长、工程造价高、施工难度大，特别是地面环境复杂的海域或作为持力层的地层较深时施工难度更大的缺点。

本实用新型解决问题的技术方案是一种水力插板套筒桩包括外套筒桩和内套筒桩及外套筒桩上安设的钢筋、滑道、滑板、喷射管、中心管。内套筒桩安设于外套筒桩内下部，插入地层，内套筒桩和外套筒桩连接成一个整体结构的长桩体，其内腔为封固的水泥浆，桩体外用泥浆与地层固结。

其中，外套筒桩的外部为圆形、方形或多边形，内部为圆形，顶部设置预留钢筋和现浇的盖板或承台，其上对称设置的中心管为两根或多根结构。内套筒桩为圆形的水泥管或钢管，其顶部的连接头为反扣接头。内套筒桩和外套筒桩的下部设置的喷射管为单排或多排结构，由中心管与顶部安设的连接头相连通。

本实用新型与现有技术相比较具有以下的优点和有益效果：

（1）本实用新型将原来的长桩变为分段预制的短桩，小型设备即可施工，可降低工程造价。

（2）与灌注桩或者打入施工的摩擦桩相比，施工速度快、工程造价低。

（3）插入施工不损坏桩体，适应各种环境施工。

（4）工艺技术可靠，桩体内外充填水泥浆固结，安全稳定性好，承载能力大。

（四）具体实施方式

参阅附图13-1～附图13-5，一种水力插板套筒桩包括外套筒桩1和内套筒桩2及外套筒桩上安设的钢筋3、滑道4、滑板5、喷射管6、中心管7，内套筒桩2的顶部安设反扣接头8，其套筒桩内腔为封固的水泥浆9，顶部设置现浇的盖板或承台10。

外套筒桩1的外部为圆形、方形或多边形（附图13-1中表示为方形），内部为圆形，其上对称设置的中心管7为单根或多根结构（附图13-2中表示为两根）。内套筒桩2为圆形的水泥管或钢管（附图13-3中表示为水泥管），根据工程桩长，内套筒桩2可以设置单根或多根（附图13-3中表示为一根）。内套筒桩和外套筒桩的下部设置的喷射管6为单排结构或多排结构（附图13-1、附图13-2中表示为单排），由中心管7与顶部安设的反扣接头8相连通。

施工时，可根据工程实际需要，分段预制为不同直径的空心外套筒桩1和内套筒桩2，采用水力插板技术插入地层，先插入外套筒桩，然后依次插入内套筒桩，内、外套筒桩部分重叠，连接成一个整体结构的长桩体，达到预定深度后，用水泥浆把内、外套筒桩内腔和重叠部位充填封固，现浇盖板或承台10形成一个牢固的整体桩。

（五）附图说明

附图13-1为本实用新型外套筒桩结构示意图；附图13-2为附图13-1所示结构的俯视图；附图13-3为本实用新型内套筒桩结构示意图；附图13-4为附图13-3所示结构的俯视图；附图13-5为本实用新型结构示意图。

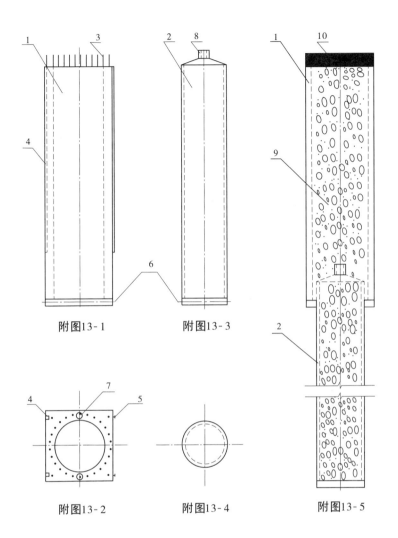

附图13-1

附图13-3

附图13-2

附图13-4

附图13-5

附录十四　水力插板闸

授权公告日:2008 年 12 月 24 日　专利号:ZL 200820019434.6　授权公告号:CN 201169766Y

一、摘要

一种水力插板闸包括利用水力插板预制成型的闸孔板、与闸孔板配套的闸板、提升闸板的支架和螺杆。闸孔板底部安装有喷射切割地层的水量分配管,两侧设置有用于导向定位和注入水泥浆使混凝土板连接成整体的滑道、滑板,内侧设有与闸板相配套的闸板槽。本实用新型具有建造速度快、造价低、坚固稳定性好和可进行工厂化生产建设水闸的特点,广泛应用于各种水利建闸工程或类似场合。

二、权利要求书

(1)一种水力插板闸包括利用水力插板预制成型的闸孔板、与闸孔板配套的闸板、提升闸板的支架和螺杆,其特征在于闸孔板底部安装有喷射切割地层的水量分配管,两侧设置有用于导向定位和注入水泥浆使混凝土板连接成整体的滑道、滑板,内侧设有与闸板相配套的闸板槽。

(2)根据权利要求书中(1)所述的水力插板闸,其特征在于闸孔板底部安置有与过水管连通的水量分配管。

(3)根据权利要求书中(1)所述的水力插板闸,其特征在于闸孔由两块以上的水力插板组成。

(4)根据权利要求书中(1)或(3)所述的水力插板闸,其特征在于由两块以上水力插板组成的闸孔两侧为设有闸板槽的闸孔板或截面为矩形的闸孔桩。

三、说明书

(一)技术领域
本实用新型涉及水利工程水闸,尤其涉及一种水力插板闸。

(二)背景技术
传统水闸的建造都是在预定的现场位置开挖基础坑,然后筑围堰、打降水井、打基础、支模块、现浇钢筋混凝土,逐步形成水闸。这种水闸的建设存在着如下的缺点或不足之处:①施工难度大;②工程造价高;③建设工期长;④水闸基础入地深度浅,抗水流冲击能力差。

(三)发明内容
本实用新型是为克服或避免上述现有技术中存在的缺点或不足之处而提供的一种利用水力插板预制成型建造的水力插板闸。其按照水闸的结构形状和大小尺寸通过地面预制水力插板来完成,大幅度提高施工速度、降低造价,由于基础入地深度远远超过了传统的水闸,安全稳定性明显增强。

本实用新型所述的水力插板闸包括利用水力插板预制成型的闸孔板、与闸孔板配套的闸板、提升闸板的支架和螺杆。闸孔板底部安装有喷射切割地层的水量分配管,两侧设置有用于导向定位和注入水泥浆使混凝土板连接成整体的滑道、滑板,内侧设有与闸板相配套的闸板槽。

其中,闸孔板底部安置有与过水管连通的水量分配管。闸孔由两块以上的水力插板组成。由两块以上水力插板组成的闸孔两侧为设有闸板槽的闸孔板或截面为矩形的闸孔桩。

本实用新型与现有技术相比较具有如下优点:

(1)本实用新型实现了预制化、工厂化生产建设水闸的目标,提高了施工速度,缩短了施工周期,降低了工程造价,方便施工和使用。

(2)由于水力插板闸基础入地深度大幅度增加,大大提高了工程的安全稳定性。

(四)具体实施方式

参阅附图 14-1 ~ 附图 14-5,一种水力插板闸,包括利用水力插板预制成型的闸孔板1、与闸孔板1配套的闸板10、提升闸板10的支架9和螺杆11。闸孔板1底部安装有喷射切割地层的水量分配管5,两侧设置有用于导向定位和注入水泥浆使混凝土板连接成整体的滑道3、滑板4,内侧设有与闸板10相配套的闸板槽。

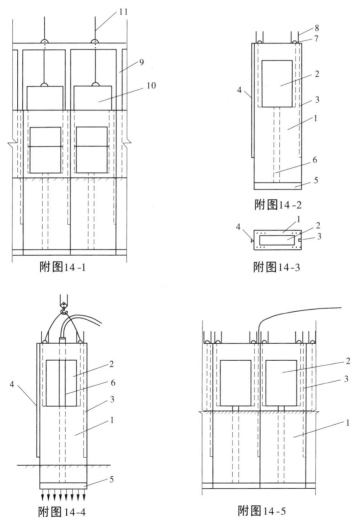

附图14-1

附图14-2

附图14-3

附图14-4

附图14-5

参阅附图14-6～附图14-11,对于直径较大不能在一块水力插板上预制成闸孔的水力插板闸,可采取几块水力插板组成一个闸孔的方法,分别预制闸槽板和闸底板13,施工时分别起吊插入地层,形成如附图14-6所示的水闸基础及闸孔。上部绑扎钢筋现浇支架9和安装闸板10及升降螺杆11,形成如附图14-7所示的水力插板闸。

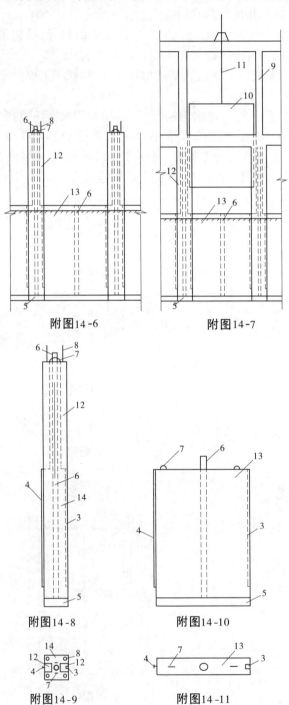

附图14-6　　　　　　　附图14-7

附图14-8　　　　　　附图14-10

附图14-9　　　　　附图14-11

闸孔板 1 底部安置有与过水管 6 连通的水量分配管 5。闸孔板 2 由两块以上的水力插板组成。由两块以上水力插板组成的闸孔板 2 两侧为设有闸板槽 12 的闸孔板 2 或截面为矩形的闸孔桩 14。闸孔板 1 和闸孔桩 14 顶部设有提环 7。

（五）附图说明

附图 14-1 为本实用新型的一种结构示意图；附图 14-2 为闸孔板结构示意图；附图 14-3 为附图 14-2 所示结构的俯视图；附图 14-4 为按附图 14-2 所示的闸孔板插入地层施工时的结构示意图；附图 14-5 为按附图 14-2 所示的多块闸孔板插入地层后利用滑道、滑板注浆固缝形成整体的结构示意图；附图 14-6 为闸槽板和闸底板构成水闸的结构示意图；附图 14-7 为按附图 14-6 所示的绑扎钢筋现浇支架及安装闸板形成水闸的结构示意图；附图 14-8 为按附图 14-7 所示的闸槽板结构示意图；附图 14-9 为附图 14-8 所示结构的俯视图；附图 14-10 为闸底板结构示意图；附图 14-11 为附图 14-10 所示结构的俯视图。

附录十五　水力专用插板

授权公告日:2009 年 3 月 4 日　专利号:ZL 200790000004.3　授权公告号:CN 201202106Y

一、摘要

水力插板,目前各种利用水力冲刺进入地层的钢筋混凝土桩板构筑的工程,普遍存在的缺点和不足之处是:①进桩方式完全依靠单一的水力冲刺,一方面进桩较慢,另一方面遇到地下障碍物难以通过和排除;②桩板结合部很难形成一个具有高强度与高密封程度的整体结构。本产品包括钢筋混凝土桩板及其内部垂直安设的过水管,底部横向安设的与过水管相连通的水量分配管,一侧安设的滑道,另一侧安设的滑板,顶部安设的提升吊环和埋设的预留钢筋,还包括所述钢筋混凝土桩板上、滑道、滑板的两侧设置的垂向隔水道。本产品用做堤坝工程、港口航道工程、水中人工岛、道路交通桥、水闸、涵洞、输水渠道等水利工程以及钢筋混凝土地下整体工程的堤坝板。

二、权利要求书

(1)一种水力专用插板包括钢筋混凝土桩板,其特征是:钢筋混凝土桩板内安装过水管,钢筋混凝土桩板底部安装水量分配管,水量分配管与过水管相通,钢筋混凝土桩板一侧安装滑道,另一侧安装滑板,钢筋混凝土桩板顶部安装吊环,水量分配管部分镶嵌在钢筋混凝土桩板内,另一部分开设直径为 2 ~ 8 mm 的水流喷射孔,水流喷射孔交错均匀分布,与钢筋混凝土板横断面相对应的地层上每 9 ~ 36 cm^2 面积上必须有一个喷射孔射出的水流对地层进行冲刺切割。

(2)根据权利要求书中(1)所述的水力专用插板,其特征在于:在滑道或滑板一侧设置垂直方向的隔水道。

(3)根据权利要求书中(1)或(2)所述的水力专用插板,其特征在于:钢筋混凝土桩板下端为平行状、锥形或单面斜角形。

(4)根据权利要求书中(1)或(2)所述的水力专用插板,其特征在于:所述隔水道为钢筋混凝土桩板侧面垂直设置的半圆形、半方形、半长方形、半菱形和半椭圆形凹槽,两块桩板下入地下后即可形成整圆形、整方形、整长方形、整菱形和整椭圆形结构。

(5)根据权利要求书中(1)或(2)所述的水力专用插板,其特征在于:所述滑道为外边设有垂直缺口的空心方钢或槽钢、角钢、钢板的制成品。

(6)根据权利要求书中(1)或(2)所述的水力专用插板,其特征在于:所述滑板为一半在钢筋混凝土桩板中,另一半露在外的工字钢或 T 形钢,下入地层时,滑板在滑道中。

(7)根据权利要求书中(1)或(2)所述的水力专用插板,其特征在于:水量分配管下端还设计为安装与其方向相同金属切割刀片的水力专用插板工具板。

(8)根据权利要求书中(1)或(2)所述的水力专用插板,其特征在于:所述钢筋混凝土桩板还设计有其上只设有滑道、滑板和隔水道的简化形工程板结构。

(9)根据权利要求书中(1)或(2)所述的水力专用插板,其特征在于:所述钢筋混凝土桩板还可制成上小下大的大脚式桩板结构。

（10）根据权利要求书中（1）或（2）所述的水力专用插板,其特征在于:混凝土板插入地层后两条隔水道首先用长条形膜袋装入水泥浆进行封固,然后对滑道、滑板及两块水力专用插板结合部的空间采用水泥浆进行封固。

三、说明书

（一）技术领域

本发明涉及堤坝工程、港口航道工程、水中人工岛、道路交通桥、水闸、涵洞、输水渠道等水力工程以及钢筋混凝土地下整体工程,尤其涉及一种水力专用插板并介绍这种插板的使用方法。

（二）背景技术

目前,各种利用水力冲刺进入地层的钢筋混凝土桩板构筑的工程,普遍存在的缺点和不足之处是:①进桩方式完全依靠单一的水力冲刺,一方面进桩较慢,另一方面遇到地下障碍物难以通过和排除。②桩板结合部很难形成一个具有高强度与高密封程度的整体结构。在专利号为 ZL 200420040430.8"水力专用插板滑道、滑板"的专利中,虽然提出了多种桩板连接技术,但是两板结合部没有设置隔水道无法形成密封的内腔室,致使注入两板结合部底部的水泥浆因为存在漏失问题不能正常上返到桩板顶部,难以达到预定的封固效果。③各种水冲桩板及目前的水力专用插板每一块桩板上都需要设置过水管道、喷射水管道或水力喷水头,从而使加工费用和钢材消耗大量增加。旋工过程中每一块桩板都要连接一次高压供水管线,延长了施工时间,增大了施工成本。

（三）发明内容

本发明要解决的技术问题是提供一种能够快速插入地层并能够有效排除地下障碍物的水力专用插板,采用桩板之间连接强度和密封程度完全达到桩板本体性能指标的连接技术,采用不设置过水管和喷射水管的工程板能够在工具板的配合下进入地层的施工技术,能够有效地解决现有技术中存在的缺点和不足,达到提高进桩速度,增强排除地下障碍物的能力,降低钢材消耗,节省每块桩板拆装一次供水管线的施工时间,实现桩板之间高强度整体连接,以达到提高施工速度、降低工程造价、增强安全稳定性能、改变现有工程施工建设模式的目的。

本发明所述的水力专用插板包括钢筋混凝土桩板及其内垂直安设的过水管,底部横向安设的与过水管相连通的水量分配管,一侧安设的滑道,另一侧安设的滑板,顶部安设的提升吊环和埋设的预留钢筋,还包括所述钢筋混凝土桩板上、滑道、滑板的两侧设置的垂向隔水道。

其中,所述钢筋混凝土桩板的下端为平行、锥形或单面斜角形。所述水量分配管,其上半部分镶嵌在钢筋混凝土桩板内,下半部分上设置有水流喷射孔,孔的直径为 $2 \sim 8$ mm,每个喷射孔在所述钢筋混凝土桩板横断面上的分配面积为 $9 \sim 36 \ cm^2$,犬牙交错地均匀分布。所述隔水道为钢筋混凝土桩板侧面垂直设置的半圆形、半方形、半长方形、半菱形和半椭圆形凹槽,两块桩板下入地下后即可形成整圆形、整方形、整长方形、整菱形和整椭圆形结构。所述隔水道为滑道、滑板两侧各一条,或在滑道、滑板任一侧设一条,或完全不设隔水道。所述滑道为外边设有垂直缺口的空心方钢或槽钢、角钢、钢板的制成口。所述滑板为一半在钢筋混凝土桩板中,另一半露在外的工字钢或 T 形钢,下入地层时,滑板在滑道中。所述钢筋混凝土桩板可设计为其水力分配管下端安设有与其走向相一致的金属切割刀片的工具板结构,或设计为其上只设有滑道、滑板和隔水道的简化形工程板结构,还可制成上小下大的大脚式桩板结构。

本发明所述的水力专用插板的使用方法,包括:(A)工序,用起吊设备将钢筋混凝土桩板起吊,通过过水道和水量分配管以水力喷射或下入地层,将另一块钢筋混凝土桩板的滑板从已下地层的桩板的缺口空心方钢滑道中插进,下入地层;(B)工序,各板间的整体连接,首先用冲水管冲洗隔水道,然后下入长条形膜袋并注满水泥浆,使板间形成与板外完全隔绝的内腔室;(C)工序,在该内腔室中的空心方钢中下入注浆管道,自下而上地注满水泥浆,整个板间结合部将形成一种带有夹心钢板的钢筋混凝土整体结构;(D)工序,现浇顶部横梁可不浇顶部横梁,现浇时,利用预留钢筋和新增横向钢筋,统一绑扎后现浇混凝土,形成横向整体,根据工程需要,有些工程可不浇横梁,钢筋混凝土桩板上也不预留钢筋。

其中,所述(A)工序还可为将安装有切割刀片的工具板切开地层后起出,在切开的地层中下入简化形工程板,切割与下入交替进行,其他工序同(B)、(C)、(D),最终地层中形成简化形工程板整体结构。所述(A)工序还可全部由工具板完成,其他工序同(B)、(C)、(D),最终地层中形成由工具板构成的整体结构。

本发明与现有技术相比具有以下优点:

(1)水力专用插板具有水力切割、整体连接,现浇横梁和垂直提升的功能,能够使板在地下形成牢固的整体,板间结合部的密封程度和连接强度能够达到或超过桩板体的性能,避免了现有各种桩基工程普遍存在桩板之间渗水、漏水或连接不好的问题。

(2)通过水量分配管对高压水流的合理分配使正常状态下的进桩速度大幅度加快,在地下存在树干、块石等障碍物的情况下采用地层切割工具板能够有效地排除和通过。

(3)钢筋混凝土地下整体工程目前都是通过开挖土方后绑扎钢筋现浇混凝土的方法来进行建设,本项施工技术由于形成了一套独创的地下桩板连接技术和可以使板间结合部的连接强度和密封程度达到或超过桩板本体性能的特殊优势,从而可以将整体的地下工程在地面预制成为若干块桩板,应用水力专用插板技术通过类似摆积木一样的施工方式依次将桩板插入地下,然后在桩板之间实施整体连接技术使其形成一个整体工程。例如,地下涵洞、地下交通隧道等工程都能够按这种方式进行建设。改变传统的工程建设模式可以大幅度提高施工速度、降低工程造价并确保工程的安全稳定性能和质量标准,形成一种钢筋混凝土地下整体工程建设的新模式。

(4)不需要在每一个水冲桩板上都安装过水管道及喷水头、喷水管,以节省加工制作费用和钢材消耗费用。

(5)施工过程中避免了每一块桩板都要连接一次供水管线,节省了施工时间,可降低施工成本。

(6)顶部预留钢筋可通过增加横向钢筋统一绑扎后现浇混凝土帽梁增大连接强度。

(7)水力专用插板作为桥桩、码头桩等承载桩基使用时,可将桩板进入地层的部分预制成大脚桩,并在插入地层后立即利用板内的过水管注入水泥浆使桩板与地层之间的间隔全部固结成混凝土整体,从而大幅度提高单桩承载能力,降低整个工程造价。

(四)具体实施方式

参阅附图15-1~附图15-18,一种水力专用插板包括钢筋混凝土桩板1及其内部垂直安设的过水管2,底部横向安设的与过水管相连通的水量分配管3,一侧安设的滑道5,另一侧安设的滑板6,项部安设的提升吊环8和埋设的预留钢筋9,还包括所述钢筋混凝土桩板1上、滑道5、滑板6的两侧设置的垂向水道7。

钢筋混凝土桩板1的下端为平行、锥形或单面斜角形。水量分配管3的上半部分镶嵌在钢筋混凝土桩板内,下半部分上设置有水流喷射孔10,孔的直径为2~8 mm,每个喷射孔在所述钢筋混凝土桩板横断面上的分配面积为9~36 cm²,犬牙交错地均匀分布。隔水道7为钢筋混凝土桩板侧面垂直设置的半圆形、半方形、半长方形、半菱形和半椭圆形凹槽,两块桩板下入地下后即可形成整圆形、整方形、整长方形、整菱形和整椭圆形结构。隔水道7为滑道5和滑板6两侧各一条,或在滑道、滑板任一侧设一条,或完全不设隔水道。滑道为外边设有垂直缺口的空心方钢或槽钢、角钢、钢板的制成品。滑板为一半在钢筋混凝土桩板中,另一半露在外的工字钢或T形钢,下入地层时,滑板在滑道中。钢筋混凝土桩板可设计为其水力分配管下端安设有与其走向一致的金属切割刀片4的工具板结构,还可设计为其上只设有滑道、滑板和隔水道的简化形工程板结构。设一条隔水道或不设隔水道须根据工程的特殊需要决定。钢筋混凝土桩板被用于建设桥桩等承载负荷很大的工程时,还可制成上小下大的大脚式桩板结构。

本发明所述的水力专用插板的使用方法,包括:(A)工序,用起吊设备将钢筋混凝土桩板起吊,用水泵11将高压水通过过水管和水量分配管以水力喷射的方式下入地层,将另一块钢筋混凝土桩板的滑板从已下入地层的桩板的缺口空心方钢滑道中插进,下入地层;(B)工序,各板间的整体连接,首先用冲水管冲洗隔水道,然后下入长条形膜袋并注满水泥浆,使板间形成与板外完全隔绝的内腔室12;(C)工序,在该内腔室中的空心方钢中下入注浆管道13,自下而上地注满水泥浆,整个板间结合部将形成一种带有夹心钢板的钢筋混凝土整体结构;(D)工序,现浇顶部横梁14或根据工程的要求不浇顶部横梁。现浇时,利用预留钢筋9和新增横向钢筋,统一绑扎后现浇混凝土,形成横向整体,根据工程需要,有些工程可不浇横梁,钢筋混凝土桩板上也不预留钢筋。

(A)工序装有切割刀片的工具板切开地层后起出,在切开的地层中下入简化形工程板,切割与下入交替进行,其他工序同(B)、(C)、(D),最终地层中形成简化形工程板整体结构。(A)工序还可全由工具板完成,其他工序同(B)、(C)、(D),最终地层中形成由工具板构成的整体结构。

建设在水中特别是建设在海洋中的水力专用插板工程在完成上述工序之后根据工程的实际需要可以在水力专用插板的两侧抛投部分毛石形成一定高度的护坡15以进一步增强稳定性和抗折强度。

水力专用插板作为建设桥桩、码头桩等承载桩基使用的情况下,在地面预制桩板时,将桩板的入地部分通过绑扎钢筋和现浇混凝土,向两翼展开形成大脚桩,使单桩进入地层后具有的侧摩面积和端承面积远远大于传统的桩体,并将桩板与地层之间的间隔全部注满水泥浆固结成混凝土整体,从而使单桩的承载能力大幅度增加,达到缩短桩基长度,降低工程造价的目的。

(五)附图说明

附图15-1为本发明的一种结构示意图;附图15-2为附图15-1所示结构的俯视图;附图15-3为附图15-1所示结构的侧视图;附图15-4为按附图15-1所示的水量分配管喷射水流示意图;附图15-5为按附图15-4所示的水量分配管喷射孔分布展开示意图;

附图 15-6 为按附图 15-1 所示的钢筋混凝土桩板结构示意图;附图 15-7 为按附图 15-1 所示的钢筋混凝土桩板的另一种结构示意图;附图 15-8 为本发明施工状态示意图;附图 15-9 为按附图 15-8 所示的钢筋混凝土桩板结合部的俯视图;附图 15-10 为钢筋混凝土桩板结合部形成内腔室示意图;附图 15-11 为钢筋混凝土桩板形成带有夹心钢板的混凝土整体结构示意图;附图 15-12 为按附图 15-10 所示的内腔室注入水泥浆施工示意图;附图 15-13 为顶部预留钢筋统一绑扎横向钢筋示意图;附图 15-14 为现浇混凝土连接梁示意图;附图 15-15 为钢筋混凝土桩板两侧抛投毛石形成护坡示意图;附图 15-16 为按附图 15-1 所示的大脚桩板示意图;附图 15-17 为附图 15-16 所示结构的 A—A 剖视图;附图 15-18 为附图 15-16 所示结构的 B—B 剖视图。

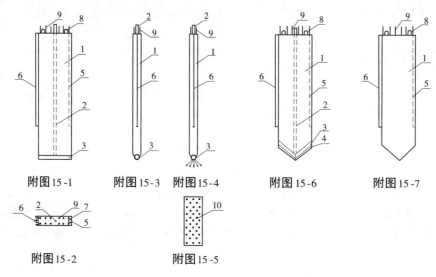

附图 15-1　　　附图 15-3　　附图 15-4　　　　附图 15-6　　　　　附图 15-7

附图 15-2　　　　　　　附图 15-5

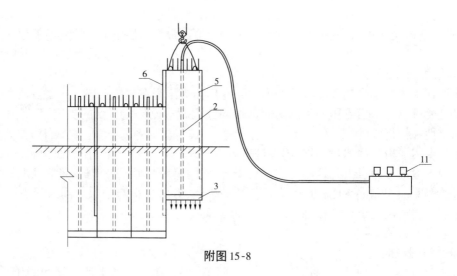

附图 15-8

236

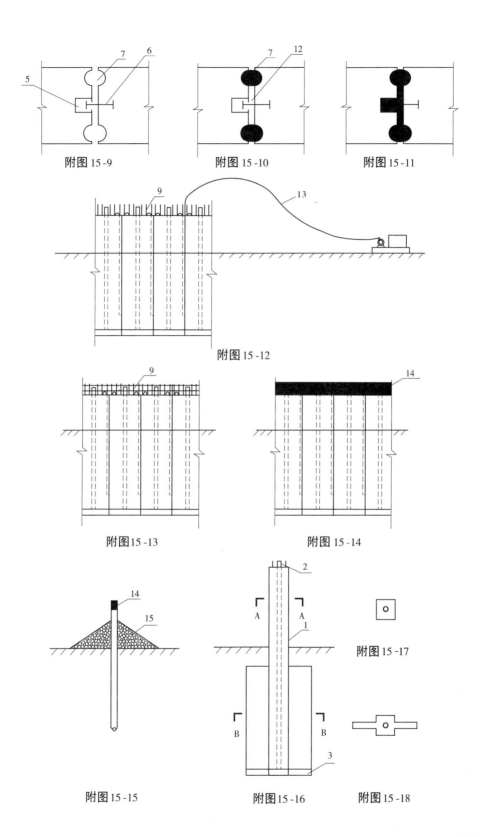

附图15-9

附图15-10

附图15-11

附图15-12

附图15-13

附图15-14

附图15-15

附图15-16

附图15-17

附图15-18

附录十六　插板码头

授权公告日:2004 年 10 月 6 日　专利号:ZL 03253702.6　授权公告号:CN 2646035Y

一、摘要

本实用新型公开了一种插板码头,包括高桩、不透水挡土墙、纵梁、横梁和承台。高桩由相隔一定距离、独立插入地下至少一排的板桩构成。不透水挡土墙由相互连接插入地下的一排板桩构成。高桩和不透水挡土墙形成桩基,其顶部设置有互连钢筋、现浇钢筋混凝土连为一体的纵梁、横梁和承台。本实用新型具有施工速度快、建设周期短、整体性好、安全稳定性和抗水毁能力强等特点,广泛应用于江河湖海各类码头的建设工程中。

二、权利要求书

(1)一种插板码头,包括高桩、不透水挡土墙、纵梁、横梁和承台,其特征在于所述高桩由相隔一定距离、独立插入地下至少一排的板桩构成,不透水挡土墙由相互连接插入地下的一排板桩构成,高桩和不透水挡土墙形成桩基,其顶部设置有互连钢筋、现浇钢筋混凝土连为一体的纵梁、横梁和承台。

(2)根据权利要求书中(1)所述的插板码头,其特征在于高桩由至少一排独立插入地下的方形板桩或圆形桩构成。

(3)根据权利要求书中(1)所述的插板码头,其特征在于不透水挡土墙为一排互相连接插入地下的平板或工字形板、T 形板或槽形板桩构成。

(4)根据权利要求书中(1)所述的插板码头,其特征在于还可为前部设置至少有一排透水挡土墙,后部设置一排不透水挡土墙的结构,其顶部设置互连钢筋,现浇钢筋混凝土连为一体的纵梁、横梁和承台。

(5)根据权利要求书中(1)所述的插板码头,其特征在于还可为只设一道挡土墙,其上设置现浇钢筋混凝土帽梁,前部清淤,后部充填泥土的结构。

(6)根据权利要求书中(1)所述的插板码头,其特征在于透水挡土墙由互相连接插入地下的框架工字形板、框架 T 形板、框架槽形板构成。

三、说明书

(一)技术领域
本实用新型涉及港口码头,尤其涉及一种插板码头。

(二)背景技术
在普通沙泥质地层建设港口码头,特别是深水码头,为解决土压力问题,传统做法是打桩拉锚,此方法普遍存在建设周期长、工程造价高、施工难度大的问题。

(三)发明内容
本实用新型要解决的问题是提供一种无拉锚的水力插板码头,通过水力插板技术独特的结构形式和施工方法,创新了解决土压力的插板桩基结构,具有基础进入地层深、施工速度快、安全稳定的特点,广泛适用于港口码头建设工程的需要。

本实用新型涉及的无拉锚插板码头包括高桩码头(斜坡减压码头)、排桩码头(分级减压码头)和插板围堤码头。

本实用新型解决问题的技术方案是包括高桩、不透水挡土墙、纵梁、横梁和承台。高桩由相隔一定距离、独立插入地下至少一排的板桩构成。不透水挡土墙由相互连接插入地下的一排板桩构成。高桩和不透水挡土墙形成桩基,其顶部设置有互连钢筋、现浇钢筋混凝土连为一体的纵梁、横梁和承台。

其中,高桩由至少一排独立插入地下的方形板桩或圆形桩构成。

不透水挡土墙由一排互相连接插入地下的平板或工字形板、T形板或槽形板桩构成。

根据上述原理,本实用新型的插板码头还可为前部设置至少有一排透水挡土墙,后部设置一排不透水挡土墙的结构,其顶部设置有互连钢筋、现浇钢筋混凝土连为一体的纵梁、横梁和承台,形成可靠的深水排桩码头。几级透水挡土墙分级挡土减压,后部一排不透水挡土墙可有效阻止水流对码头的冲击和淘空。

本实用新型的插板码头还可为只设一道挡土墙,其上设置现浇钢筋混凝土帽梁,前部清淤,后部充填泥土的结构。

其中,透水挡土墙由互相连接插入地下的框架工字形板、框架T形板、框架槽形板构成。板上预留透水孔的长度按码头水深和土压力大小的实际需要设置。

高桩及平板、工字形板、T形板、槽形板、框架工字形板、框架T形板、框架槽形板顶部均预留钢筋,与现浇的梁和承台连接为一个整体,同时具有水力插板插入和连接功能的钢筋混凝土结构,板与板之间为滑道、滑板相扣连接,其间缝用水泥浆固结。

本实用新型与现有技术相比较还具有以下的优点和有益效果:

(1)码头采取斜坡减压和分级减压,突破了打桩拉锚建码头的传统做法,有效地解决了深水码头土压力对桩基的影响,从而降低了工程造价,缩短了施工周期。

(2)插板桩进入地层的深度大,通过注浆固缝形成整体结构,插板桩之间连接强度和密封性均可达到高桩本体的各项指标,不必另外防渗,板桩的端承面积和侧摩面积大,安全稳定性好,抗水毁能力高于传统工艺建设的码头。

(3)插板在施工过程中不受伤害,板顶部均预留钢筋与纵梁、横梁和承台,上下连为一体,不仅安全稳定,且维修量少。

(四)具体实施方式

参阅附图16-1~附图16-22,一种插板码头,包括高桩1、不透水挡土墙2、纵梁4、横梁5和承台6。高桩1由相隔一定距离、独立插入地下至少一排(附图16-2中表示为两排)的板桩构成,不透水挡土墙2由相互连接插入地下的一排板桩构成,高桩1和不透水挡土墙2形成桩基,其顶部设置有互连钢筋、现浇钢筋混凝土连为一体的纵梁4、横梁5和承台6。

不透水挡土墙2由互相连接插入地下一排的平板9、工字形板10、T形板11、槽形板桩12构成。高桩1由前后两排独立插入地下的方板桩或圆形桩构成。

本实用新型的插板码头可为前部设置至少有一排(附图16-4中表示为两排)透水

孔高度不同的透水挡土墙3,后部设置一排不透水挡土墙2的结构,其顶部设置有互连钢筋8、现浇钢筋混凝土连为一体的纵梁4、横梁5和承台6。另外,本实用新型的插板码头还可为只设一道不透水挡土墙2,其上设置现浇钢筋混凝土帽梁8,前部清淤,后部充填泥土的结构。透水挡土墙3由互相连接插入地下的框架工字形板13、框架T形板14、框架槽形板15构成。透水挡土墙3的设置排数、透水孔长度是根据水深和土压力而定的。

插板的滑道、滑板相扣连接插入地下,板与板之间用水泥浆注浆固缝。板缝形成有夹心钢板的整体钢筋混凝土,密封性超过桩板本体的指标,将高桩和不透水挡土墙或透水挡土墙顶部的预留钢筋与现浇的梁和承台钢筋相互绑扎形成整体,使码头形成稳定的钢筋混凝土结构。在水中部分为使水泥浆不外流,必须先封住板与板之间的隔水道,插板预制时滑道、滑板两侧预制半圆形凹槽,两板相扣插入时形成圆形通道,用注水泥浆管将圆形薄塑料袋带入泥面以下滑道、滑板固缝界面,注入水泥浆形成"O"形密封圆柱,封住板间隔水道,再用水泥浆注浆固缝,形成牢固的钢筋混凝土整体挡土墙。

几种插板侧面均与地层的接触面积大,增加插板的侧摩阻力,插板下部的支撑面较大,可降低插板的长度,节约原材料,增加插板的稳定性。根据需要,插板与地层之间还可用水泥浆固结,进一步增加工程的可靠性。同时,高桩码头的斜坡减压和排桩码头分级减压与传统码头做法相比更加合理、经济、整体性强、稳定性好、抗水毁能力大。

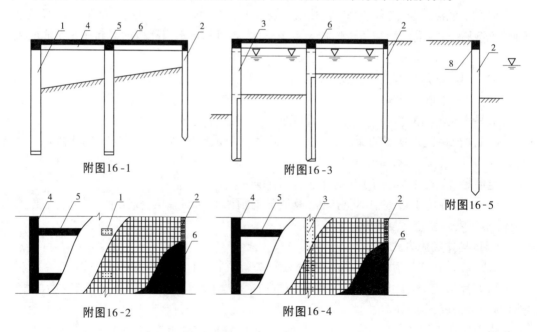

附图16-1 附图16-3 附图16-5

附图16-2 附图16-4

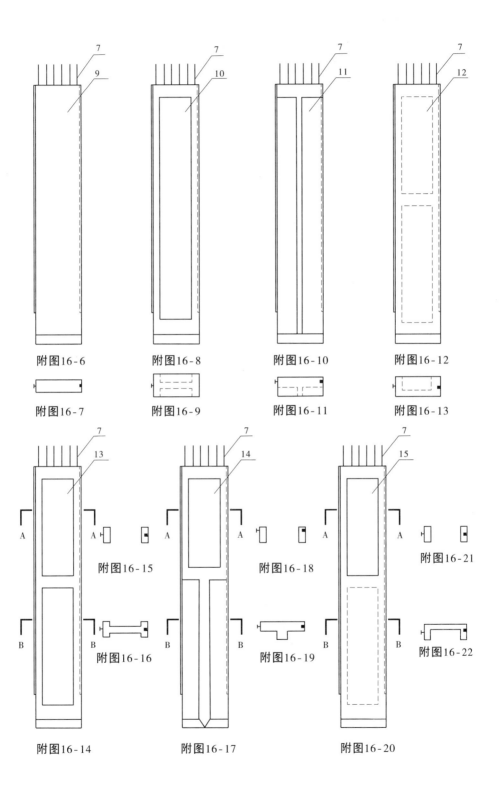

附图16-6

附图16-7

附图16-8

附图16-9

附图16-10

附图16-11

附图16-12

附图16-13

附图16-14

附图16-15

附图16-16

附图16-17

附图16-18

附图16-19

附图16-20

附图16-21

附图16-22

(五)附图说明

附图 16-1 为本实用新型的结构主视图;附图 16-2 为附图 16-1 所示结构的俯视图;附图 16-3为本实用新型结构示意图;附图 16-4 为附图 16-3 所示结构的俯视图;附图 16-5为本实用新型的另一种结构示意图;附图 16-6 为平板结构主视图;附图 16-7 为附图 16-6所示结构的俯视图;附图 16-8 为工字形板结构主视图;附图 16-9 为附图 16-8 所示结构的俯视图;附图 16-10 为 T 形板结构主视图;附图 16-11 为附图 16-10 所示结构的俯视图;附图 16-12为槽形板结构主视图;附图 16-13 为附图 16-12 所示结构的俯视图;附图 16-14为框架工字形板结构示意图;附图 16-15 为附图 16-14 所示结构的 A—A 剖视图;附图 16-16为附图 16-14 所示结构的 B—B 剖视图;附图 16-17 为框架 T 形板结构示意图;附图 16-18为附图 16-17 所示结构的 A—A 剖视图;附图 16-19 为附图 16-17 所示结构的B—B 剖视图;附图 16-20 为框架槽形板结构示意图;附图 16-21 为附图 16-20 所示结构的A—A 剖视图;附图 16-22 为附图 16-20 所示结构的 B—B 剖视图。

附录十七　堤坝和桥梁插入施工的组合桩体

授权公告日:2005 年 6 月 1 日　专利号:ZL 200420039147.3　授权公告号:CN 2703033Y

一、摘要

本实用新型公开了一种堤坝和桥梁插入施工的组合桩体,包括堤坝桩、桥墩桩、挡水墙及其上安设的钢筋、滑道和滑板。堤坝桩是由挡水墙和支撑梁构成的、双滑道或多滑道与双滑板或与多滑板相配合插入地下的四边形或多边形或其他形式的框架式结构。桥墩桩是由桥墩端桩和桥墩中桩组合的、双滑道或与双滑板配合插入地下的框架式结构。本实用新型的组合桩体插入施工中比单板插入施工中抗风浪性能好,水中施工快、建设周期短、风险小,特别能适应河流、湖泊、浅海水域等大型建设工程的建设。

二、权利要求书

(1)一种堤坝和桥梁插入施工的组合桩体,包括堤坝桩、桥墩桩、挡水墙及其上安设的钢筋、滑道和滑板,其特征在于堤坝桩是由挡水墙和支撑梁构成的、双滑道或多滑道与双滑板或与多滑板相配合插入地下的四边形、多边形或其他形式的框架式结构。

(2)根据权利要求书中(1)所述的堤坝和桥梁插入施工的组合桩体,其特征在于堤坝桩顶部安设面板、现浇混凝土面层、防浪墙,堤坝桩内腔充填泥土。

(3)根据权利要求书中(1)所述的堤坝和桥梁插入施工的组合桩体,其特征在于桥墩桩是由桥墩端桩和桥墩中桩组合、双滑道和双滑板相配合插入地下的框架式结构。

(4)根据权利要求书中(3)所述的堤坝和桥梁插入施工的组合桩体,其特征在于桥墩桩顶部安设现浇的、可形成桥墩的承台,内腔充填水泥拌和土。

(5)根据权利要求书中(3)或(4)所述的堤坝和桥梁插入施工的组合桩体,其特征在于桥墩端桩外端为三角形、圆弧形结构。

三、说明书

(一)技术领域
本实用新型涉及堤坝、桥梁的桩基,尤其涉及一种堤坝和桥梁插入施工的组合桩体。

(二)背景技术
申请号为02110466 的专利公开了一种"组合插板堤坝及建筑工艺",该工艺采用单板单滑道与滑板相互连接插入形成整体墙,两墙之间用现浇连接梁和面板形成插板堤坝,较好地解决了堤坝抗水毁、无渗漏、少维修和稳定的问题。但这种结构的堤坝施工时易受水文气象条件影响,单板插入施工起吊时抗弯曲能力较差,插入时易受海上风浪冲击,在未现浇支撑梁以前,自身的稳定性差,水上施工现浇工作量大,施工存在着单板插入施工速度慢、施工难度大、建造周期长等缺点,使这种堤坝、桥梁等大型桩基工程的建造受到一定的限制。

(三)发明内容

本实用新型要解决的技术问题是提供一种堤坝和桥梁插入施工的组合桩体,它可分段预制为组合桩体,插入施工,既可以克服上述现有技术中存在的问题,又具有整体性能好、施工速度快、建设周期短、工程造价低,特别能适应宽阔水面的河道、风浪影响较大的海域建设大型桩基工程的优点。

本实用新型解决问题的技术方案是一种包括堤坝桩、桥墩桩、挡水墙及其上安设的钢筋滑道和滑板。堤坝桩是由挡土墙和支撑梁构成的、双滑道或多滑道与双滑板或多滑板相配合插入地下的四边形、多边形或其他形式的框架式结构。桥墩桩是由桥墩端桩和桥墩中桩组合的、双滑道或与双滑板相配合插入地下的框架式结构。

其中,堤坝桩相互连接插入施工后,堤坝桩内腔充填泥土,顶部安设面板、现浇混凝土面层、防浪墙。桥墩桩相互连接插入施工后,内腔充填水泥拌和土,顶部安设现浇的、可形成桥墩的承台。桥墩端桩外端为三角形、圆弧形或其他类似结构。

本实用新型与现有技术相比较还具有以下的优点和有益效果:

(1)本实用新型将原来大量需要在水上施工现浇的工作量变成了陆上整体预制,减小了水中施工难度,增强了结构强度,增大了施工过程中和工程建成后的安全稳定性。

(2)将原来单板单滑道控制插入地层改变为按大型桩体实际宽度设置双滑道或多滑道,同时控制桩体插入地层,有效地解决了海上风浪冲击影响定位控制的问题。插桩完毕后对滑道分别实施注浆固缝和对整个桩体实施注浆固板即可使整个工程形成一个牢固的混凝土整体结构。

(3)充分发挥了水力喷射引导桩体插入地层的技术优势,水中施工具有很强的抗风浪冲击破坏的能力,大幅度提高了施工速度,缩短了建设周期,减小了水域施工风险,降低了工程造价。

(4)这种结构适用于宽阔水面的河道、风浪影响较大的海域建设大型桩基工程。

(四)具体实施方式

参阅附图 17-1～附图 17-9,一种堤坝和桥梁插入施工的组合桩体,包括堤坝桩 1,桥墩桩 2、3,挡水墙 4 及其上安设的钢筋 6、滑道 7 和滑板 8。堤坝桩是由挡水墙 4 和支撑梁 5 构成的、双滑道或多滑道与双滑板或与多滑板相配合插入地下的四边形、多边形或其他形式的框架式结构。桥墩桩是由桥墩端桩 2 和桥墩中桩 3 组合的、双滑道 7 或分双滑板 8 相配合插入地下的框架式结构。

堤坝桩 1 相互连接插入施工后,堤坝桩内腔充填泥土 9,顶部安设面板 10、现浇混凝土面层、防浪墙 11。桥墩桩 2、3 相互连接插入施工后,内腔充填水泥拌和土 12,顶部安设现浇的、可形成桥墩的承台 13。桥墩端桩 2 外端为三角形、圆弧形或其他类似结构。

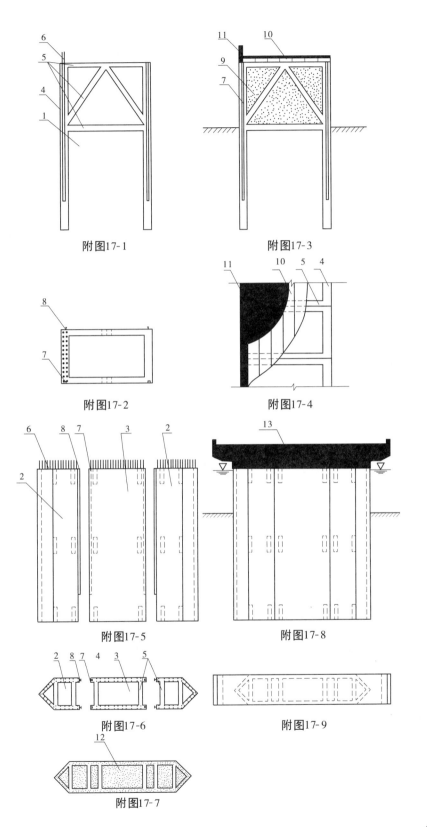

附图17-1

附图17-3

附图17-2

附图17-4

附图17-5

附图17-8

附图17-6

附图17-9

附图17-7

(五)附图说明

附图 17-1 为本实用新型堤坝桩组合桩体结构示意图;附图 17-2 为附图 17-1 所示结构的俯视图;附图 17-3 为用本实用新型组合桩体建设的堤坝示意图;附图 17-4 为附图 17-3所示结构的俯视图;附图 17-5 为本实用新型桥墩桩组合桩体结构示意图;附图 17-6为附图 17-5 所示结构的俯视图;附图 17-7为按附图 17-5所示的桥墩桩组合桩体连接插入后的俯视图;附图 17-8 为用组合桩体建设的桥墩桩示意图;附图 17-9为附图 17-8所示结构的俯视图。

附录十八　插板航道

授权公告日:2004 年 9 月 22 日　专利号:ZL 03271476.9　授权公告号:CN 2642833Y

一、摘要

本实用新型公开了一种插板航道,包括航道、挡水拦沙堤和透水拦沙堤。航道包括两边各设置一道挡水拦沙堤和一道透水拦沙堤。挡水拦沙堤由互相连接沿航道插入地下的平板、T 形板、槽形板或圆筒板构成。透水拦沙堤由互相连接沿航道插入地下的框架 T 形板或框架槽形板构成。本实用新型可广泛应用于在港口码头建设深水航道或江河入海口破除拦门沙工程中。

二、权利要求书

(1)一种插板航道,包括航道、挡水拦沙堤和透水拦沙堤,其特征在于航道包括两边各设置一道挡水拦沙堤和一道透水拦沙堤。挡水拦沙堤由互相连接沿航道插入地下的平板、T 形板、槽形板或圆筒板构成。透水拦沙堤由互相连接沿航道插入地下的框架 T 形板或框架槽形板构成。

(2)根据权利要求书中(1)所述的插板航道,其特征在于还可为沿航道两边各只设置一道挡水拦沙堤的结构。

三、说明书

(一)技术领域

本实用新型涉及航道,尤其涉及一种插板航道。

(二)背景技术

在沙泥质海岸建设航道和破除江河入海口拦门沙的传统办法有两种,一种是用挖泥船反复清淤形成航道,另一种是在水中建成两条拦沙堤,两堤中间用挖泥船一次清淤形成稳定的深水航道。例如,美国密西西比河河口与中国长江口都采用这一办法。目前,国内外建设拦沙堤都是采用抛石筑坝或抛石与摆放钢筋混凝土预制块相结合的办法进行施工的,普遍存在施工难度大、建设周期长、工程造价高等问题,从而使这种航道的建设受到很大限制。

(三)发明内容

本实用新型要解决的问题是提供一种水力插板航道,它可以克服现有技术中存在的问题,具有基础进入地层深、整体连接好、安全稳定、维修量少、施工速度快,特别是其工程造价比同等深水航道降低 1/3 以上等优点,可广泛应用于港口码头建设深水航道或江河入海口破除拦门沙工程的需要。

本实用新型解决问题的技术方案是包括航道、挡水拦沙堤和透水拦沙堤的插板航道,航道包括两边各设置一道挡水拦沙堤和一道透水拦沙堤。挡水拦沙堤由互相连接沿航道插入地下的平板、T 形板、槽形板、圆筒板构成。透水拦沙堤由互相连接沿航道插入地下的框架 T 形板、框架槽形板构成。

根据上述原理,插板航道还可为沿航道两边各设置一道挡水拦沙堤的结构,该结构用于较浅水域中。

平板、T 形板、槽形板、圆筒桩板、框架 T 形板、框架槽形板为具有水力插板插入和连接功能的钢筋混凝土结构,桩板与桩板之间为滑道、滑板相扣连接,其间缝用水泥浆固结。本实用新型与现有技术相比较还具有以下的优点和有益效果:

(1)航道造价低。本实用新型介绍的插板航道属直立式堤坝,独特的桩板结构消耗材料少,节约建设资金,比同一标准的航道可降低工程造价 1/3 以上。

(2)插板拦沙堤根基深。插板桩进入地层的深度和抗弯、抗折的强度高,单块板进入地层后通过注浆固缝形成整体结构,稳定性好,抗水毁能力高于传统工艺建设的导流拦沙堤。

(3)建设周期短、施工速度快,是传统工艺建设拦沙堤的 1/2。

(4)施工难度小,在施工过程中不存在遭受风浪潮流冲击破坏的问题。

(5)航道保持顶部能越浪(或不透水)、下部拦沙,不仅安全稳定、造价低,且维修量少。

(四)具体实施方式

参阅附图 18-1 ~ 附图 18-18,一种插板航道,包括航道 1、挡水拦沙堤 2 和透水拦沙堤 3。航道 1 包括两边各设置一道挡水拦沙堤 2 和一道透水拦沙堤 3。挡水拦沙堤 2 由互相连接沿航道 1 插入地下的平板 4、T 形板 5、槽形板 6、圆筒板 7 构成。透水拦沙堤 3 由互相连接沿航道 1 插入地下的框架 T 形板 8 或框架槽形板 9 构成。挡水拦沙堤 2 可挡住沙的压力和对透水拦沙堤 3 的冲击,保证桩板在地层中的稳定性。

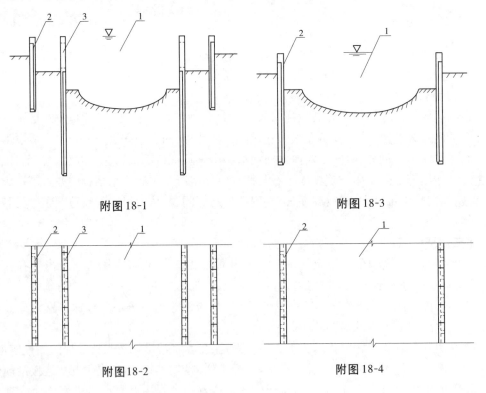

附图 18-1　　　　　　　　　　　　　附图 18-3

附图 18-2　　　　　　　　　　　　　附图 18-4

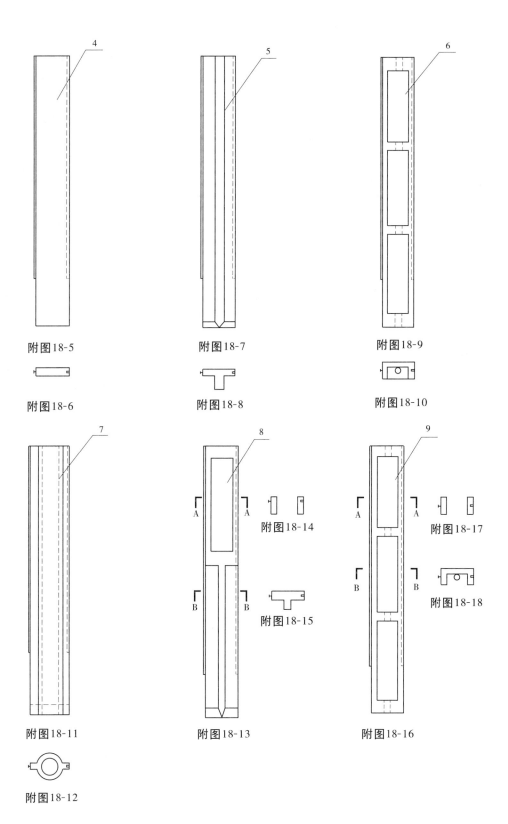

附图18-5

附图18-6

附图18-7

附图18-8

附图18-9

附图18-10

附图18-11

附图18-12

附图18-13

附图18-14

附图18-15

附图18-16

附图18-17

附图18-18

在水深较浅的航道上两边各设置一道挡水拦沙堤即可。

插板桩的滑道、滑板相扣连接插入地下,泥面以下部分板与板之间用水泥浆注浆固缝。在水中部分必须先封住板与板之间的串水道,插板预制时滑道、滑板两侧预制半圆形凹槽,两板相扣插入时形成圆形通道,用注水泥浆管将圆形薄塑料管带入泥面以下滑道、滑板固缝界面,注入水泥浆形成"O"形密封圆柱,封住板间串水道,再用水泥浆注浆固缝,形成牢固的钢筋混凝土整体挡水拦沙堤。修补顶部缺陷,挖掉挡水拦沙堤之间的泥沙后形成插板航道。

几种插板预制的形状均与地层的接触面积较大,目的是增加板的稳定性、降低板的长度、节约原材料。上部较宽,插入后不再现浇帽梁,只需修正缺陷即可。板下部为三角支撑或较大平面支撑,增加板的稳定性。根据需要,板与地层之间可用水泥浆固结,进一步增加工程的可靠性,使航道具有较强的抗风浪冲击破坏的能力。

(五)附图说明

附图 18-1 为本实用新型的结构主视图;附图 18-2 为附图 18-1 所示结构的俯视图;附图 18-3 为本实用新型的另一种结构示意图;附图 18-4 为附图 18-3 所示结构的俯视图;附图 18-5 为平板结构示意图;附图 18-6 为附图 18-5 所示结构的俯视图;附图 18-7 为 T 形板结构示意图;附图 18-8 为附图 18-7 所示结构的俯视图;附图 18-9 为槽形板结构示意图;附图 18-10 为附图 18-9 所示结构的俯视图;附图 18-11 为圆筒桩结构示意图;附图 18-12 为附图 18-11 所示结构的俯视图;附图 18-13 为框架 T 形板结构示意图;附图 18-14 为附图 18-13 所示结构的 A—A 剖视图;附图 18-15 为附图 18-13 所示结构的 B—B 剖视图;附图 18-16 为框架槽形板结构示意图;附图 18-17 为附图 18-16 所示结构的 A—A 剖视图;附图 18-18 为附图 18-16 所示结构的 B—B 剖视图。

附录十九　插板堤坝

授权公告日:2004年9月22日　专利号:ZL 03271478.5　授权公告号:CN 2642831Y

一、摘要

本实用新型公开了一种插板堤坝,包括插板桩、边桩板、坝面板、防冲丁坝、坝面和防浪墙,其插板桩互相连接插入地下形成排桩,排桩的顶部直接安置形成桥的坝面板,排桩的迎水面插入互相连接的堤坝板,堤坝板的迎水面与堤坝插入防冲丁坝垂直,排桩在无堤坝板的一端插入外侧较宽的边桩板。坝体内充填泥土可形成重力坝。本实用新型的插板堤坝整体性能好、承载能力大,可广泛用在淤泥质海岸地区的潮间带建防潮大坝,用于围海养殖、围海造地、沿海交通大道、港口码头的各种工程建设中。

二、权利要求书

(1)一种插板堤坝,包括插板桩、边桩板、坝面板、防冲丁坝、坝面和防浪墙,其特征在于插板桩互相连接插入地下形成排桩,排桩顶部直接吊装形成桥的坝面板,排桩迎水面插入互相连接的堤坝板,堤坝板的迎水面与堤坝板插入防冲丁坝垂直,排桩在无堤坝板的一端插入外侧较宽的边桩板。

(2)根据权利要求书中(1)所述的插板堤坝,其特征在于插板桩为预制的平板、框架T形板、槽形板、框架槽形板、T形板、边桩板或空心圆筒板的结构,顶端预留纵向钢筋。

(3)根据权利要求书中(1)所述的插板堤坝,其特征在于堤坝板为平板、槽形板或T形板的结构,顶端预留纵向钢筋。

(4)根据权利要求书中(1)、(2)或(3)所述的插板堤坝,其特征在于坝面和防浪墙由插板桩、坝面板和堤坝板顶端的预留钢筋相互绑扎后现浇钢筋混凝土制成。

(5)根据权利要求书中(1)所述的插板堤坝,其特征在于还可在边桩板的一面插入堤坝板和防冲丁坝形成封闭堤坝。

(6)根据权利要求书中(1)所述的插板堤坝,其特征在于还可在封闭堤坝内充填泥土,形成封闭式重力堤坝。

三、说明书

(一)技术领域

本实用新型涉及围堤,涉及一种插板堤坝。

(二)背景技术

众所周知,在沙泥质和淤泥质海岸的潮间带和浅海水域中建设堤坝,目前普遍采用的办法有抛石充填、爆炸挤淤、沙膜袋充填以及依靠打桩与抛石相结合的办法,这些结构的堤坝存在着根基浅、建设周期长、施工难度大、工程造价高等问题,从而使这种堤坝的建造受到很大的限制。

(三) 发明内容

本实用新型要解决的技术问题是提供一种插板堤坝,它既可以克服上述现有技术中存在的问题,又具有桩基承载能力大,抗水毁能力强、整体性能好、建设周期短、造价低等特点,特别适应沿海地区及浅海水域中建设围海堤坝及港堤工程。

本实用新型解决问题的技术方案是包括插板桩、边桩板、坝面板、防冲丁坝、坝面和防浪墙的插板堤坝,其插板桩互相连接插入地下形成排桩,排桩顶部直接安置形成桥的坝面板,排桩的迎水面插入互相连接的堤坝板,堤坝板的迎水面与堤坝板插入防冲丁坝垂直,排桩在无堤坝板的一面插入外侧较宽的边桩板。

其中,插板桩为预制的平板、框架T形板、槽形板、框架槽形板、T形板、边桩板或空心圆筒桩结构,顶端预留纵向钢筋。堤坝板为平板、槽形板、T形板结构,顶端预留纵向钢筋。插板桩、堤坝、坝面板和堤坝板顶端设置的预留钢筋,相互绑扎连接成整体,现浇钢筋混凝土层作为坝面,其堤坝板上方现浇防浪墙与坝面形成整体。

根据上述原理在边桩板的一面插入堤坝板和防冲丁坝形成封闭式堤坝。

根据上述原理在边桩板的一面插入堤坝板和防冲丁坝的封闭式堤坝内充填泥土,形成封闭式重力堤坝。

本实用新型与现有技术相比较还具有以下的优点和有益效果:

(1)插板桩插入地层深度大,形成堤坝后安全稳定性好。

(2)插板桩承载力大。本实用新型介绍的插板堤坝,在消耗相同数量钢筋混凝土的情况下,它的承载力高于传统工艺建设的灌注桩和摩擦桩。因异型插板桩与地层接触的面积大,同时插板桩入地部分通过注浆固缝、注浆固板措施与地层之间固结,加大了摩擦力,因此承载能力较大。

(3)整体连接稳定性能好。组成插板堤坝的各个构件,包括桩的顶部、坝面板上部、堤坝板上部在预制钢筋混凝土构件时均预留有钢筋,它们在上部统一绑扎,现浇钢筋混凝土层和防浪墙后可形成一个宽大的整体结构,从而具有很强的抗风浪、水流和冰凌冲击的能力。

(4)整体密封性好,单块的桩板进入地层后通过独创的注浆固缝技术处理之后,桩板之间结合部的连接强度和密封性均可达到预制钢筋混凝土桩板本体的各项指标,这是目前传统的灌注桩和摩擦桩无法做到的。

(5)建设周期短、施工速度快,可比传统建坝周期缩短1/2以上。

(6)节约建设资金,在浅海水域中建设同一标准的堤坝可降低工程造价1/3以上。

(四) 具体实施方式

参阅附图19-1~附图19-20,一种插板堤坝包括插板桩1、边桩板9、坝面板2、防冲丁坝7、坝面4、防浪墙5。将插板桩1按坝面4的宽度相互连接插入地下形成排桩6,排桩的顶部直接安装形成桥的坝面板2。排桩6的迎水面插入相互连接的堤坝板3,再垂直堤坝板3插入防冲丁坝7,排桩6在无堤坝板3的一端插入外侧较宽的边桩板9。将排桩6、堤坝板3和坝面板2上部的钢筋8相互连接绑扎现浇坝面4,并在堤坝板3上方现浇防浪墙5,使整个工程形成牢固的钢筋混凝土整体结构,这种坝型适合于建造围海堤坝。

插板桩1也可以是各种异型板结构,根据工程用途和地质状况选择板形,预制桩上部较宽,能直接吊装坝面板2,下部较宽,承载力大,如框架T形板、槽形板、框架槽形板、圆筒桩。

插板桩1、堤坝板3之间的间缝用水泥浆固缝连接。排桩6、堤坝板3与地层之间的水扰动间隙也可用水泥浆固结,增加插桩与地层之间的侧摩面积和端承面积,增加桩的承载力,因而具有较强的抗风浪冲击破坏的能力。

在围堤另一侧再插入堤坝板3或防冲丁坝7,既形成全封闭式堤坝,也可在坝内充填泥土形成重力坝。它广泛应用于沙泥质或淤泥质海岸及浅海水域中建设围海堤坝及港堤工程。

(五)附图说明

附图19-1为本实用新型的结构主视图;附图19-2为附图19-1所示结构的俯视图;附图19-3为本实用新型的封闭堤坝示意图;附图19-4为本实用新型的重力坝示意图;附图19-5为平板的主视图;附图19-6为附图19-5所示结构的俯视图;附图19-7为框架T形板的主视图;附图19-8为附图19-7所示结构的A—A剖视图;附图19-9为附图19-7所示结构的B—B剖视图;附图19-10为槽形板的主视图;附图19-11为附图19-10所示结构的俯视图;附图19-12为框架槽形板的主视图;附图19-13为附图19-12所示结构的A—A剖视图;附图19-14为附图19-12所示结构的B—B剖视图;附图19-15为T形板的主视图;附图19-16为附图19-15所示结构的俯视图;附图19-17为空心圆筒桩的主视图;附图19-18为附图19-17所示结构的俯视图;附图19-19为边桩板的主视图;附图19-20为附图19-19所示结构的俯视图。

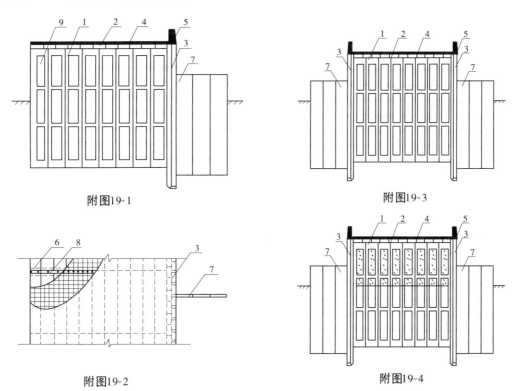

附图19-1

附图19-3

附图19-2

附图19-4

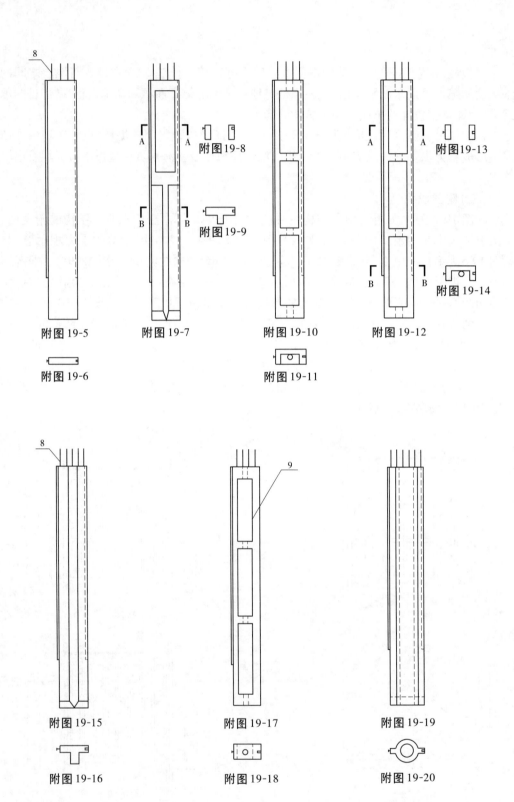

附图 19-5

附图 19-6

附图 19-7

附图 19-8

附图 19-9

附图 19-10

附图 19-11

附图 19-12

附图 19-13

附图 19-14

附图 19-15

附图 19-16

附图 19-17

附图 19-18

附图 19-19

附图 19-20

附录二十　插板涵洞

授权公告日:2004 年 9 月 22 日　专利号:ZL 03253600.3　授权公告号:CN 2642829Y

一、摘要

本实用新型公开了一种插板涵洞,包括地下连续墙和洞顶承台。地下连续墙为相互扣连插入地下的平板、T 形板、锚筋平板或锚筋 T 形板构成的两道平行的整体密封墙,与现浇混凝土的洞顶承台连为一体。本实用新型施工速度快、建设周期短、造价低、密封性和整体稳定性好,可广泛应用于江河湖海及类似地区的涵洞建设工程中。

二、权利要求书

(1)一种插板涵洞包括地下连续墙和洞顶承台,其特征在于地下连续墙为相互扣连插入地下的平板、T 形板、锚筋平板或锚筋 T 形板构成的两道平行的整体密封墙,与现浇混凝土的洞顶承台连为一体。

(2)根据权利要求书中(1)所述的插板涵洞,其特征在于还具有洞内撤土、互相绑扎锚筋后现浇洞内顶面、侧面、底面的结构。

三、说明书

(一)技术领域
本实用新型涉及涵洞,尤其涉及一种插板涵洞。

(二)背景技术
众所周知,在沙泥质地区建设涵洞,传统的办法是大开挖,打降水井,砌基础,现浇连续墙或者打桩承受土压力,内部现浇连续墙,但这种结构的涵洞存在着工程造价高、建造周期长的问题。

(三)发明内容
本实用新型要解决的技术问题是提供一种插板涵洞,它既可以克服上述现有技术中存在的问题,不必开挖基础坑,直接用水力插板相扣连接从地面插入形成地下连续墙,板缝注浆固缝后,现浇洞顶承台,内部撤土后即可形成地下插板涵洞,施工简便快捷、施工期短、造价低、密封性和整体稳定性好。

本实用新型解决问题的技术方案是一种包括地下连续墙、洞顶承台的插板涵洞。地下连续墙为相互扣连插入地下的平板、T 形板、锚筋平板、锚筋 T 形板构成的两道平行的整体密封墙,与现浇混凝土的洞顶承台连接成一体,内部撤土后形成插板涵洞。

本实用新型的插板涵洞还具有洞内撤土、互相绑扎锚筋后现浇洞内顶面、侧面和底面的结构。该结构可应用于大型涵洞或隧道。

本实用新型与现有技术相比较具有以下的优点和有益效果:

(1)插板涵洞突破了传统的施工办法,采取预制钢筋混凝土板桩直接插入地下,注浆固缝后形成连续墙,施工十分简便快捷,施工期短。

（2）组成插板涵洞的桩板顶部均预留有钢筋，与添加的钢筋现浇洞顶承台，连续墙与洞顶承台连接为一个整体，形成一个强度高而坚固的插板涵洞。

（3）插板涵洞连续墙板间注浆固缝，可保证涵洞不渗漏，少维修。

（四）具体实施方式

参阅附图20-1～附图20-13，一种插板涵洞，包括地下连续墙1、洞顶承台2，地下连续墙为相互扣连插入地下的平板3、T形板4、锚筋平板5或锚筋T形板6根据涵洞设计宽度和深度构成的两道平行的、与洞顶承台2连接为一体的密封整体墙。

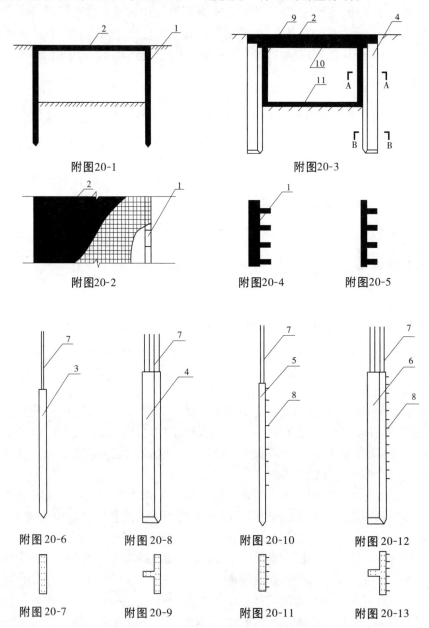

附图20-1

附图20-3

附图20-2

附图20-4

附图20-5

附图20-6

附图20-8

附图20-10

附图20-12

附图20-7

附图20-9

附图20-11

附图20-13

（五）附图说明

附图20-1 为本实用新型的结构主视图；附图20-2 为附图20-1 所示结构的俯视图；附图20-3为本实用新型的另一种结构主视图；附图20-4 为附图20-3 所示结构的 A—A 剖视图；附图20-5 为附图20-3 所示结构的 B—B 剖视图；附图20-6 为平板结构的主视图；附图20-7为附图20-6 所示结构的俯视图；附图20-8 为 T 形板结构的主视图；附图20-9 为附图20-8 所示结构的俯视图；附图 20-10 为锚筋平板结构的主视图；附图 20-11 为附图20-10所示结构的俯视图；附图 20-12 为锚筋 T 形板结构的主视图；附图20-13 为附图20-12所示结构的俯视图。

附图20-3 为本实用新型的另一种结构形式，在洞内撒土，互相绑扎预留钢筋 8 后现浇洞内顶面 10、侧面 9 和底面 11 的结构，预留钢筋 7 可以现浇混凝土帽梁。

附录二十一　水力插板桥

授权公告日:2004 年 1 月 21 日　　专利号:ZL 03214683.3　　授权公告号:CN 2600481Y

一、摘要

本实用新型公开了一种水力插板桥,包括桥桩板、横梁、桥面板和混凝土层,其桥桩板插入地下的部分由连接板连接成一体,构成双腿连板结构形式,桥桩板顶部安置横梁,横梁上面安置桥面板,其上为现浇的混凝土层。桥桩板还可制成上部为框架式、下部为槽形的复合形结构,构成多腿组合结构形式。边部的桥桩板侧连接边桩板,桥桩板顶部直接安置桥面板,省去横梁,桥面板上为现浇混凝土层。本实用新型的水力插板桥整体性能好、承载能力大,可广泛应用于河流、滩涂、浅海水域上建造,尤其适用于需抗冰凌、抗风浪冲击的地方建造。

二、权利要求书

(1)一种水力插板桥包括桥桩板、横梁、桥面板和混凝土层,其特征在于插入地下部分的桥桩板之间由连接板连接成一体,构成双腿连板结构形式,桥桩板顶部安置横梁,横梁上面安置桥面板,其上为现浇的混凝土层。

(2)根据权利要求书中(1)所述的水力插板桥,其特征在于桥桩板与连接板、连接板与连接板之间的滑道、滑板连接部位和桥桩板、连接板与地层接触的部分均由现浇的混凝土固结为一体。

(3)根据权利要求书中(2)所述的水力插板桥,其特征在于桥桩板的顶部有一缺口,横梁置于该缺口中,横梁上有预留孔,桥桩板顶部有预留钢筋,预留钢筋进入预留孔中,由现浇混凝土相固结。

(4)根据权利要求书中(3)所述的水力插板桥,其特征在于横梁顶部中央有一排预留钢筋,与桥面板上的预留钢筋绑扎在一起,由现浇混凝土固结为一体。

(5)根据权利要求书中(1)所述的水力插板桥,其特征在于桥桩板还可为上部是框架式、下部是槽形的复合形结构,构成多腿组合形式。边部的桥桩板侧连接边桩板,桥桩板的顶端直接安置桥面板,桥面板上为现浇的混凝土层。

(6)根据权利要求书中(5)所述的水力插板桥,其特征在于边桩板为有利于破冰破浪的三角形结构。

(7)根据权利要求书中(5)所述的水力插板桥,其特征在于桥桩板的顶部中央预留有一排钢筋,其长度超过桥面板厚度,与桥面板上的钢筋相绑扎,其上为现浇的混凝土层。

三、说明书

(一)技术领域

本实用新型涉及桥梁,尤其涉及一种水力插板桥。

（二）背景技术

众所周知,水泥结构的桥是现代最适用的桥梁之一,它为人们的生产、生活带来了极大的方便,但这种结构的桥存在着建造周期长、材料消耗大、工程造价高、桩基与地层接触面积小,整体性差等缺点。如果在海滩及浅海水域建造上述结构的桥更会遇到施工难度大、造价高等突出问题,从而使这种桥梁的建造和使用受到很大的限制。

（三）发明内容

本实用新型要解决的技术问题是提供一种水力插板桥,它既可以克服上述现有技术中存在的问题,又具有桥桩承载能力大、整体性能好、施工快、建设周期短、造价低的优点,特别能适应滩涂、浅海水域建桥的优点。

本实用新型解决问题的技术方案是一种包括桥桩板、横梁、桥面板和混凝土层的水力插板桥。其插入地下部分的桥桩板之间由连接板连接成一体,构成双腿连板结构形式,桥桩板顶部安置横梁,横梁上面安置桥面板,其上为现浇的混凝土层。

桥桩板与连接板、连接板与连接板之间的滑道、滑板连接部位和桥桩板、连接板与地层接触的部分均由现浇的混凝土固结为一体。桥桩板的顶部有一缺口,横梁置于该缺口中,横梁上有预留孔,桥桩板顶部有预留钢筋,预留钢筋进入预留孔中,由现浇的混凝土相固结。横梁顶部中央有一排预留钢筋,与桥面板上的预留钢筋绑扎在一起,由现浇混凝土固结为一体。

根据上述原理,桥桩板还可制成上部为框架式、下部为槽形的复合形结构,构成多腿组合形式。边部的桥桩板侧连接边桩板,桥桩板顶端直接安置桥面板,桥面板上为现浇的混凝土层。桥桩板的顶部中央预留有一排钢筋,其长度超过桥面板的厚度,与桥面板上的钢筋相绑扎,其上为现浇的混凝土层。

本实用新型与现有技术相比较还具有以下的优点和有益效果:

（1）桥桩承载能力大,本实用新型公开的水力插板桥(包括双腿连板桥和多腿组合桥),在消耗同等数量钢筋混凝土的情况下,其承载能力远远高于传统工艺建设的桥桩(包括钻孔形成的灌注桩和打桩机打入地下的摩擦桩),原因在于一方面水力插板形成的桥桩与地层接触的面积远远大于传统的圆形桩柱或方形桩柱;另一方面水力插板桥桩入地部分通过注浆固缝、注浆固板措施与地层之间固结成一个混凝土整体,能产生很大的承载能力。

（2）整体连接性好。组成水力插板桥的各个混凝土构件,包括桥桩板顶部、横梁上部、桥面板上部在预制混凝土构件时均预留有钢筋,通过在桥面上统一绑扎现浇混凝土面之后形成一个牢固的混凝土整体,从而具有很强的抗风浪、水流和冰凌冲击的能力。

（3）建设周期短、施工速度快,是传统建桥周期的 1/5～1/3。

（4）节约建设资金,比同一标准的混凝土桥可降低工程造价 1/3～1/2。

（四）具体实施方式

参阅附图 21-1～附图 21-7,一种水力插板桥包括桥桩板 1、连接板 2、横梁 3、桥面板 4及桥面现浇混凝土层 5。插入地下部分的桥桩板 1 之间通过连接板 2 相互连接成一个整体的双腿连板结构形式。连接板可以是平板也可以是 T 形板,桥桩板、连接板与地层之间用水泥浆固结。桥桩板 1 顶部安置横梁,桥面板 4 摆放在横梁 3 上面。桥面板摆放完毕后在上面绑扎钢筋,现浇混凝土层,从而使桥桩板、横梁、桥面板之间相互形成一个混凝土整体结构。横梁3的上部中央有一排预留钢筋9,与桥面板4上预留的钢筋11绑扎在一起,由现浇混凝土固结为一体。桥桩板1的顶部有一缺口8,横梁3置于该缺口中,横梁3上有预留孔10,桥桩板1顶部有预留钢筋7,预留钢筋7进入预留孔10中,并现浇混凝土相固结。这样的结构可节省大量的水泥和钢筋等原材料,地面以下的桥桩板、连接板与地层之间有很大的侧摩面积和端承面积,能产生很大的承载能力。桥桩板、连接板、横梁、桥面板之间通过注浆固逢或预留钢筋现浇混凝土形成一个牢固的整体,因而具有很强的抗风浪冲击破坏的能力。这种结构的桥能广泛适用于一般公路、河流、沿海滩涂地区。

附图21-8~附图21-11为本实用新型的另一种结构形式,桥桩板1上部为框架式、下部为槽形,构成多腿组合形式,桥桩板1的顶端直接安置桥面板4,省去横梁3,桥面板4上为现浇混凝土层5。边桩板6为三角形结构,有利于抵抗和击破冰凌及风浪的冲击。桥桩板1的顶部中央预留有一排钢筋7,其长度超过桥面板4的厚度,与桥面板上的钢筋11绑扎在一起,其上现浇混凝土层5,使整个工程形成牢固的钢筋混凝土整体结构。

(五)附图说明

附图21-1为本实用新型结构示意图;附图21-2为附图21-1所示结构的A—A剖视图;附图21-3为连接有边桩板的水力插板桥结构示意图;附图21-4为附图21-3所示结构的A—A剖视图;附图21-5为桥桩板顶部侧视图;附图21-6为横梁的主视图;附图21-7为横梁的俯视图;附图21-8为本实用新型另一种结构形式多腿组合桥的示意图;附图21-9为附图21-8所示结构的俯视图;附图21-10为附图21-8所示结构的A—A剖视图;附图21-11为附图21-8所示结构的B—B剖视图。

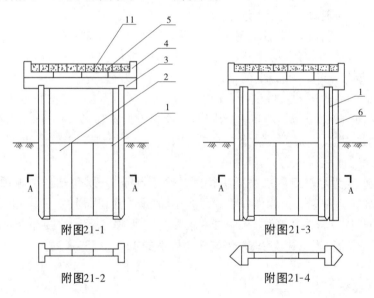

附图21-1

附图21-2

附图21-3

附图21-4

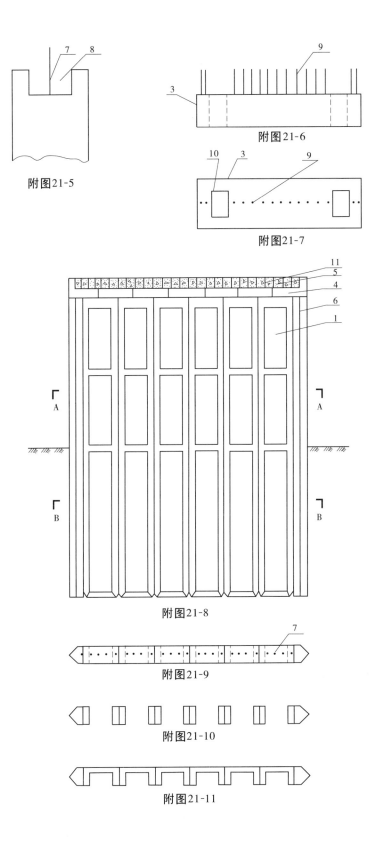

附图21-5

附图21-6

附图21-7

附图21-8

附图21-9

附图21-10

附图21-11

附录二十二 水力插板喷射管与过水管

授权公告日:2009 年 4 月 22 日   专利号:ZL 200820019633.7   授权公告号:CN 101062751A

一、摘要

本实用新型公开了一种水力插板喷射管与过水管,包括水力插板体及其上安装的滑道、滑板、过水管和喷射管,其特征在于过水管埋设安装于水力插板体内或体外,喷射管安装于水力插板体底端,与过水管通过丝扣连接、插入连接或电焊连接在一起并连通,喷射管上设有喷射孔。本实用新型具有连接多样化、连接速度快、施工周期短,安装于板体外的过水管可重复使用等特点,广泛应用于水力插板工程技术中。

二、权利要求书

(1)一种水力插板喷射管与过水管,包括水力插板体及其上安装的滑道、滑板、过水管和喷射管,其特征在于过水管埋设安装于水力插板体内或体外,喷射管安装于水力插板体底端,与过水管通过丝扣连接、插入连接或电焊连接在一起并连通,喷射管上设有喷射孔。

(2)根据权利要求书中(1)所述喷射管两端封闭,下部设有等距离均匀分布的喷射孔,该喷射孔的直径为 2~8 mm,每个喷射孔射出的水流承担切割地层的面积为 9~36 cm²。

(3)根据权利要求书中(1)所述的水力插板喷射管与过水管,其特征在于喷射管在水力插板底端与预埋在水力插板内的金属焊件焊接固定在一起或现浇混凝土,喷射管和过水管与水力插板体连成一体。

(4)根据权利要求书中(1)或(3)所述的水力插板喷射管与过水管,其特征在于过水管下端连接装有挡环和密封圈的快速插头。

(5)根据权利要求书中(1)、(2)或(3)所述的水力插板喷射管与过水管,其特征在于喷射管上设有密封接头,与过水管的快速插头相配合。

三、说明书

(一)技术领域

本实用新型涉及水力插板水力喷射附件,尤其涉及一种水力插板喷射管与过水管。

(二)背景技术

中国专利 ZL 200420040429.5 公开了一种"水力插板喷射管",其结构是利用钢管预制成喷射管,水力插板插入地层前与板体内露出板外的过水管焊接成一个整体,其缺点和不足之处是:①喷射管与过水管的连接方式采用单一的焊接连接,所需时间长,影响工程进度;②过水管现浇在水力插板内,水力插板插入地层后过水管无法拔出地面重复使用,增加了钢材消耗,提高了工程造价。

(三)发明内容

本实用新型要解决的技术问题是提供一种水力插板喷射管与过水管,采用插入式密封接头和水力插板体外安装过水管的结构形式,过水管可以快速连接、重复使用,有效地避免和克服上述现有技术中存在的缺点和不足之处。

本实用新型所述的水力插板喷射管与过水管,包括水力插板体及其上安装的滑道、滑板、过水管和喷射管,其特征在于过水管埋设安装于水力插板体内或体外,喷射管安装于水力插板体底端,与过水管通过丝扣连接、插入连接或电焊连接在一起并连通,喷射管上设有喷射孔。根据上述原理,水力插板过水管可安装于水力插板体外一侧与喷射管丝扣连接,可随时安装或拆卸,方便实用。

其中,喷射管两端封闭,下部设有等距离均匀分布的喷射孔,该喷射孔的直径为 2 ~ 8 mm,每个喷射孔射出的水流承担切割地层的面积为 9 ~ 36 cm^2。

喷射管在水力插板底端与预埋在水力插板内的金属焊件焊接固定在一起或现浇混凝土,喷射管和过水管与水力插板体连成一体。过水管下端连接装有挡环和密封圈的快速插头。喷射管上设有密封接头,与过水管的快速插头相配合。

本实用新型与现有技术相比较具有如下优点:

(1)喷射管与过水管采用插入连接和丝扣连接的方法,在水力插板插入地层后过水管可以拔出地面重新使用,节约钢材降低成本。

(2)喷射管和过水管采用插入连接依靠橡胶盘根和限位挡环进行密封的方法,施工安装速度快、缩短建设周期。

(四)具体实施方式

参阅附图 22-1 ~ 附图 22-8,一种水力插板喷射管与过水管包括水力插板体 5 及其上安装的滑道 7、滑板 8、过水管 2 和喷射管 1,其特征在于过水管埋设安装于水力插板体内或体外,喷射管安装于水力插板体底端,与过水管通过丝扣连接 3、插入连接或电焊连接在一起并连通,喷射管上设有喷射孔 4。

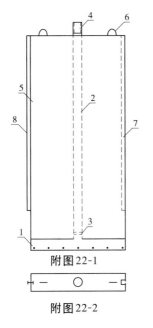

附图 22-1

附图 22-2

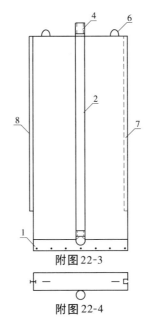

附图 22-3

附图 22-4

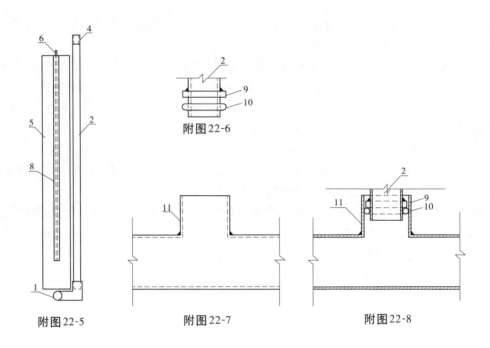

附图 22-5 附图 22-7 附图 22-8

其中,喷射管两端封闭,下部设有等距离均匀分布的喷射孔,该喷射孔的直径为 $2 \sim 8$ mm,每个喷射孔射出的水流承担切割地层的面积为 $9 \sim 36$ cm^2。喷射管在水力插板底端与预埋在水力插板内的金属焊件焊接固定在一起或现浇混凝土,喷射管和过水管与水力插板体连成一体。过水管下端连接装有挡环和密封圈的快速插头。喷射管上设有密封接头,与过水管的快速插头相配合。

(五)附图说明

附图 22-1 为本实用新型结构示意图;附图 22-2 为附图 22-1 所示结构的俯视图;附图 22-3 为按附图 22-1 所示的过水管安装在水力插板体外的结构示意图;附图 22-4 为附图 22-3 所示结构的俯视图;附图 22-5 为附图 22-3 所示结构的侧视图;附图 22-6 为过水管下部快速插头结构示意图;附图 22-7 为喷射管上部采用插入式连接设置的插头座结构示意图;附图 22-8 为附图 22-6 中插头和附图 22-7 中插座插入之后互相密封整体连接的结构示意图。

附录二十三 水力插板导流回淤自动填沙装置

授权公告日:2009 年 7 月 15 日 专利号:ZL 200820171763.2 授权公告号:CN 201272972Y

一、摘要

　　一种水力插板导流回淤自动填沙装置,导流拦沙围裙和桩腿。所述导流拦沙围裙与桩腿相连接,围成三面封闭、一面开口的导流围堰,其宽度大于水力插板形成的切割缝的宽度。本实用新型具有利用喷射地层返出的高含沙水,通过导向流动,自动回填水力插板两侧的缝穴,回填充分坚实,省工省料的特点,主要在水力插板工程或类似工程中应用。

二、权利要求书

　　(1)一种水力插板导流回淤自动填沙装置,包括导流拦沙围裙和桩腿,其特征在于所述导流拦沙围裙与桩腿连接,围成三面封闭、一面开口的导流围堰,其宽度大于水力插板形成的切割缝的宽度。

　　(2)根据权利要求书中(1)所述的水力插板导流回淤自动填沙装置,其特征在于所述导流围堰的开口方向与水力插板插入行进方向相反。

　　(3)根据权利要求书中(1)所述的水力插板导流回淤自动填沙装置,其特征在于所述导流拦沙围裙直接与水力插板操作平台的桩腿相连接,形成与水力插板操作平台成一体的三面封闭、一面开口的结构。

三、说明书

(一)技术领域

　　本实用新型涉及一种水力工程水下构筑物填方设施,尤其涉及一种水力插板导流回淤自动填沙装置。

(二)背景技术

　　在水力工程使用水力插板施工作业中,水力插板通过水力喷射切割地层使混凝土水力插板插入地下时,水力切割形成缝穴的宽度大于水力插板的厚度,所以水力插板进入地层后,两侧与地层之间必然存在一个缝穴,这个缝穴在海上风浪的冲击下,水力插板会发生晃动,影响工程的安全稳定性。采用人工回填沙和机械回填沙来消除缝穴,不仅花费大、成本高,而且效果不理想。

(三)发明内容

　　本实用新型的目的是提供一种水力插板导流回淤自动填沙装置,采用导流回淤围堰,控制和引导水力插板施工现场返出的高含沙喷射水,从已插完的水力插板两侧的缝穴流过,使水中流沙重新淤积回填于缝穴中,有效地克服或避免上述现有技术中存在的问题。

　　本实用新型所述的水力插板导流回淤自动填沙装置,包括导流拦沙围裙和桩腿,其特征在于所述导流拦沙围裙与桩腿连接,围成三面封闭、一面开口的导流围堰,其宽度大于水力插板形成的切割缝的宽度。使喷射地层返出来的高含沙水在已经插完的水力插板两侧流过，形成强度很大的"铁板沙"，确保堤坝工程的安全稳定性。

其中，导流围堰的开口方向与水力插板插入行进方向相反。导流拦沙围裙直接与水力插板操作平台的桩腿相连接，形成与水力插板操作平台成一体的三面封闭、一面开口的结构。

本实用新型与现有技术相比具有以下优点：

（1）采用导流围堰，利用水力插板施工时的就地返出的高含沙水，经导流控制，边插板边沉积回填，使水力插板缝穴进行有效充实回填，既不影响水力插板施工速度，又节约大量人工费和材料费，同时大大降低了施工成本。

（2）利用导流回淤的方法，水中高含沙自动下沉淤积在水力插板两侧的缝穴中，形成强度很大的"铁板沙"，其结构性能超过原状土，确保堤坝工程的安全稳定性。

（四）具体实施方式

参阅附图23-1～附图23-3，一种水力插板导流回淤自动填沙装置，包括导流拦沙围裙

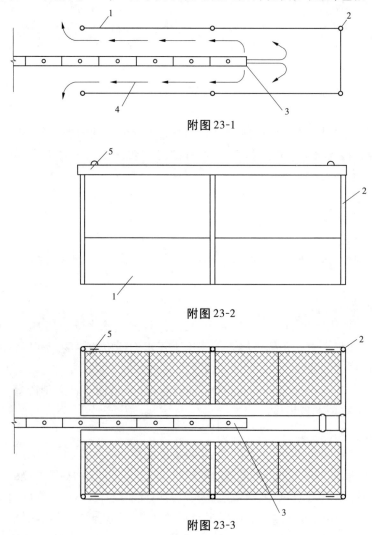

附图23-1

附图23-2

附图23-3

1 和桩腿 2。导流拦沙围裙 1 与桩腿 2 相连接，围成三面封闭、一面开口的导流围堰，其宽度大于水力插板 3 形成的切割缝的宽度。喷射地层返出来的高含沙水 4 在已经插完的水力插板 3 两侧流动。水力插板 3 两侧的缝穴中形成强度很大的"铁板沙"，确保堤坝工程的安全稳定性。

导流围堰的开口方向与水力插板 3 插入行进方向相反。导流拦沙围裙 1 直接与水力插板操作平台 5 的桩腿相连接，形成与水力插板操作平台 5 成一体的三面封闭、一面开口的结构。搬迁安装时，与水力插板操作平台 5 统一吊装搬迁和安装。

（五）附图说明

附图 23-1 为本实用新型导流围堰及返出水定向回淤结构示意图；附图 23-2 为本实用新型结构示意图；附图 23-3 为附图 23-2 所示结构的俯视图。

附录二十四　海上水力插板施工脚手架

授权公告日:2010 年 1 月 6 日　专利号:ZL 200920022548.0　授权公告号:CN 201377087Y

一、摘要

一种海上水力插板施工脚手架包括水力插板上的预留孔、钢管和脚踏板。所述钢管穿过水力插板上的预留孔,脚踏板安装其上,与钢管形成一个整体。本实用新型具有能抵抗各种风浪冲击的一个整体,不会造成操作台的损坏、节省原材料消耗、安装与拆除都十分方便、施工速度高、施工成本低等特点,广泛在海洋、湖泊、河流的水力插板堤坝工程中应用。

二、权利要求书

(1)一种海上水力插板施工脚手架包括水力插板上的预留孔、钢管和脚踏板,其特征在于所述钢管穿过水力插板上的预留孔,脚踏板安装其上,与钢管形成一个整体。

(2)根据权利要求书中(1)所述的海上水力插板施工脚手架,其特征在于所述脚踏板固定于穿过水力插板预留孔两侧的钢管上。

(3)根据权利要求书中(1)或(2)所述的海上水力插板施工脚手架,其特征在于所述水力插板上的预留孔位于水力插板的上部。

(4)根据权利要求书中(1)或(2)所述的海上水力插板施工脚手架,其特征在于所述脚踏板由钢管或角钢焊制成框架,框架上铺焊钢板网、钢板条或钢筋而制成。

(5)根据权利要求书中(1)或(2)所述的海上水力插板施工脚手架,其特征在于所述脚踏板与钢管由连接件固定在一起。

(6)根据权利要求书中(1)或(5)所述的海上水力插板施工脚手架,其特征在于所述连接件为脚手架卡扣、螺栓或易于固定的构件。

三、说明书

(一)技术领域
本实用新型涉及建筑用脚手架,特别涉及一种海上插板施工脚手架。

(二)背景技术
水力插板建设海上工程,要完成注浆固缝及顶部绑扎钢筋现浇帽梁等工作必须首先安装脚手架,现有的海上插板工程采用陆上所用的脚手架进行施工,但这种陆上用脚手架存在着由于受海上风浪的冲击安装工作十分困难,安装完毕后又很容易被风浪冲坏,难以保证安全施工等缺点或不足。

(三)发明内容
本实用新型要解决的技术问题是克服或避免上述现有技术中存在的缺点或不足,而提供一种完成海上水力插板工程时注浆固缝绑扎钢筋支护模板打混凝土帽梁等施工任务的海上插板施工脚手架。

本实用新型所述的海上水力插板施工脚手架,包括水力插板上的预留孔、钢管和脚踏板。所述钢管穿过水力插板上的预留孔,脚踏板固定于钢管上,与钢管形成一个整体。

其中,所述脚踏板固定于穿过水力插板预留孔两侧的钢管上。所述水力插板上的预留孔位于水力插板的上部。所述脚踏板由钢管或角钢焊制成框架,框架上铺焊钢板网、钢板条或钢筋而制成。所述脚踏板与钢管由连接件固定连接在一起。所述连接件为脚手架卡扣、螺栓或易于固定的构件。

本实用新型与现有技术相比具有以下优点:

(1)安全稳定性能好,传统的脚手架在海浪冲击下很难保持稳定,采用海上插板施工脚手架,由于它是通过钢管插入混凝土板孔洞两端,用连接件与脚踏板紧固成一个整体,能抵抗各种风浪的冲击不会造成操作台的损坏。

(2)节省了材料消耗,采用传统的脚手架从地面到操作台面需要使用大量的钢管形成框架,而采用海上插板施工脚手架从地面到操作台面的钢管全部被取消,可节省大量钢管,也避免了钢管支架被风浪冲坏造成的损失。

(3)安装与拆除都十分方便,整个操作台只有预留孔中插入的钢管、脚踏板和连接件这样三种东西,安装和拆除都很简单,有利于提高施工速度、降低施工成本。

(四)具体实施方式

参看附图24-1～附图24-4,一种海上插板施工脚手架包括水力插板上的预留孔、钢管和脚踏板。钢管2穿过水力插板5上的预留孔1,脚踏板4固定于钢管2上,与钢管2形成一个整体。

脚踏板4固定于穿过水力插板预留孔两侧的钢管2上。水力插板上的预留孔1位于水力插板5的上部。脚踏板4由钢管或角钢焊制成框架6,框架上铺焊钢板网、钢板条或钢筋7而制成。脚踏板4与钢管2由连接件3固定在一起。连接件3为脚手架卡扣、螺栓或易于固定的构件。

施工结束后卸开连接件3收回脚踏板4和插入钢管2用水泥砂浆堵住预留孔1之后整个工程即告完成。

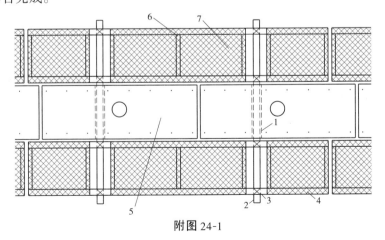

附图 24-1

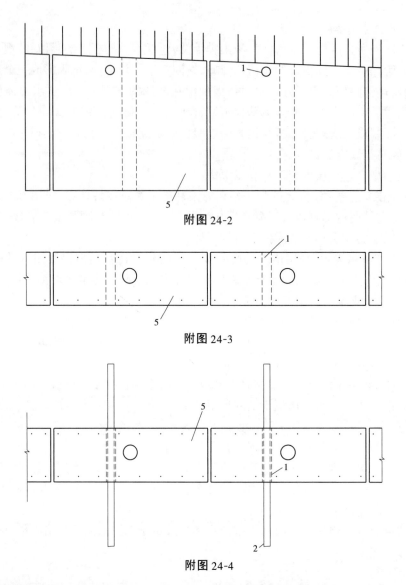

附图 24-2

附图 24-3

附图 24-4

(五)附图说明

附图 24-1 为本实用新型结构示意图;附图 24-2 为按附图 24-1 所示的水力插板预留孔结构示意图;附图 24-3 为附图 24-1 所示结构的俯视图;附图 24-4 为按附图 24-1 所示的预留孔插入钢管时的结构示意图。

附录二十五　建设海上深水航道的方法

公开日:2007 年 5 月 30 日　申请号:200610070562.9　公开号:CN 1970889A

一、摘要

一种建设海上深水航道的方法,包括建设两条设有毛石护坡的拦沙堤坝和在其之间按照船舶航行需要设计挖成的深水航道。拦沙堤坝的建设是用设有滑道、滑板、过水管、水量分配管和隔水道的水力插板顺坝板和丁坝板结合插入地层,建设顺丁坝。先用水力插板专用施工作业机具,将按设计预制的顺坝板连接好供水管线吊起,开动高压水泵,使高压水通过设置于顺坝板内的过水管和下端的水量分配管,从分配管上分布的喷射孔喷出切割开地层,并将顺坝板插入地层预定的深度,然后起吊第二块顺坝板,使其一侧预设的滑板插入第一块板一侧预设的滑道中,用同样的方法插入地层,这样形成顺坝,在顺坝板两侧按设计插入丁坝板,在两板结合部实施整体连接,再用专用的膜袋装水泥浆封固两板结合部的两条隔水道,形成与外部完全分隔的内腔室,然后在内腔室中插入管道从下到上注满水泥浆,使两板结合部形成一种带有夹心钢板的混凝土整体结构。

二、权利要求书

(1)一种建设海上深水航道的方法,包括建设两条设有毛石护坡的拦沙堤坝和在其之间按照船舶航行需要设计挖成的深水航道,其特征在于拦沙堤坝的建设是用设有滑道、滑板、过水管、水量分配管和隔水道的水力插板顺坝板和丁坝板结合插入地层,建设顺丁坝。先用水力插板专用施工作业机具,将按设计预制的顺坝板连接好供水管线吊起,开动高压水泵,使高压水通过设置于顺坝板内的过水管和下端的水量分配管,从水量分配管上分布的喷射孔喷出切割地层,并将顺坝板插入地层预定的深度,然后起吊第二块顺坝板,使其一侧预设的滑板插入第一块板一侧预设的滑道中,用同样的方法插入地层,这样形成顺坝,在顺坝板两侧按设计插入丁坝板,在两板结合部实施整体连接,再用专用的膜袋装水泥浆封固两板结合部的两条隔水道,形成与外部完全分隔的内腔室,然后在内腔室中插入管道从下到上注满水泥浆,使两板结合部形成一种带有夹心钢板的混凝土整体结构,再在其两侧抛投毛石,形成一定高度的护坡。

(2)根据权利要求书中(1)所述的建设海上深水航道的方法,其特征在于丁坝板是在其一侧紧靠顺坝板插入地层,在间隔 1~5 块或按设计要求的间隔距离的顺坝板侧面插入丁坝板。

(3)根据权利要求书中(1)或(2)所述的建设海上深水航道的方法,其特征在于丁坝板顶部可以是斜面形结构,也可以是梯形、矩形结构。

(4)根据权利要求书中(1)或(2)所述的建设海上深水航道的方法,其特征在于拦沙堤坝还可用水力插板 T 形板插入地层,形成 T 形坝。

(5)根据权利要求书中(4)所述的建设海上深水航道的方法,其特征在于 T 形水力插板以互相交错的方式插入地层。

(6)根据权利要求书中(4)所述的建设海上深水航道的方法,其特征在于 T 形板顶面为斜面形结构。

三、说明书

(一)技术领域

本发明涉及海上港口航道建设工程,尤其涉及一种建设海上深水航道的方法。

(二)背景技术

航道的水深情况对建设海上港口码头具有极其重要的影响,目前解决航道水深不够的问题主要有两种方法:一种是采用挖泥船清淤疏浚形成航道,此方法形成的航道会出现频繁淤积,很难形成稳定的深水航道;另一种是在海上建设两条航道拦沙堤坝,在两条堤坝之间形成航道。这种方法能建成稳定的深水航道,美国的密西西比河河口、中国的长江口和黄骅港都是采用这种方法进行建设的。但是它存在的主要问题是施工难度大、工程造价高、建设周期长、安全稳定问题不容易解决。另外,这种堤坝存在两个致命的弱点:一是堤坝基础摆放在海底地面上,堤坝结构由一块一块的毛石及混凝土栅栏板、混凝土扭工字块等组合放置而成,在海上水流冲刷淘空的作用下,存在着基础不稳的问题;二是堤坝在风浪冲击作用下存在坝体不牢的问题。

(三)发明内容

本发明要解决的技术问题是提供一种工程造价低、施工速度快、能够确保安全稳定性能的拦沙堤坝建设海上深水航道的方法,采用水力插板插入海底地层中形成航道拦沙堤坝。

本发明所述的建设海上深水航道的方法包括建设两条设有毛石护坡的拦沙堤坝和在其之间按照船舶航行需要设计挖成的深水航道。拦沙堤坝的建设是用设有滑道、滑板、过水管、水量分配管和隔水道的水力插板顺坝板和丁坝板结合插入地层,建设顺丁坝。先用水力插板专用施工作业机具,将按设计预制的顺坝板连接好供水管线吊起,开动高压水泵,使高压水通过设置于顺坝板内的过水管和下端的水量分配管,从水量分配管上分布的喷射孔喷出切割开地层,并将顺坝板插入地层预定的深度,然后起吊第二块顺坝板,使其一侧预设的滑板插入第一块板一侧预设的滑道中,用同样的方法插入地层,这样形成顺坝,在顺坝板两侧按设计插入丁坝板,在两板结合部实施整体连接,再用专用的膜袋装水泥浆封固两板结合部的两条隔水道,形成与外部完全分隔的内腔室,然后在内腔室中插入管道,从下到上注满水泥浆,使两板结合部形成一种带有夹心钢板的混凝土整体结构,再在其两侧抛投毛石,形成一定高度的护坡。

其中,丁坝板是在其一侧紧靠顺坝板插入地层,在间隔 1~5 块或按设计要求的间隔距离的顺坝板侧面插入丁坝板。丁坝板顶部可以是斜面形结构,也可以是梯形、矩形结构。拦沙堤坝还可用水力插板 T 形板插入地层,形成 T 形坝。T 形水力插板以互相交错的方式插入地层。T 形板顶面为斜面形结构。

本发明与现有技术相比具有如下优点:

(1)堤坝安全稳定性明显增强,由于基础入地深度远远超过了地面以上堤坝的高度,有效地避免了水力插板堤坝被风浪推倒的问题,不存在基础被冲刷淘空的问题,坝体为钢筋混凝土整体结构,也不存在被风浪冲击破坏的问题。

(2)工程造价低。在同等水深海域建设同样标高的航道拦沙堤,工程造价可降低70%以上。

(3)施工速度快。堤坝主体结构为地面预制成型的钢筋混凝土板,由于采用了特殊的进桩技术和专用的水力插板机具进行施工,工程建设周期可缩短80%以上。

(4)工程建设成之后维护工作量少、运行费用低。

(5)两条拦沙堤坝之间能够形成稳定的深水航道。

(四)具体实施方式

参阅附图25-1～附图25-9,一种建设海上深水航道的方法,包括建设两条设有毛石护坡的拦沙堤坝和在其之间按照船舶航行需要设计挖成的深水航道,拦沙堤坝的建设是用设有滑道7、滑板8、过水管5、水量分配管6和隔水道9的水力插板顺坝板1和丁坝板2结合插入地层,建设顺丁坝,先用水力插板专用施工作业机具,将按设计预制的顺坝板连接好供水管线,由吊耳10吊起,开动高压水泵,使高压水通过设置于顺坝板内的过水管5和下端的水量分配管6,从水量分配管上分布的喷射孔喷出切割地层,并将顺坝板1插入地层预定的深度,然后起吊第二块顺坝板,使其一侧预设的滑板插入第一块板一侧预设的滑道7中,用同样的方法插入地层,这样形成顺坝,在顺坝板两侧按设计插入丁坝板2,在两板结合部实施整体连接,再用专用的膜袋装水泥浆封固两板结合部的两条隔水道9,形成与外部完全分隔的内腔室,然后在内腔室中插入管道,从下到上注满水泥浆,使两板结合部形成一种带有夹心钢板的混凝土整体结构,再在其两侧抛投毛石,形成一定高度的护坡。

丁坝板2是在其一侧紧靠顺坝板1插入地层,在间隔1～5块或按设计要求的间隔距离的顺坝板侧面插入丁坝板。丁坝板2顶部可以是斜面形结构,也可以是梯形、矩形结构。拦沙堤坝还可用水力插板T形板11插入地层,形成T形坝。T形水力插板以互相交错的方式插入地层。T形板顶面为斜面形结构。

当实施完毕桩板之间整体连接之后,在水力插板堤坝两侧根据设计要求抛投毛石形成一定高度的护坡3。当两条航道拦沙堤坝建成之后,采用挖泥船在两条堤坝之间按照设计要求,挖出供船舶通行的航道4。

(五)附图说明

附图25-1为本发明结构示意图;附图25-2为附图25-1所示结构的俯视图;附图25-3为按附图25-1所示的水力插板顺坝板结构示意图;附图25-4为附图25-3所示结构的俯视图;附图25-5为按附图25-1所示的水力插板丁坝板结构示意图;附图25-6为按附图25-1所示的本发明在深水海域建设航道拦沙堤坝采用水力插板T形板进行建设的结构示意图;附图25-7为附图25-6所示结构的俯视图;附图25-8为按附图25-6所示的水力插板T形板结构示意图;附图25-9为附图25-8所示结构的俯视图。

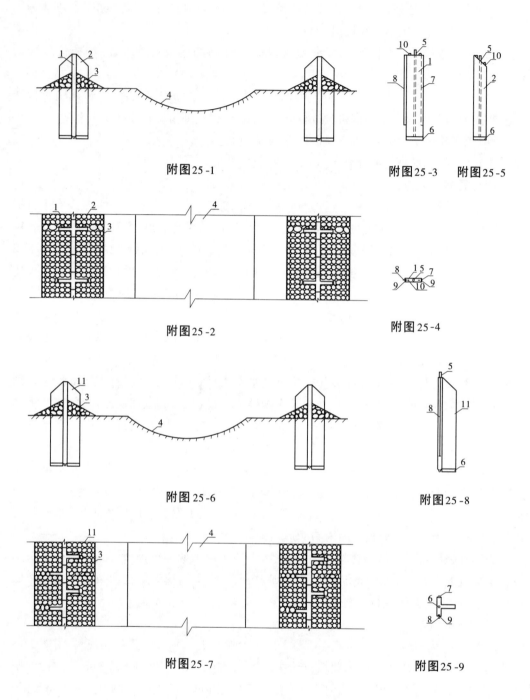

附图25-1

附图25-3   附图25-5

附图25-2

附图25-4

附图25-6

附图25-8

附图25-7

附图25-9

附录二十六　水力插板桥与堤坝及施工建设方法

公开日:2007 年 9 月 5 日　申请号:200710013928.3　公开号:CN 101029470A

一、摘要

水力插板桥与堤坝及施工建设方法,水力插板桥包括插入地层中的水力插板全框架板组合成的整体式桥墩及其上安放的桥面板和现浇的混凝土层,地层与桥桩板间充填的沙土或灌注的水泥砂浆。水力插板桥与堤坝及施工建设方法,包括:(A)工序,预制桥桩板、桥面板和堤坝板,起吊桥桩板,按起点板、中间板和终点板的顺序用水力喷射方式插入地层,通过滑道、滑板相互连接起来;(B)工序,桥桩板间注浆固缝,形成与桥面设计宽度相同的整体桥墩;(C)工序,向桥桩板与地层间充填沙土或灌注水泥砂浆;(D)工序,卸掉加沙导管,吊装桥面板,形成水力插板桥;(E)工序,在桥前面或前后两面插入堤坝板;(F)工序,统一绑扎钢筋,现浇混凝土层形成半封闭或全封闭的堤坝;(G)工序,在全封闭的堤坝框架中充填泥沙,形成水力插板重力坝。

二、权利要求书

(1)一种水力插板桥包括插入地层中的其上装设有滑道、滑板、水量分配管、过水管、加沙导管和隔水道的水力插板桥桩板、桥面板和现浇的混凝土层,其特征在于桥桩板为全框架式的起点板、中间板和终点板相互连接构成的组合式整体混凝土桥墩结构,其顶部直接铺设有桥面板及现浇的混凝土层,框架间、框架与地层间充填有沙土或水泥砂浆固结物。

(2)根据权利要求书中(1)所述的水力插板桥,其特征在于中间板一侧设有滑道,另一侧设有滑板,而起点板和终点板只在内侧设有滑道或滑板。

(3)根据权利要求书中(1)所述的水力插板桥,其特征在于桥桩板的起点板或终点板的外侧桩腿比内侧桩腿或中间板桩腿横断面积大 0.5~1.5 倍。

(4)根据权利要求书中(1)所述的水力插板桥,其特征在于桥桩板也可选用槽形板或平板。

(5)一种水力插板桥与堤坝及施工建设方法,包括:(A)工序,地面预制好桥桩板、桥面板和堤坝板,现场采用水力喷射切割地层,起吊桥桩板,按起点板、中间板和终点板的顺序插入地层,同时将各自的滑道、滑板相互连接起来;(B)工序,桥桩板间注浆固缝,形成一个与桥面设计宽度相同的混凝土整体桥墩;(C)工序,卸下过水管,连接加沙导管,由地面管通过加沙导管向桥桩板与地层间充填沙土或灌注水泥砂浆进行加固;其特征在于还包括(D)工序,卸掉加沙导管,在桥墩上直接吊装桥面板,形成水力插板桥;(E)工序,在该桥前面或前后两面插入堤坝板;(F)工序,统一绑扎堤坝板和桥面板上的钢筋,现浇混凝土层和防浪墙,形成半封闭或全封闭堤坝。

(6)根据权利要求书中(5)所述的水力插板桥与堤坝的施工建设方法,其特征在于全封闭的堤坝框架中充填泥土,形成水力插板重力坝。

(7)根据权利要求书中(5)所述的水力插板桥与堤坝的施工建设方法,其特征在于桥桩板、桥面板和堤坝板的起吊施工,由专用吊机站在水底地面上起吊施工,也可以采用普通吊机站在已铺设的桥面板上起吊桥桩板、桥面板或堤坝板进行施工。

(8)根据权利要求书中(1)或(5)所述的水力插板桥与堤坝的施工建设方法,其特征在于桥面板和堤坝板为空心板、槽形板、T形板或平板。

三、说明书

(一)技术领域

本发明涉及道路交通桥与堤坝工程,尤其涉及一种水力插板桥与堤坝及施工建设方法。

(二)背景技术

为了增大道路交通桥的承载能力,目前采用的主要方法是增加桥桩的入地深度,这就造成了工程建设周期长、工程造价高等方面的问题,特别是在一些地面环境比较复杂的软基地层、淤泥质沿海滩涂、浅海水域等地区施工会遇到更多的困难。目前,建设在沿海滩涂及浅海水域中的防潮堤坝普遍存在着基础入地深度浅、迎水面防护层抗风浪冲击破坏能力差等方面的问题,经常在风暴潮袭击的情况下出现溃堤垮坝造成严重的经济损失,而在沿海滩涂及浅海水域中建设的防潮堤坝,更是普遍存在着施工难度大、工程造价高、建设周期长、安全稳定不容易解决等方面的问题。

(三)发明内容

本发明的目的是提供一种桥桩基础入地深度大幅度减小,而承载能力和安全稳定性却明显增强,施工建设速度大幅度加快,有效地克服或避免上述现有技术中存在的缺点或不足之处的水力插板桥。

本发明所述的水力插板桥,包括插入地层中的其上装设有滑道、滑板、水量分配管、过水管、加沙导管和隔水道的水力插板桥桩板、桥面板和现浇的混凝土层,桥桩板为全框架式的起点板、中间板和终点板相互连接构成的组合式整体混凝土桥墩结构,其顶部直接铺设有桥面板及现浇的混凝土层,框架间、框架与地层间充填有沙土或水泥砂浆固结物。

其中,中间板一侧设有滑道,另一侧设有滑板,而起点板和终点板只在内侧设有滑道或滑板。桥桩板的起点板或终点板的外侧桩腿比内侧桩腿或中间板桩腿横断面积大0.5~1.5倍。桥桩板也可选用槽形板或平板。

本发明的另一个目的是提供一种水力插板桥与堤坝的施工建设方法,包括:(A)工序,地面预制好桥桩板、桥面板和堤坝板,现场采用水力喷射切割地层,起吊桥桩板,按起点板、中间板和终点板的顺序插入地层,同时将各自的滑道、滑板相互连接起来;(B)工序,桥桩板间注浆固缝,形成一个与桥面设计宽度相同的混凝土整体桥墩;(C)工序,卸下过水管,连接加沙导管,由地面管通过加沙导管向桥桩板与地层间充填沙土或水泥砂浆进行加固;其特征在于还包括(D)工序,卸掉加沙导管,在桥墩上直接吊装桥面板,形成水力插板桥;(E)工序,在桥前面或前后两面插入堤坝板;(F)工序,统一绑扎堤坝板和桥面板上的钢筋,现浇混凝土层和防浪墙,形成半封闭或全封闭堤坝。

其中,全封闭的堤坝框架中充填泥土形成水力插板重力坝。桥桩板、桥面板和堤坝板的起吊施工,由专用吊机站在水底地面上起吊施工,也可以采用普通吊机站在已铺设的桥面板上起吊桥桩板、桥面板或堤坝板进行施工。桥面板和堤坝板为空心板、槽形板、T形板或平板。

本发明与现有技术相比具有如下优点:

(1)改变了现有道路交通桥单纯依靠增加桩基入地深度来增大承载能力的传统做法,通过插入框架形状的桥桩板大幅度增加侧摩面积和端承面积来提高承载能力,减少桩腿入地深度,增强安全稳定性能,缩短工程建设周期。

(2)传统的水冲桩和现有的水力插板桩进入地层之后,水力喷射切割地层造成桩板与地层之间的间隙,需要一个泥沙自然沉积恢复承载能力的过程。本发明采用在桥桩板内增设加沙导管,桩板进入地层之后通过加沙导管充填沙土或灌注水泥砂浆的办法使桩板与地层之间结合成一个整体,可以迅速增强桩基的承载能力。

(3)建设水力插板桥与堤坝所用的桥桩板和桥面板是相同的混凝土板,采取同样的施工方式先建成桥后堤坝,为现场预制和施工创造了方便条件。以水力插板桥为依托,两侧插入堤坝板即可建成水力插板堤坝。整个工程所需的各种混凝土板实现了预制化、工厂化生产,现场施工过程全部采用类似摆积木一样的装配化施工,省掉了传统施工技术中筑围堰、开挖基础坑、打基础、打降水井、砌筑坝体等大量的工作量,工程建设周期一般可缩短70%以上。由于改变了传统的施工方法,同时又形成了一整套建设水力插板桥与堤坝的专用施工设备和机具,有效地解决了沿海滩涂和浅海水域等复杂地理环境下进行正常施工的问题,为扩大施工领域和控制工程造价打下了基础。

(4)本发明所述的水力插板堤坝,基础入地深度一般都超过了堤坝本身的高度,板间结合部的密封程度超过了混凝土板本体的性能,堤坝为钢筋混凝土整体结构,坝体内部还可充填泥沙形成水力插板重力坝。因此,水力插板堤坝能够抵抗各种风暴潮的冲击破坏,能够在海上建成一种长治久安的防潮堤坝。

(四)具体实施方式

参阅附图26-1～附图26-30,一种水力插板桥包括插入地层中的其上装设有滑道4、滑板5、水量分配管7、过水管6、加沙导管8和隔水道的水力插板桥桩板1、桥面板2和现浇的混凝土层11,桥桩板1为全框架式的起点板、中间板和终点板相互连接构成的组合式整体混凝土桥墩结构,其顶部直接铺设有桥面板2及现浇的混凝土层11,框架间、框架与地层间充填有沙土或水泥砂浆固结物13。

中间板一侧设有滑道4,另一侧设有滑板5,而起点板和终点板只在内侧设有滑道或滑板。桥桩板的起点板或终点板的外侧桩腿比内侧桩腿或中间板桩腿横断面积大0.5～1.5倍。桥桩板也可选用槽形板或平板。

一种水力插板桥与堤坝及施工建设方法,包括:(A)工序,地面预制好桥桩板1、桥面板2和堤坝板3,现场采用水力喷射切割地层,起吊桥桩板1,按起点板、中间板和终点板的顺序插入地层,同时将各自的滑道、滑板相互连接起来;(B)工序,桥桩板间注浆固缝,形成一个与桥面设计宽度相同的混凝土整体桥墩;(C)工序,卸下过水管6,连接加沙导管8,由地面管9通过加沙导管8向桥桩板与地层间充填沙土或灌注水泥砂浆进行加固;其特征在于还包括(D)工序,卸掉加沙导管,在桥墩上直接吊装桥面板2,形成水力插板桥;

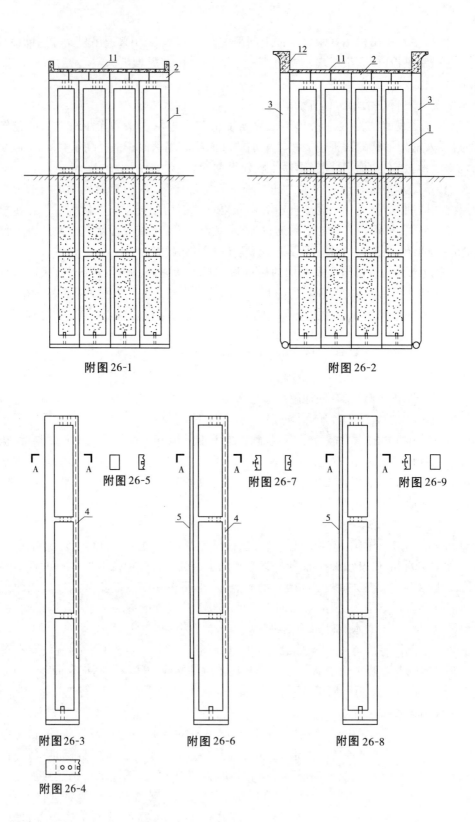

附图 26-1

附图 26-2

附图 26-5

附图 26-7

附图 26-9

附图 26-3

附图 26-6

附图 26-8

附图 26-4

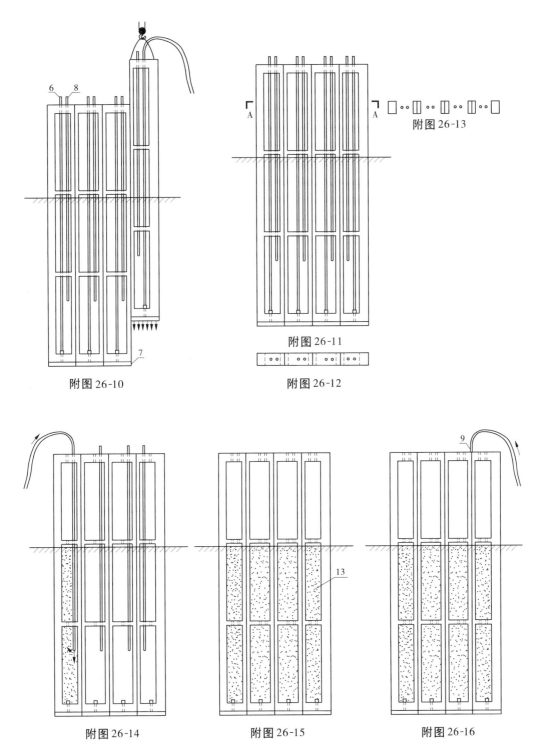

附图 26-13

附图 26-10　　　　　　　　　　附图 26-11

附图 26-12

附图 26-14　　　　　　附图 26-15　　　　　　附图 26-16

(E)工序,在桥前面或前后两面插入堤坝板 3;(F)工序,统一绑扎堤坝板和桥面板上的钢筋 10,现浇混凝土层和防浪墙 12,形成半封闭或全封闭堤坝。

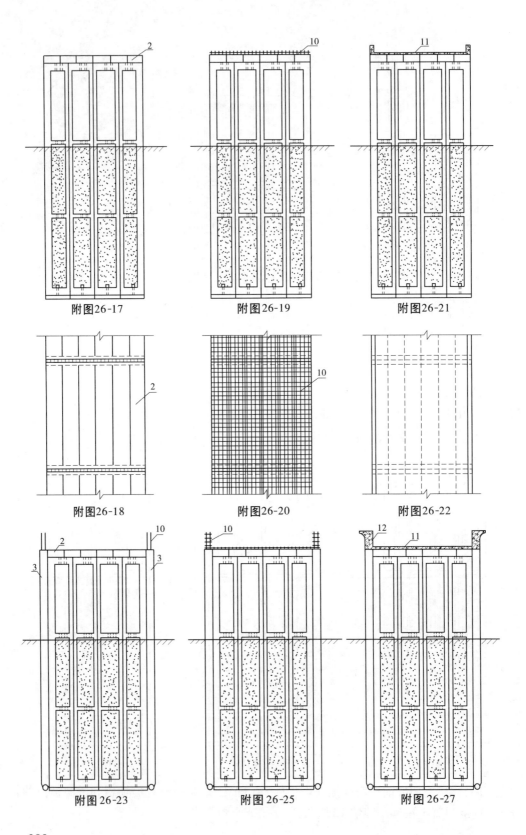

附图26-17

附图26-19

附图26-21

附图26-18

附图26-20

附图26-22

附图26-23

附图26-25

附图26-27

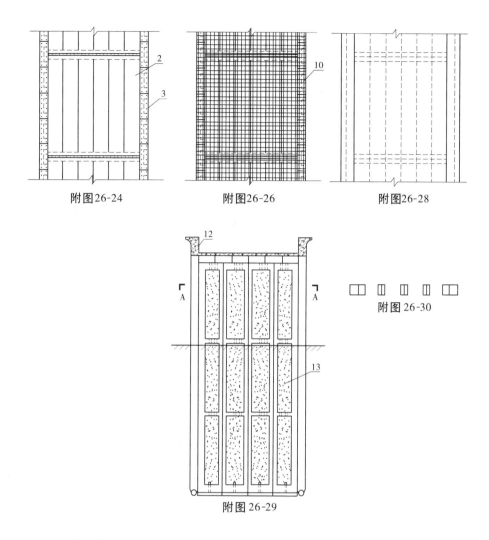

附图26-24　　　　　　附图26-26　　　　　　附图26-28

附图26-30

附图26-29

全封闭的堤坝框架中充填泥土形成水力插板重力坝。桥桩板1、桥面板2和堤坝板3的起吊施工,由专用吊机站在水底地面上起吊施工,也可以采用普通吊机站在已铺设的桥面板上起吊桥桩板、桥面板或堤坝板进行施工。桥面板2和堤坝板3为空心板、槽形板、T形板或平板。

水力插板桥与堤坝的施工建设可以单独进行,也可以联合进行,桥的前面或前后两面不插入堤坝板3即是单独的桥,前面加插堤坝板3则为半封闭堤坝,前后两边加插堤坝板3则成为全封闭堤坝,全封闭堤坝内腔空间充填泥土即形成水力插板重力坝。

(五)附图说明

附图26-1为本发明水力插板桥结构示意图;附图26-2为本发明水力插板堤坝结构示意图;附图26-3为按附图26-1、附图26-2所示的桥桩板起点板结构示意图;附图26-4为附图26-3所示结构的俯视图;附图26-5为附图26-3所示结构的A—A剖视图;附图26-6为按附图26-1、附图26-2所示的桥桩板中间板结构示意图;附图26-7为附图26-6所示结构的A—A剖视图;附图26-8为按附图26-1、附图26-2所示的桥桩板终点板结构示意图;

附图 26-9 为附图 26-8 所示结构的 A—A 剖视图;附图 26-10 为按附图 26-3 所示的桥桩板起点板、附图 26-6所示的桥桩板中间板、附图 26-8 所示的桥桩板终点板插入地层施工状况示意图;附图 26-11 为桥桩板起点板、中间板和终点板插入地层组成桥墩的结构示意图;附图 26-12 为附图 26-11 所示结构的俯视图;附图 26-13 为附图 26-11 所示结构的 A—A剖视图;附图 26-14 为卸掉过水管抽出地层、连接加沙导管向地下空间充填沙土或灌注水泥砂浆施工示意图;附图 26-15 为按附图 26-14 所示的桩板加固完毕之后抽出加沙导管示意图;附图 26-16 为附图 26-14 所示结构对板间结合部实施注浆固缝措施使其全部变成一种中间带夹心钢板的混凝土整体结构的施工示意图;附图 26-17 为附图 26-15 所示结构顶部吊装桥面板后工程结构示意图;附图 26-18 为附图 26-17 所示结构的俯视图;附图 26-19为附图 26-17 所示结构顶部统一铺设绑扎钢筋示意图;附图 26-20 为附图 26-19所示结构的俯视图;附图 26-21 为附图 26-19 所示结构顶部现浇混凝土层结构示意图;附图 26-22 为附图 26-21 所示结构的俯视图;附图 26-23 为附图 26-17 所示结构紧贴水力插板桥两侧插入堤坝板并实施完毕注浆固缝措施后的工程结构示意图;附图 26-24为附图 26-23 所示结构的俯视图;附图 26-25 为附图 26-23 所示结构利用堤坝板顶部预留钢筋和桥面板上铺设的钢筋统一绑扎钢筋之后的工程结构示意图;附图 26-26 为附图 26-25所示结构的俯视图;附图 26-27 为附图 26-25 所示结构顶部现浇混凝土形成水力插板堤坝工程结构示意图;附图 26-28 为附图 26-27 所示结构的俯视图;附图 26-29 为附图 26-27 所示结构根据工程需要向坝体内部充填沙土变成水力插板重力坝的工程结构示意图;附图 26-30 为附图 26-29 所示结构的 A—A 剖视图。

附录二十七　滩海作业吊机

公开日:2007 年 10 月 31 日　申请号:200710015789.8　公开号:CN 101062751A

一、摘要

一种滩海作业吊机,包括主浮箱、稳定浮箱、桩腿、升降液压千斤顶、顶推液压千斤顶和起重吊机,各部件为现场易装拆、易汽车运输的组合式结构,其主浮箱为封闭的船体式结构,其上中部安装有起重吊机,前、后部各安装一连接梁,该连接梁的端部安装有稳定浮箱,该稳定浮箱上安装有桩腿和升降液压千斤顶,主浮箱后端安装有顶推液压千斤顶。主浮箱的后侧安装有两个顶推液压千斤顶,以解决吊机不能漂浮时在滩涂移位的问题。主浮箱顶部装有起重吊机以满足施工或装卸货物的需要。滩海作业吊机主要应用于沿海滩涂及浅海水域完成起吊作业施工或装卸货物的作业或类似场合中。

二、权利要求书

(1)一种滩海作业吊机,包括主浮箱、稳定浮箱、桩腿、升降液压千斤顶、顶推液压千斤顶和起重吊机,其特征在于所述各部件为现场易装拆、易汽车运输的组合式结构,其主浮箱为封闭的船体式结构,其上中部安装有起重吊机,前、后部各安装一连接梁,该连接梁的端部安装有稳定浮箱,该稳定浮箱上安装有桩腿和升降液压千斤顶,主浮箱后端安装有顶推液压千斤顶。

(2)根据权利要求书中(1)所述的滩海作业吊机,其特征在于稳定浮箱为圆形、椭圆形、正方形、长方形和菱形结构,其中部设有孔,该孔中安装有桩腿和升降液压千斤顶,桩腿下端安装有承压板,桩腿上沿直线均匀设置有插销孔。

(3)根据权利要求书中(1)所述的滩海作业吊机,其特征在于顶推液压千斤顶安装于主浮箱后端面,该顶推液压千斤顶的推力杆顶端安装有助推挡泥板。

(4)根据权利要求书中(1)或(2)所述的滩海作业吊机,其特征在于承压板底部为放射状筋板结构。

(5)根据权利要求书中(5)所述的滩海作业吊机,其特征在于承压板底部安设有使承压板脱离沉陷、黏吸于地层上的高压水管出口。

(6)根据权利要求书中(1)所述的滩海作业吊机,其特征在于起重吊机为单杆或双杆设置。

三、说明书

(一)技术领域
本发明涉及滩涂、沿海潮间带和浅海水域及江河湖泊中使用的起吊施工作业及装卸货物的提升设备,尤其涉及一种滩海作业吊机。

(二)背景技术
在陆上施工及起吊货物有各种类型的吊机,在江河及具有正常水深的海域有各种水上浮吊,可是目前在各种淤泥滩涂、沿海潮间带和浅海水域施工和起吊货物缺乏一种理想的起吊设备。经常出现陆上的起吊设备和水中浮吊都很难进入现场的现象,特别是受涨潮落潮和大风浪的影响,普通的起吊作业机械会遇到更多的困难,海上浮吊在大风浪时也无法施工作业,对于部分水上施工作业有时要求吊钩不能任意摆动,采用水中浮吊施工满足这一要求有一定的困难;另一方面浮吊的台班费用也比较高,不利于控制施工成本。

(三)发明内容

本发明要解决的技术问题是提供一种既克服或避免上述现有技术中存在的缺点或不足之处,又适用于沿海滩涂、潮间带及浅海水域和江河湖泊施工作业及装卸货物的滩海作业吊机。

本发明所述的滩海作业吊机,包括主浮箱、稳定浮箱、桩腿、升降液压千斤顶、顶推液压千斤顶和起重吊机,所述各部件为现场易装拆、易汽车运输的组合式结构,其主浮箱为封闭的船体式结构,其上中部安装有起重吊机,前、后部各安装一连接梁,该连接梁的端部安装有稳定浮箱,该稳定浮箱上安装有桩腿和升降液压千斤顶,主浮箱后端安装有顶推液压千斤顶。

其中,稳定浮箱为圆形、椭圆形、正方形、长方形和菱形结构,其中部设有孔,该孔中安装有桩腿和升降液压千斤顶,桩腿下端安装有承压板,桩腿上沿直线均匀设置有插销孔。顶推液压千斤顶安装于主浮箱后端面,该顶推液压千斤顶的推力杆顶端安装有助推挡泥板。承压板底部为放射状筋板结构。承压板底部安设有使承压板脱离沉陷、黏吸于地层上的高压水管出口。起重吊机为单杆或双杆设置。

本发明与现有技术相比较具有如下优点:

(1)提供了一种陆地吊机和水上浮吊都难以进入的区域进行施工作业和装卸货物的起吊设备。

(2)吊机工作期间只有四条桩腿留在水中,整个吊机主体离开水面升到空中;受海上风浪影响工作的情况较少,同时也避免了水上浮吊在工作中因风浪影响出现吊钩摆动的问题,有利于正常施工作业。

(3)采用主浮箱与稳定浮箱结合的形式,保证了滩海作业吊机在漂浮航行时的安全稳定。

(4)滩海作业吊机从预制、运输到组装都相对简单,各个组件在陆地上可用汽车拉运,到达施工现场组装成整机,施工完后可容易地拆卸并用汽车拉运,有利于降低施工成本和装卸货物费用。

(5)行走和移动工作位置可采用多种方式,能适应涨潮落潮、水深水浅、有水无水、沙滩或淤泥滩等多种环境的变化。水深时采用船舶的移位方式,水浅或无水时通过后面设置的液压顶推千斤顶向前推进,也可在前方设置锚点牵引或用其他拖拉设备如拖拉机等直接拉动前进。

(6)桩腿上沿直线均匀布设有插销孔,可有效地弥补升降液压千斤顶一次行程不够的问题。

(四)具体实施方式

参阅附图27-1~附图27-15,一种滩海作业吊机,包括主浮箱、稳定浮箱、桩腿、升降液压千斤顶、顶推液压千斤顶和起重吊机,各部件为现场易装拆、易汽车运输的组合式结构,其主浮箱 1 为封闭的船体式结构,其上中部安装有起重吊机 10,前、后部各安装一连接梁 8,该连接梁的端部安装有稳定浮箱 2,该稳定浮箱上安装有桩腿 3 和升降液压千斤顶 5,主浮箱后端安装有顶推液压千斤顶 9。

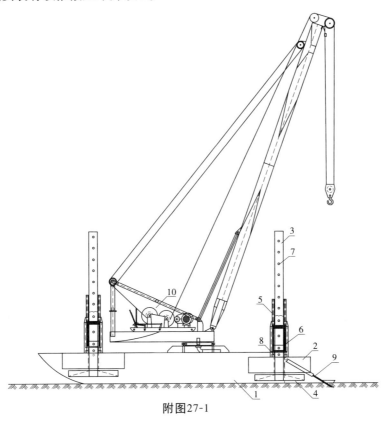

附图27-1

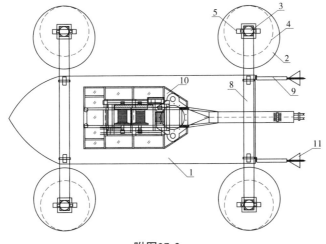

附图27-2

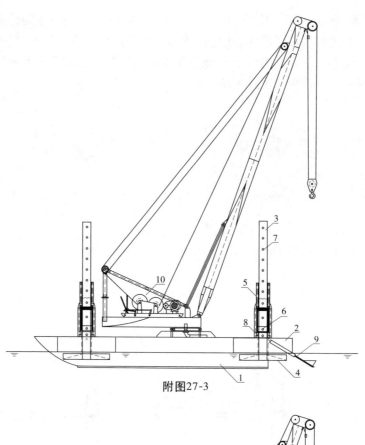

附图27-3

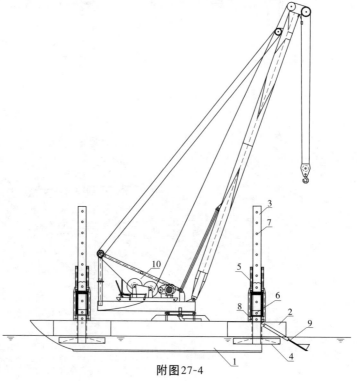

附图27-4

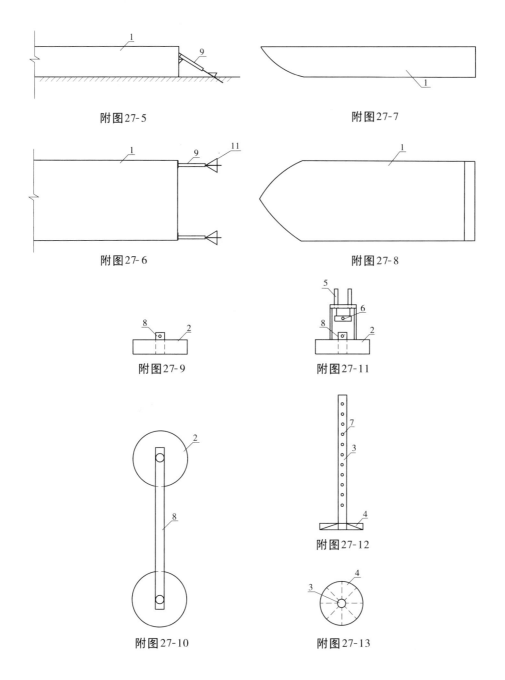

附图27-5

附图27-7

附图27-6

附图27-8

附图27-9

附图27-11

附图27-10

附图27-12

附图27-13

稳定浮箱2为圆形、椭圆形、正方形、长方形和菱形结构,其中部设有孔,该孔中安装有桩腿3和升降液压千斤顶5及其环形套6,桩腿下端安装有承压板4,桩腿上沿直线均匀设置有插销孔7。顶推液压千斤顶9安装于主浮箱1后端面,该顶推液压千斤顶的推力杆顶端安装有助推挡泥板11。承压板4底部为放射状筋板结构。承压板底部安设有使承压板脱离沉陷、黏吸于地层上的高压水管出口。起重吊机10为单杆或双杆设置。

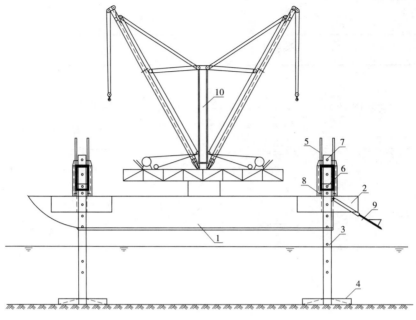

附图27-14

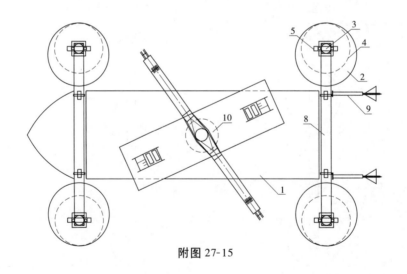

附图 27-15

（五）附图说明

附图 27-1 为本发明的一种结构示意图；附图 27-2 为附图 27-1 所示结构的俯视图；附图 27-3 为本发明处于工作状态的结构示意图；附图 27-4 为本发明处于漂浮行走状态的结构示意图；附图 27-5 为按附图 27-1 所示的推力液压千斤顶安装结构示意图；附图 27-6 为附图 27-5 所示结构的俯视图；附图 27-7 为附图 27-1 所示主浮箱的一种结构示意图；附图 27-8 为附图 27-7 所示结构的俯视图；附图 27-9 为按附图 27-1 所示的稳定浮箱和连

接梁示意图;附图 27-10 为附图 27-9 所示结构的俯视图;附图 27-11 为按附图 27-1 所示的升降液压千斤顶结构示意图;附图 27-12 为按附图 27-1 所示的桩腿结构示意图;附图 27-13 为附图 27-12 所示结构的俯视图;附图 27-14 为按附图 27-1 所示的双杆起吊机结构示意图;附图 27-15 为附图 27-14 所示结构的俯视图。

附录二十八　海上水力插板施工平台

申请号:200910014551.X

一种海上水力插板施工平台包括水力插板上的预留孔、钢管和脚踏板,所述钢管穿过水力插板上的预留孔,脚踏板安装其上,与钢管形成一个整体。本发明具有能抵抗各种风浪冲击的一个整体,不会造成操作台的损坏、节省原材料消耗、安装与拆除都十分方便、施工速度高、施工成本低等特点,广泛在海洋、湖泊、河流的水力插板堤坝工程中应用。

二、权利要求书

(1)一种海上水力插板施工平台包括水力插板、钢管和脚踏板,其特征在于所述水力插板上设有预留孔,钢管穿过水力插板上的预留孔,脚踏板安装于钢管上,与水力插板形成一个整体。

(2)根据权利要求书中(1)所述的海上水力插板施工平台,其特征在于所述脚踏板为框架式构件,固定于穿过水力插板预留孔两侧的钢管上。

(3)根据权利要求书中(1)或(2)所述的海上水力插板施工平台,其特征在于所述水力插板上的预留孔位于水力插板的上部。

(4)根据权利要求书中(1)或(2)所述的海上水力插板施工平台,其特征在于所述脚踏板由钢管或角钢焊制成框架,框架上铺焊钢板网、钢板条或钢筋。

(5)根据权利要求书中(1)或(2)所述的海上水力插板施工平台,其特征在于所述脚踏板与钢管由连接件固定在一起。

(6)根据权利要求书中(1)或(5)所述的海上水力插板施工平台,其特征在于所述连接件为平台卡扣、螺栓或易于固定及拆装的构件。

三、说明书

(一)技术领域

本发明涉及海上工程操作平台,特别涉及一种海上水力插板施工平台。

(二)背景技术

海上水力插板建设工程中,要完成注浆固缝及顶部绑扎钢筋、现浇帽梁等工作,必须首先安装平台。现有的海上插板工程,采用陆上使用的建筑脚手架进行施工,这种陆上用脚手架存在的缺点或不足之处是:①由于受海上风浪的冲击,安装工作十分困难;②安装完毕后很容易被风浪冲坏;③难以保证安全施工,存在着安全隐患。

(三)发明内容

本发明要解决的技术问题是提供一种海上水力插板施工平台,采用与水力插板形成一体结构,既克服或避免上述现有技术中存在的缺点或不足,又安全坚固,顺利快速完成海上水力插板工程的注浆固缝、绑扎钢筋、支护模板、打混凝土帽梁等施工任务。

本发明所述的海上水力插板施工平台包括水力插板、钢管和脚踏板。所述水力插板上设有预留孔,钢管穿过水力插板上的预留孔,脚踏板安装于钢管上,与水力插板形成一个整体。

其中,所述脚踏板为框架式构件,固定于穿过水力插板预留孔两侧的钢管上。所述水力插板上的预留孔位于水力插板的上部。所述脚踏板由钢管或角钢焊制成框架,框架上铺焊钢板网、钢板条或钢筋。所述脚踏板与钢管由连接件固定在一起。所述连接件为平台卡扣、螺栓或易于固定及拆装的构件。

本发明与现有技术相比具有以下优点:

(1)安全稳定性能好,传统的平台在海浪冲击下很难保持稳定,采用海上插板施工平台,由于它是通过钢管插入混凝土板孔洞两端用连接件与脚踏板紧固成一个整体,能抵抗各种风浪的冲击,不会造成操作台的损坏。

(2)节省了材料消耗,采用传统的平台从地面到操作台面需要使用大量的钢管形成框架,而采用海上插板施工平台从地面到操作台面的钢管全部被取消,可节省大量钢管,也避免了钢管支架被风浪冲坏造成的损失。

(3)安装与拆除都十分方便,整个操作台只有预留孔中插入的钢管、脚踏板和连接件这样三种东西,安装和拆除都很简单,有利于提高施工速度、降低施工成本。

(四)具体实施方式

参看附图 28-1 ~ 附图 28-4,一种海上水力插板施工平台包括水力插板、钢管和脚踏板。水力插板 5 上设有预留孔 1,钢管 2 穿过水力插板上的预留孔 1,脚踏板 4 安装于钢管 2 上,与水力插板 5 形成一个整体。

脚踏板 4 为框架式构件,固定于穿过水力插板 5 预留孔 1 两侧的钢管 2 上。水力插板上的预留孔 1 位于水力插板 5 的上部。脚踏板 4 由钢管或角钢焊制成框架 6,框架上铺焊钢板网、钢板条或钢筋 7。脚踏板 4 与钢管 2 由连接件 3 固定在一起。连接件 3 为平台卡扣、螺栓或易于固定及拆装的构件。

施工结束后卸开连接件 3 收回脚踏板 4 和插入钢管 2,用水泥砂浆堵住预留孔 1 之后整个工程即告完成。

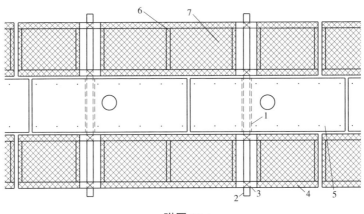

附图 28-1

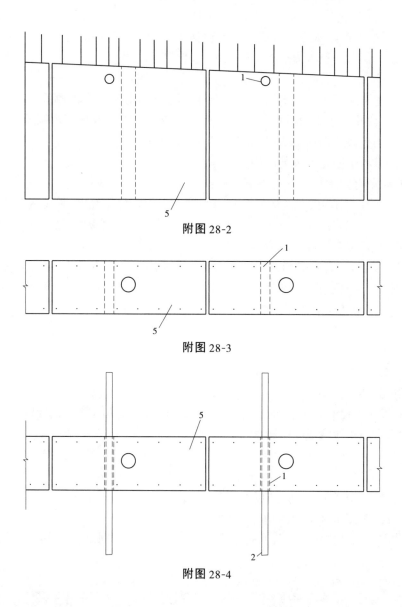

附图 28-2

附图 28-3

附图 28-4

（五）附图说明

附图 28-1 为本发明的一种结构示意图；附图 28-2 为按附图 28-1 所示的水力插板预留孔结构示意图；附图 28-3 为附图 28-1 所示结构的俯视图；附图 28-4 为按附图 28-1 所示的预留孔插入钢管时的结构示意图。

参 考 文 献

［1］ 中华人民共和国交通部.JTJ 213—98　海港水文规范［S］.北京:人民交通出版社,1998.

［2］ 中华人民共和国交通部.JTJ 300—2000　港口及航道护岸工程设计与施工规范［S］.北京:人民交通出版社,2000.

［3］ 中华人民共和国行业标准.GBJ 7—89　建筑地基基础设计规范［S］.北京:中国建筑工业出版社,1989.

［4］ 中华人民共和国行业标准.JTJ 250—98　港口工程地基规范［S］.北京:人民交通出版社,1998.

［5］ 中华人民共和国交通部.JTJ 254—98　港口工程桩基规范［S］.北京:人民交通出版社,1998.

［6］ 中华人民共和国交通部.JTJ 267—98　港口工程混凝土结构设计规范［S］.北京:人民交通出版社,1998.

［7］ 中华人民共和国行业标准.GBJ 10—89　混凝土结构设计规范［S］.北京:中国建筑工业出版社,1989.

［8］ 中华人民共和国行业标准.GBJ 11—89　建筑抗震设计规范［S］.北京:中国建筑工业出版社,1989.

［9］ 中华人民共和国交通部.JTJ 225—98　水运工程抗震设计规范［S］.北京:人民交通出版社,1998.

［10］ 中华人民共和国交通部.JTJ 292—98　板桩码头设计与施工规范［S］.北京:人民交通出版社,1998.

［11］ 常士骠,张苏民.工程地质手册［M］.3 版.北京:中国建筑工业出版社,1992.

［12］ 杨克己,韩理安.桩基工程［M］.北京:人民交通出版社,1992.